化学工业出版社"十四五"普通高等教育规划教材

安全工程学

ANQUAN GONGCHENGXUE

谢雄刚　主编

化学工业出版社

·北京·

内容简介

《安全工程学》教材系统阐述了安全科学的基础理论、风险防控技术及工程应用，旨在培养学生识别、分析和解决各类安全问题的能力。

主要包括安全科学基础、安全人机工程学、安全管理学等核心基础理论，危险辨识技术、风险评价方法等风险辨识与评价内容，以及工业安全技术、公共安全与应急管理、职业健康与防护等典型领域安全技术。

全书内容系统完整，既包含基础理论和实用技术，也对安全管理、安全经济、安全文化等内容进行了详细阐述，基本涵盖了安全工程专业所需的基础内容，可供相关高校安全工程专业、安全科学与工程专业的师生使用。

图书在版编目（CIP）数据

安全工程学 / 谢雄刚主编. -- 北京 : 化学工业出版社, 2026. 3. --(化学工业出版社“十四五”普通高等教育规划教材). -- ISBN 978-7-122-49923-3

Ⅰ. X93

中国国家版本馆 CIP 数据核字第 2026NC9372 号

责任编辑：袁海燕　　文字编辑：丁海蓉
责任校对：李雨函　　装帧设计：王晓宇

出版发行：化学工业出版社
（北京市东城区青年湖南街 13 号　邮政编码 100011）
印　　装：河北延风印务有限公司
787mm×1092mm　1/16　印张 17　字数 392 千字
2026 年 3 月北京第 1 版第 1 次印刷

购书咨询：010-64518888　　售后服务：010-64518899
网　　址：http://www.cip.com.cn
凡购买本书，如有缺损质量问题，本社销售中心负责调换。

定　　价：59.80 元

前言

当化工厂泄漏的警报响起时，当建筑工地脚手架坍塌的瞬间，当煤矿井下发生顶板垮落后——我们才深刻意识到，安全工程不仅是理论课题，更是生死攸关的实践科学。在当今社会，安全是人类生存与发展的基础，也是各个行业稳定运行的关键保障。从工业生产到日常生活，从基础设施建设到公共活动，安全问题无处不在，其重要性不言而喻。安全工程学作为一门综合性学科，主要致力于运用科学原理和工程技术手段，预防和控制各类安全事故，保障人员生命安全、财产安全以及环境安全，在现代社会中发挥着不可或缺的作用。

《安全工程学》是为满足安全工程及相关专业教学需求而编写的教材，同时也可供从事安全工程领域工作的科研人员、工程技术人员和管理人员参考使用。本书系统地阐述了安全工程学的基本理论、方法和技术，旨在帮助读者全面深入地理解安全工程学的内涵，掌握安全工程领域的核心知识与技能，培养分析和解决实际安全问题的能力。本书具有以下特色。

1. 系统性与全面性。本书内容涵盖了安全工程学的多个重要方面，从安全科学基础理论入手，逐步深入到安全系统工程、安全控制工程、人机环境安全工程、安全管理工程、安全经济以及各类安全技术等内容，构建了完整的安全工程学知识体系，为读者提供全面系统的学习指导。

2. 理论与实践相结合。在阐述安全工程学理论知识的同时，注重结合实际工程案例进行分析讲解，使读者能够更好地理解理论知识在实际中的应用，掌握解决实际安全问题的思路和方法。书中还设置了实践环节和案例分析，引导读者运用所学知识进行思考和实践操作，提高其实际应用能力。

3. 反映学科前沿与发展趋势。安全工程学是一门不断发展的学科，新的理论、技术和方法不断涌现。本书及时关注学科前沿动态，融入了最新的研究成果和实践经验，如在安全管理工程中介绍了现代化的安全管理理念和方法，在安全技术方面涵盖了新兴的安全技术应用等，使读者能够了解安全工程学的发展趋势，拓宽视野。

4. 实用性与针对性。本书紧密结合安全工程专业的教学要求和实际工作需求编写，内容具有很强的实用性和针对性。对于专业学生，有助于其系统学习安全工程学知识，为今后从事相关工作打下坚实基础；对于从业人员，可作为其工作中的参考工具书，帮助解决实际工作中遇到的安全问题。

本书第 1～10 章由贵州大学谢雄刚、郑州大学陈娜共同编写，第 11～14 章由贵州大学潘超编写，最后由谢雄刚统稿。在编写本书的过程中，我们参考了大量国内外相关的教材、文献和研究成果，并结合自身多年的教学与实践经验，力求做到内容准确、条理清晰、通俗易懂。然而，由于安全工程学涉及领域广泛，发展迅速，加之编者水平有限，书中难免存在不足之处，恳请广大读者和同行批评指正。

编者

2025 年 12 月

目录

第 3 章

事故致因理论 / 19

第 4 章

系统安全分析 / 41

第 5 章

系统安全评价 / 76

第1章

绪论

安全生产是人类生存发展过程中永恒的主题。随着社会的进步和经济的发展，安全问题正愈来愈多地受到整个社会的关注和重视。搞好安全生产工作，保证人民群众的生命和财产安全，是实现我国国民经济可持续发展的前提和保障，是提高人民群众的生活质量，促进社会稳定以及创造和谐社会的基础。安全科学与工程学科（以下简称“安全科学”）是研究人类生产及生活过程中事故、灾难的发展机理、规律及预防措施的科学体系。

1.1 我国安全科学的发展历程和发展趋势

1.1.1 发展过程

我国安全科学技术的发展大致可分为以下 3 个阶段。

① 新中国成立初期至 20 世纪 70 年代末，劳动保护的行政管理和业务监督、监察都得到了较好的发展，从中央到地方以及各类企业都设立了专门机构并配备了相当数量的专职人员。这个时期安全科学研究和专业人才的培养教育工作刚刚起步。20 世纪 50 年代，安全科学技术的研究机构仅有劳动部劳动保护科学研究所、卫生部劳动卫生研究所、冶金部安全技术研究所以及煤炭科学研究院下设的部分研究室等有限的几个科研部门，科研人员不超过千人。

② 20 世纪 70 年代末至 90 年代初，随着改革开放和现代化建设的发展，安全科学技术得到迅猛发展。在此期间，我国建立了安全科学技术研究院、所、中心 50 余个，拥有专业科技人员 5000 余名。1983 年 9 月中国劳动保护科学技术学会正式成立后，加强了安全科学技术学科体系和专业教育体系建设工作。1984 年教育部将安全工程本科专业列入《高等学校工科专业目录》。80 年代中期，我国学者提出了建立安全科学学科体系和安全科学技术体系结构及专业设置方案的设想。据不完全统计，到 20 世纪 80 年代末期，全国已有 42 所大专院校设置了安全工程、卫生工程专业本科或专科，经国务院学位委员会批准的安全技术及工程学科专业硕士学位授予单位有 5 个，博士学位授予单位有 2 个，我国安全科学技术教育体系初步形成。全国各地大型劳动保护教育中心有 70 多个，企业劳动

保护宣传教育室有 2000 多个。数以万计的科技人员活跃在安全生产第一线，从事安全科技与管理工作，中国科学技术大学、北京理工大学相继建立了火灾科学国家重点实验室、爆炸灾害预防和控制国家重点实验室，已初步形成了具有一定规模和水平的安全科技队伍和科研体系。

③ 90 年代以来，我国安全科学技术进入了新的发展时期。主要表现在以下几个方面。

a. 国家标准《学科分类与代码》(GB/T 13745—92)(目前实行新版本 GB/T 13745—2009）将安全科学列入一级学科。

b. 国家“八五”“九五”科技攻关计划中列入安全科学技术攻关项目，成立了国家安全生产专家组、各省（区、市）也相应成立了专家组。

c. 安全工程系列专业技术人员职称评审单列。

d. 在原劳动部安全工程专业教学指导委员会基础上，国家安全生产监督管理局受教育部委托，组建大学本科的安全工程专业教学指导委员会。

e. 颁布了安全科学技术发展“九五”计划和 2010 年远景目标纲要。

f. 国家经贸委发布了《安全科技进步奖评奖暂行办法》；2002 年进行了首届“安全生产科学技术进步奖”的评奖工作。2003 年国家安全生产监督管理局又进行了首届评奖工作。

g. 国家人力资源和社会保障部及国家安全生产监督管理局决定在生产经营单位实行注册安全工程师执业资格制度，并发布了《注册安全工程师执业资格制度暂行规定》和《注册安全工程师执业资格认定办法》。

h. 安全生产的国际交流合作更为广泛。

1.1.2 发展阶段

从 20 世纪 60 年代至今，人们已经意识到安全科学研究的重要性。安全科学作为一门新兴科学，目前，其研究已涉及航空航天、核反应堆、冶金、煤炭、建筑、化工、石油、压力容器等工作领域。安全科学的发展经历了经验的事故分析、系统的危险分析与隐患控制和现代的安全科学研究 3 个阶段。

1.1.2.1 经验的事故分析阶段

经验的事故分析阶段的基本出发点是事故，以事故为研究对象和认识的目标。在认识论上主要是经验论与事后型的安全观，是建立在事故与灾难的经历上来认识安全，是一种从事故后果到原因事件的逆式思路，因而，这种解决安全问题的模式亦称为事故型模式。其根本特征在于被动与滞后，是“亡羊补牢”的模式，突出表现为一种“头痛医头、脚痛医脚，就事论事”的对策方式。

1.1.2.2 系统的危险分析与隐患控制阶段

该阶段以危险和隐患作为研究对象，其理论基础是对事故因果性的认识，以及对危险和隐患事件链过程的确认。在这个阶段建立了事件链的概念，有了事故系统的超前意识和动态认识，确认了人、机、环境和管理事故综合要素，主张采用工程技术硬手段与教育、管理手段相结合的综合措施，提出了超前防范和预先评价的概念和思路。

系统的危险分析与隐患控制阶段最根本的是预防，是事先拟设安全目标或计划的安全的预期成果。因此，这种解决安全问题的模式亦称为预防型模式，其实施的基础是必要的安全信息。它虽不同于事故型模式的解决方式，但也具有安全问题解决的一般流程。

预防型模式从更高层次的角度出发，着眼于对事故前期事件的控制，预先发现现有安全管理中存在的问题，并推进现有的安全管理工作，减少和降低事故发生率，促进企业的安全建设工作以及提高职员的安全健康水平，以达到更高的安全目标。由于有了对事故的超前认识，这一阶段产生了比早期事故学理论更为有效的方法和对策，如失效分析、危险分析、（安全）危险评价、故障树分析、危险控制等基本方法。该阶段充分体现了超前预防、系统综合和主动对策等。但是，这一层次的理论在安全科学理论体系上还缺乏系统性、完整性和综合性。

1.1.2.3 现代的安全科学研究阶段

现代的安全科学研究是近几年发展起来的，它以安全系统作为研究对象，建立了人-机-环境-信息的安全系统要素体系，提出系统自组织的思路，确立系统本质安全的目标。通过安全系统论、安全控制论、安全信息论、安全协同学、安全行为学、安全环境学、安全文化建设等科学理论研究，提出在本质安全化认识基础上全面、系统、综合地发展安全科学。该阶段的理论系统还在发展和完善之中。

1.1.3 安全科学发展存在的问题

虽然我国安全科学与工程领域已取得了巨大成就，但我们还要看到安全科学与工程学科自身的属性，以及发展过程中所存在的局限性和面临的各种挑战。安全科学与工程学科的综合性的确可以与管理科学和环境科学相提并论，但目前仍有许多方面存在一些不足：

① 管理科学作为一门综合学科，进行系统的研究和应用已有近一个世纪的历史，现代管理科学包含的内容极其广泛，其作用及产生的经济效益之巨大已为世人皆知，而现代安全科学的快速发展在我国还不到20年的时间。在大多数人的心目中，安全科学远没有管理科学广博，人们往往认为各种经济活动中的安全问题仅仅是管理和技术中存在的问题而已。因此，安全科学与工程学科作为一门独立的综合学科在中国的根还不是很深。

② 由于安全自身的属性，如“偶然性”“隐蔽性”“模糊性”“交叉性”“多因素性”“软效益性”等，故许多人对安全科学的作用认识不足，认为安全科学的作用远不如管理科学的作用大和直观，甚至不如环境科学的作用直观易见，涉及面广。

③ 目前我国的物质财富还不是十分丰富，而且人口众多，人们的自护意识和文化还不强，全民族的安全文化还不高。因此，许多人对安全问题及其防患的认识非常肤浅。这也反映了不少人对安全科学与工程的意义认识不足。

④ 安全科学、环境科学、管理科学在多方面都被人们视为“软”科学，但安全科学“软”的程度在许多人的印象中更甚，事故不可知论在许多人的思想中根深蒂固，没有认识到安全工作的极大经济效益，导致安技人员的地位和作用提不到相应的高度，许多单位将老弱病残人员推到安全工作岗位上，许多单位中的安环科处仍是最薄弱的科处。

⑤ 由于目前安全科学与工程领域的成果“软”的多而“硬”的少，定性的多而定量的少，而许多“硬”的成果又结合于设备中，于是人们很自然地将其认为是设备制造的成果，加之安全问题的多因素性和“随机性”，因此，不少人口头上说应做到“安全第一，

预防为主”，但实际上又不愿在安全上投资，存在很大的侥幸心理，一旦事故发生后，又后悔莫及。

⑥ 安全法律法规及监察体系还不完善，特别是在当前向社会主义市场机制转化的阶段，安全法律法规和监察制度的实施仍有待提升。

⑦ 目前国家、社会、个人对安全投入的资金相对较少。

由于上述主要原因，因此我国安全科学与工程的发展仍需要一个较长的过程，才能成为一门像数理化一样深为人知和深为人需的学科。

国家应加强全民安全意识和全民安全科普教育，推进安全文化建设的进程。强化安全意识应着重强调安全第一和预防为主的原则，以及安全的经济效益、安全工作的社会化、安全的法律和道德、安全工作离不开安全科技和安全管理方法、安全工作具有长期性等方面的内容。现在，世界上发达国家的安全文化已从狭义的劳动安全文化扩延到衣食住行领域的广义安全文化，安全文化在质量、保险、减灾、环保等领域已产生重要影响，在国家的法律和各种重大发展规划中均占重要地位，我国在这些方面还应加快发展步伐。

1.1.4 安全科学的发展趋势

安全科学与工程学科虽然是一门新兴的综合性交叉学科，但我国在事故、灾难的致灾机理、发展规律及其防治等方面的研究随着国家科技水平的提高越来越得到重视和发展。截至2024年，我国开设过“安全科学与工程”类本科专业的高校已有180多所，全国有安全科学与工程硕士点66个、博士点34个，每年招收本科生、硕士生、博士生分别约为6000名、1200名和220名，高层次专业化人才队伍已具规模。特别是近年来，我国在一些典型行业事故、灾难的发生、发展规律和致灾机理等方面取得了较为系统深入的研究成果。如在煤矿、建筑和石油等行业的火灾和爆炸等事故防治方面的研究，处于国际先进或领先水平，并引领若干研究方向。目前，我国建有安全领域直接相关的多个国家重点实验室和研究院所。另有多个省部级、校级重点实验室或研究中心，共同构成了安全科学与工程的研究体系。安全科学与工程学科既不单纯属于自然科学领域，也不单纯属于社会科学领域，它具有很强的学科综合交叉性。安全科学与工程的应用领域涉及社会文化、公共卫生、行政管理、检验检疫、能源、消防、冶金、矿业、石油、土木、交通、运输、航空、机电、食品、生物、农业、林业等多个行业乃至人类生产和生活的各个领域，并且与上述各学科相互交叉、相互支撑和促进。

目前，我国社会正处于高速发展期，工业化、城市化进程快速推进，产业不断转型升级，安全科学向公共安全的新发展更加显著，新的安全事故、灾难易发领域及职业危害增加，且随着全球科技化、数据化和智能化的深入推进，多学科与技术变革融合成为必然趋势，在大安全格局下快速发展公共安全领域，致使安全科学不断突破传统科学的局限，进入了全新的发展阶段。

(1)“复杂性”成为安全科学未来发展所面临的严峻挑战

安全科学与工程学科从矿业工程的二级学科（安全技术及工程）发展为一级学科，因此，按照学科发展脉络，以矿山安全为起点，发展以面向冶金、石油、化工、材料等工业生产为导向的生产安全，以面向包括矿山安全在内的工业生产职业危害因素（如粉尘、高温、噪声等）防治为导向的职业危害防控，并结合矿山地下工程学科优势拓展到城市地下空间和隧道（如海底隧道、川藏铁路等）、地铁、城市燃气管道、城市水源等重大基础设施安全。此外，风险评估、监测预警和应急救援是安全科学与工程学科共性的内涵和研究基础。上述研究领域和研究内容形成了安全科学与工程学科的纵向和横向脉络，系统复杂性成为安全科学发展的新挑战。我国安全科学在矿产资源方面已从浅部开采问题向深部开采新问题延伸，灾害重心从矿井瓦斯、火向通风和职业危害偏移，从矿业安全向城市地下空间安全扩展，从事后灾害治理向事先风险评估和监测预警发展。

（2）“新技术融合”成为安全科学未来发展所需解决的重要难题

当前以物联网和智能制造、智能控制为主导的工业变革，正在深刻影响今后的全球工业产业布局。信息化、智能化、绿色化迅速向各学科领域渗透，带动产生各种新的活动领域和合作形式。安全科学逐步呈现系统复杂性、多灾种耦合性和大数据性，安全控制技术由灾害治理向风险评估和监测预警前移，安全应急救援逐步呈现远程化和智能化。因此，以信息化、智能化、绿色化为创新驱动的新技术融合发展将极大提升安全科学的原始创新力，是安全科学未来发展急需解决的重要难题。

（3）“多领域交叉”成为安全科学未来发展的必然趋势

安全科学与工程学科本身是一门新兴的综合性交叉学科，涉及公共安全、矿业安全、工业安全、火灾安全、爆炸安全、建筑安全、石油安全、化工安全、交通安全、航空安全、城市安全、安全技术 12 个领域，在多灾种耦合致灾演化机制、风险评估与灾害模拟、安全监测预警、灾害综合应急等关键理论与技术上，各领域相互重叠交叉，因此进行“多领域交叉”成为安全科学各领域未来协同发展的必然趋势。

1.2 安全科学的基本概念和特征

1.2.1 安全科学的基本概念

安全科学与工程学科是研究人类生产及生活过程中事故、灾难的发展机理、规律及其预防与应对的科学体系。研究对象为工业生产、自然环境和社会生活等领域的各种事故、灾难。研究内容主要包括事故、灾难的孕育、发生、发展的机理和规律，预防、控制、应急等技术原理和方法，后果及其影响分析、防控方法优化等。安全科学综合性强，应用领域广，和其他相关学科间存在明显的相互交叉、相互支撑和促进特征，涵盖了公共安全、矿业安全、工业安全、火灾安全、爆炸安全、建筑安全、石油安全、化工安全、交通安全、航空安全、城市安全、安全技术等领域，包含了矿山灾害动力学理论与防控方法、职业危害机制、个体防护与灾害医学、工业爆炸与防治、风险评估与灾害模拟、安全监测预警、灾害综合应急、城市公共安全、地下空间安全、隧道火灾与爆炸等多科学与工程方向。

1.2.2 安全科学的特征

安全科学的学科特征可以从其学科目标、内在结构、科学体系与性质特点四个方面来考察。

（1）学科目标

安全科学以满足人类自我生存欲望以及实现人的身心健康作为自己的学科目标，它与医学科学有着共同的学科理想，就是为人类的健康与长寿服务。

（2）内在结构

安全科学具有理论与实践辩证统一的二元结构，其理论是来源于实践并可以指导实践的理论，其实践是在理论指导下并可以检验或修正理论的实践。

理论与实践相统一的二元结构，再联系实现安全的学科目标，就形成了安全科学理想、科学与实践三位一体的学科核心内容，即以实现学科目标为理想（即实现安全），以科学为理想的实现进行理论论证（即揭示安全规律），以实践为理想的实现提供行为规则（即提出安全要求）。

（3）科学体系

安全科学的核心研究内容，即学科理论、理论论证和行为规则三位一体，揭示出安全科学的科学体系，其组成至少有四个分支学科。

① 安全科学学指对安全科学创建与发展的规律性认识，其科学任务是为安全科学及其分支学科的创建与发展提供客观上的理论指导。

② 安全应用科学是为解决安全问题而建立起来的安全科学分支，其科学任务是为实现安全科学的学科理想提供行为规则。

③ 安全学科科学是为探索安全规律而建立起来的安全科学分支，其科学任务是对安全科学的学科理想与行为规则是否符合客观规律进行理论论证。

④ 安全专业科学是为培养安全人才而建立起来的安全科学分支，其科学任务是实现安全科学的学科理想，以及为此提供行为规则并进行理论论证，培养合格的专业人才。

（4）性质特点

安全科学具有综合科学的科学性质，并由此决定了它本身的基本特点：

① 目的性　安全科学以满足人在生理或心理上的安全需要，作为自己独特的科学目的。

② 系统性　安全科学的科学目的本身就构成了一个明确的目标系统。

③ 复杂性　安全科学的目标系统由于人的参与，故成为一个非线性的复杂系统。

④ 整体性　安全科学的非线性复杂目标系统，由于要从整体上克服非线性的系统缺陷，故在与周围环境条件的信息交换过程中，成为一个开放型的非线性复杂系统。

1.3　安全科学的研究对象和研究内容

1.3.1　安全科学的研究对象

安全科学是一门新兴的边缘科学，涉及社会科学和自然科学的多门学科，涉及人类生产和生活的各个方面。从学科角度上看，安全科学技术的研究对象主要包括：

① 安全科学技术的基础理论，如灾变理论、灾害物理学、安全数学等。

② 安全科学技术的应用理论，如安全系统工程、安全人机工程、安全心理学、安全经济学、安全法学等。

③ 专业技术，包括安全工程、防火防爆工程、电气安全工程、交通安全工程、职业卫生工程（除尘、防毒、个体防护等）、安全管理工程等。

安全科学技术横跨自然科学和社会科学领域，几十年来的发展直接影响着经济和社会发展。随着安全科学学科的全面确立，21 世纪人们更深刻地认识到安全的本质及其变化规律，用安全科学的理论指导劳动与生产实践活动，保护劳动者与社会大众的安全与健康，发展生产，增长经济，创造物质和精神文明，推动社会进步。

安全科学不仅是一种重要的不可缺少的生产力，而且是生产和社会发展的一种动力和基本保障条件。工业事故与灾难对人类的安全健康造成重大损害，产生不可忽视的社会影响。主要表现在：第一，由工业生产事故和其他职业危害问题所产生的劳动争议增多，而且矛盾易于尖锐。尤其是 21 世纪中国实现了小康生活水平后，人们对生产和生活中的安全需要不断增强。对危及人身安全和健康的恶劣劳动条件，处理不当就会影响社会安定。第二，人们把安全、卫生、舒适的劳动条件作为职业选择的重要标准，按生产模式发展，在重大事故多发行业，将会由于招不到高素质的职工而使生产发展受到严重影响，进而影响产业的平衡、持续和发展。第三，工业事故和灾难不仅造成巨大的经济损失和生态环境破坏，形成社会不安定因素，而且也造成人们心理上难以承受的负担。

中国事故和职业病状况严重的根本原因在于安全科学技术水平相对落后，安全管理和工程技术装备不能满足安全生产发展的需要。安全生产关系着企业的兴衰，关系着人民的安危幸福，是关系国计民生的大事。因此，必须确保安全科学技术与国家经济建设同步规划，同步发展。同时，安全科学技术是安全生产的基础和保障。安全科学揭示了安全的本质和规律，通过安全工程技术保护生产力，推动安全文明生产。安全科学技术的发展与国民经济和社会发展是统一的。事实证明，安全科学技术不仅影响生产力的发展，影响劳动生产率的提高，还影响国民经济的增长。在 21 世纪中国中长期科技发展规划中，已专门设有发展安全科学技术的内容和指标。

1.3.2 安全科学的研究内容

安全科学是运用人类已经掌握的科学理论、方法以及相关的知识体系和实践经验，研究、分析、预知人类在生产实践过程中的危险、危害和威胁，限制、控制或消除这种危险、危害和威胁，以过程安全和环境无害为研究方向的理论体系。在人类生产实践中，会遇到各种危险、安全问题，为探索危险和事故出现的原因、存在的条件和防控措施，以求得安全，需要借助于安全科学做出准确的判断。

安全科学是安全、危险以及事故规律等在人们头脑中的反映和正确认识。了解、掌握危险和事故的本质与规律，经过概括以及系统地描述危险、事故的本质及其规律，并形成理论体系。

安全科学是安全问题的知识单元通过其内在联系而建立起来的知识体系。安全科学是随着当代社会经济、科学技术的高度发展而出现的一种科学方法、科学理论，也是人类在已经具有创造出足以毁灭自我和现存财富的能力时，聪明地掌握自然规律，求得继续发展和有效发展的武器和工具。只有把安全科学看成一种方法和手段，并为人们所运用时才有实际意义。

安全科学是整个科学体系的延续和发展，是科学体系中不可缺少的一部分，是一种必然的社会现象。安全科学同其他科学一样，具有社会文化和社会进步功能，是社会和经济发展的一种推动力。

安全科学是一个连续发展的社会经济过程，它随着社会经济的不断发展而发展。安全科学在建立、发展和学科整体化过程中，必须充分运用化学、物理学、生物学、数学、医学、社会学、经济学、法学、管理学、教育学、系统科学以及各个工程技术领域的相关知识、理论，对安全科学的理论体系及工程技术进行系统的综合研究，与相关学科交叉形成安全科学的分支学科，例如灾害物理学、灾害化学、灾害医学、灾害学、安全工程学、安全经济学、安全法学、安全心理学、安全系统科学、安全教育学、安全信息学、安全控制技术、安全检测技术、安全逻辑学、事故分析技术等。

安全科学作为人类探索自然、改造自然，以求得生存和发展的必不可少的一种知识体系，只有以事故为研究对象，以各种危险状态和存在的条件为主要内容，以过程的正常、平衡、平稳、协调为目标，总结寻找各类事故教训才能发展起来。当代事故的灾难性、社会性和突发性必然导致安全科学的快速发展。

1.4 安全科学的学科体系

安全系统是由人（men）-技术（technology）-环境（environment）构成的复合系统。

① 哲学层次是安全哲学，即安全观、安全认识论、安全方法论。它是安全科学的最高理论概括，是认识、揭示安全本质的思维方法。

② 科学层次是安全科学，它研究安全的范畴、基本概念、定义及其与其他科学体系的关系，确立安全科学的内涵与外延。

③ 基础科学层次是安全学，它包括安全科学的基本原理和研究方法，揭示事物安全运动的基本规律。

④ 安全技术科学层次是安全学结合不同工程学分支而形成的具体技术原理与方法，并通过不断地实践检验和修正，形成该工程学科分支所特有的安全技术。

⑤ 工程技术层次是安全工程技术，它是运用安全学和安全技术科学直接服务于安全工程的技术方法，包括安全的预测、设计、施工、运转、监控等工程技术。

安全科学五个层次的知识内容，从纵向看，是相互交叉、互为基础的；从横向看，是相互联系、协同作用的。

复习思考题

1. 我国安全科学技术发展的三个阶段及对应时间范围是什么？
2. 安全科学的核心研究对象是什么？
3. 安全科学“隐蔽性”属性在实际工作中的典型体现是什么？
4. 安全科学的学科体系从纵向可分为哪五个层次？
5. 我国安全科学发展存在的主要问题之一是什么？

第2章

安全观

2.1 安全科学的指导思想

唯物辩证法是辩证唯物主义哲学的重要组成部分，是贯彻于全部哲学理论中的灵魂，对安全科学也具有重要的指导作用。唯物辩证法的对立统一规律、质量互变规律、否定之否定规律，以及原因和结果、必然性和偶然性、可能性和现实性、内容和形式、现象和本质五对范畴对安全科学的研究与发展起到了重要的推动作用。例如，安全与危险就是对立统一的两个方面，安全是为了不出现危险，有了危险才需要安全；提高了安全性就等于降低了危险性，事故发生的概率就小；事故有其必然性和偶然性，只要掌握了事故的必然性和偶然性，就能够有效地防止事故的发生。

2.2 安全的本质

安全的本质是人们通过抽象思维确立的一个概念或理念。安全的概念是抽象和具体的统一。安全的概念是通过对现实生活中种种具体的事物安全加以抽象和概括，经过理性思维来界定和定义的，反过来针对具体事物的经验安全与抽象事物的安全概念应该是统一的，也就是说，理性思维产生的概念来源于经验常识，且高于经验常识并指导经验常识。而局部的或一时的经验得出的安全认识不具有普遍意义，对其进行总结提升，才具有理性的指导意义。在安全领域，常有人把具体的、经验的安全当作普遍性原理来看待，如在某一部门或行业得出的某些安全规律认为对所有行业都适用，这是对安全领域缺乏更深入的认识所导致的。安全概念的物质性，也可称作安全问题的客观性。安全概念建立的首要条件是安全条件的客观存在，包括安全的设备设施、安全的产品、安全的环境以及安全的氛围；另外就是人的安全意识，即对安全与否的认识程度和判断，并据此建立安全的信心和有无安全感的精神状态。唯物辩证法认为，物质是精神的基础，物质也决定着精神。但也承认精神的反作用，在安全的本质问题上，人们安全概念的建立仍然是遵循这一基本原则。也就是说，安全概念的建立必然具有其客观的物质基础，必然具有客观的物质和技术实体。人们在观察、分析、提炼思维之后建立起安全概念，并找出其不足，反馈到实际客体并进行补充完善，从而建立更加安全的体系。所以，精神安全来源于物质安全，而且高于物质安全并指导物质安全的进行，而精神安全的引申则表现出人们的安全理念。虽然安全理念带有某些理想化色彩，但它的基础仍然是建立在物质安全上的。比如人们在经济技术落后时期和经济技术发达时期所期盼的“平安”和“安全”在内涵上是有很大区别的，前者期望的安全，是免于直接的、迫在眉睫的物理伤害和生存威胁，是一种生存保障型安全；而后者所追求的安全，则超越了基本的生存层面，拓展为对健康、心理、环境、隐私乃至社会公平的全面保障，是一种发展福祉型安全。

2.3 安全价值观

安全价值观是人们对安全是否有价值以及价值大小的认识和评定。一切事物本身价值的有无及大小，决定了它的存在地位和必要性。显然，安全价值观是安全观的重要组成部分，同时也是安全观确定的基础。安全在人们生产、生活、生存中的地位和作用虽然很重要，但对其到底有多大价值，尚难以准确计算。由于没有价值指标，在商品经济时代，以经济效益为中心的生产活动中安全的地位就经常遇到挑战。特别是在人们遇到伤亡事故，造成严重的经济损失，影响生产、生存、生活的质量时，许多人才看到或意识到安全的重要和价值。安全价值的研究，特别是对生产领域里的安全价值的研究，可以加深企业对安全经济效益的认识，确保安全生产质量，防止和减少生产安全事故的发生，保障人民群众的生命和财产安全，是人民群众的根本利益所在，直接关系到社会的稳定、企业的发展。安全是效益，安全也是服务，是构建社会主义和谐社会的一项基本工作，是坚持和落实科学发展观的具体表现。所以，我们在讨论安全观的时候，有必要对安全价值观的主体做简要的讨论。

安全价值观的特点在于：第一，公共性。安全可以产生社会效益，如社会稳定、国民健康水平、国际竞争力等。如果企业做到生产安全，维护职工健康，作业工人的健康水平会大幅度提高，社会的不稳定因素无疑会大大减少；如果产品自身本质安全性好，必定具有极强的市场竞争力。第二，非交换性。安全不是用来投放市场进行交换的，安全实际存在，但不能用质量和实体进行衡量，通过安全的横向分析，可以清楚地看到安全是劳动、技术、投资共同作用所产生的一种产品。它不进入流通领域，不能在市场间交换，无市场价值，因此社会上就存在安全无价的说法。安全作为一种（非排他性的）公共产品或准公共产品，会引发“搭便车”困境，即个体缺乏自愿承担其全部成本的动机，因为无法排除未付费者享受其带来的好处。安全无市场价值的特性，促使许多学者去研究新的方法，以计算安全的经济效益。第三，安全价值的隐性与显性。国家制定的有关安全标准与职工满意度和其工作（作业）效率是一个联动的关系。一个负责任的企业达到国家制定的安全生产标准，这本身就是自身价值的体现，国家予以肯定。职工对于自身工作环境的满意会促使其对企业领导、管理、团队以及发展前景有一个高度的评价，对自己的未来有自信，工作中投入极大的热情，企业充满了生命力。安全的作用就在于结合生产的特点，控制生产过程中危害的产生，使生产过程中的人、机、环境免遭损害。安全的隐性价值就是通过避免危害对人、机、环境造成损害来体现的，但也绝不是机械地等同。安全的价值通常不是直接、显性、具象或可量化的，而是以一种隐性、抽象和间接的方式体现。安全的隐性价值的另一个表现方面是在社会的关联影响上，安全的社会价值不可估量，劳动者个体生命健康得到保障，家庭才会获得幸福，社会才会安宁稳定，其国际影响将更深远。对于企业自身来说，可以提高其综合竞争力。

2.4 大安全观

2.4.1 大安全观的提出背景

(1) 树立科学大安全观

在当今社会发展中，人类遇到的诸如能源、生态环境、健康和自然灾害、社会性灾害以及两者的结合性灾害等关系到人类生存、生产、生活的安全问题，即这些现实意义上的大安全问题，就是大安全科学应当进行研究的对象。寻究上述这些问题的发生原因，不难看出它们并不是简单的一个学科或技术就能够解决的。另外，科学技术快速发展促使多种学科和新兴领域相继涌现，不断产生新的交叉点和生长点，都给安全领域带来了新的课题与挑战，即前面已经提及的安全科学是自然科学、社会科学和技术科学的交叉，它已经形成由各个部门、研究领域的合作共同解决的态势，因此必须树立科学的大安全观。从科技发展的持续性、整体性、协调性以及创新性的角度上来评价这些问题使得传统安全观越来越无法与之相适应，而以大安全观为认识背景来研究安全学是正确理解和解决人类生存、生产和生活安全问题的基础。

(2) 安全文化体系的构建需要大安全观的指导

安全文化是随着社会发展而发展的。在经济快速发展的社会中，人民生活的需求越来越广，人们为了更好地生存、生活，安全就成为第一需要。狭义的安全文化观已不适应社会发展需要。这就要求我们把倡导大安全观作为安全文化建设的主旋律，以安全文化的大视野、多领域、不同角度去反映大众的安全与健康问题，通过各种方式和途径，弘扬和倡导大安全观，把劳动者生活、生存和生产中的安全问题转化为对安全文化的认识，大力宣传安全观、安全思维、安全意识，传播科学的消灾避险方法和技能，提高全民族、全社会的安全文化意识和素质。

(3) 大安全观是构建质量、环境、职业健康安全管理体系一体化的理论基础

ISO 9000（质量管理与保证体系系列标准）、ISO 14000（环境管理体系系列标准）与ISO 45001（职业健康安全管理体系）的相继出台，大大地推进了现代企业管理改革的步伐。但在实践中，从不同的角度都发现了三者的个性和共性的差异以及要素的交叉、重叠问题，因此寻求和探讨设计一个新的构架来保证大众的安全与健康，并形成一体化标准成为当务之急。这种需要，使得人们必须为安全、质量以及环保构建一个共同的理论基础，而这个理论基础正是大安全观。

(4) 国际安全、国家安全、社会安全的紧密相关是大安全观产生的必然

现代人类社会的不断融合与一体化促进了国家与国家之间的安全问题、国家本身的安全问题、社会安全问题的交叉与紧密联系。就经济安全来说，经济安全涉及国际、国家、社会安全的全部内容。经济安全之所以越来越成为世界各国所关注的主题，原因主要包括以下三个方面：

① 国际竞争的重点转向了经济。冷战以后，国家之间竞争的重点由军事竞争转向综合国力的竞争。经济和科技是综合国力中的决定性因素。一个国家要想在综合国力较量中取得优势，必须集中精力和资源发展本国经济，不断增强经济实力，而经济发展的首要条件或者说基本前提是确保安全的经济环境。21 世纪初，经济安全成为国际社会关注的核心。1994 年，美国在国家安全战略报告中就将“经济安全”确定为国家安全战略的三大目标之一，并在后来的国家安全战略报告中，一再重申经济安全的核心地位。日本、俄罗斯、欧盟等世界众多国家都把经济安全视为国家安全战略的重中之重。

② 维护经济安全的难度比维护其他安全的难度大。经济安全涉及面广，内容复杂，其中主要有金融安全、产业安全、贸易安全、生态环境安全、技术安全和信息安全，等等。这些领域不确定性大，动态性强，维护难度大。比如，一个国家信息技术落后、信息权意识淡薄，就会对别国产生信息依赖，这样不仅可能造成经济利益的损失，而且会给国家的信息安全和整个经济安全带来严重隐患。

③ 经济不安全将导致严重后果。当代经济的核心是金融，经济安全的核心是金融安全。随着经济全球化向深度发展，全球化的客观需要与现行国际金融体系的矛盾将进一步加深，发生金融危机的可能性加大，而且，经济全球化的程度越高，金融危机的破坏性就越大。在经济全球化时代，一个国家或地区发生金融危机，就会产生多米诺骨牌效应，殃及其他国家或地区。经济不安全不仅造成经济利益的重大损失，而且造成社会动荡，威胁国家的政治安全、军事安全。经济安全对国家安全的威胁是直接的、全面的，而且往往会引起不良的连锁反应。国际安全、国家安全和社会安全三者之间的紧密联系，都体现了安全的综合性、共同性、普遍性、合作性等特点，这就使得大安全观的产生成为必然，人类社会应当以大安全观的视野来解决这些大安全问题。

2.4.2 大安全观的定义

大安全观是应对全球化与信息化时代复杂安全挑战的综合性理念，其核心在于突破传统安全思维的局限。它强调安全问题的多维性与联动性，主张以人民安全为宗旨，通过跨部门、跨领域的协同治理实现系统性安全目标，体现了大安全观的全面性。

（1）主要特点

大安全观具有系统性、预防性和开放性的显著特征。它反对孤立地应对安全问题，主张通过动态风险评估和源头治理防范风险。

（2）实践路径与领域

在实践层面，大安全观要求构建“硬保障”与“软治理”结合的安全体系。国内层面，典型场景的“平战结合”机制、跨境数据流动的协同监管，以及应对极端气候的跨国合作，均需政府、企业、公众等多主体共同参与。

（3）与传统安全观的本质差异

与传统安全观聚焦军事对抗、以国家为中心的逻辑不同，大安全观更强调“人的安全”与“共同安全”。传统思维中，安全多依赖威慑与零和博弈（如军备竞赛），而大安全观更注重非军事手段（如经济韧性、文化认同）与合作共赢（如“一带一路”合作）。

2.4.3 大安全观的学科边界

安全科学是一门新兴的大交叉综合学科，随着社会的不断发展，各种安全新问题层出不穷，安全所涉及领域和范畴变得越来越宽广，安全学科体系亦在不断丰富和发展。安全科学的应用领域涉及社会文化、公共管理、行政管理、消防、土木、矿业和交通能源等各类行业。

基于大安全观的广阔视角，我们认识到食品安全、网络安全、军事安全和国家安全等各个领域都是国家和社会安全体系中至关重要且相互关联的组成部分。然而，其研究对象、理论基础、核心问题和关键技术手段决定了食品安全、网络安全、军事安全和国家安全等特定领域并非安全学科研究的范围。因此，辨识清楚安全科学所研究安全事故与其他领域安全事故对安全学科体系的发展有重要作用。

(1) 研究对象的根本差异

① 网络安全　核心是信息系统的保密性、完整性、可用性（CIA 三性）及网络空间的攻防对抗。风险源于代码漏洞、恶意软件、社会工程学、系统配置错误等，危害形式是信息泄露、服务中断、数据篡改。

② 国家安全　国家安全的核心是确保国家的政权、主权、统一和领土完整、人民福祉、经济社会可持续发展和国家其他重大利益相对处于没有危险和不受内外威胁的状态，以及保障持续安全状态的能力。国家安全是最高层次、最宏观的安全概念，涵盖政治、经济、文化、社会、科技、生态、资源等几乎所有领域。

③ 刑事安全　核心是个人或组织实施的违反刑法、具有社会危害性的故意行为（犯罪）。风险源于人的犯罪意图与能力、社会矛盾、治安漏洞等，危害是人身伤害、财产损失、社会秩序破坏。

④ 食品安全　核心是食品供应链中生物性、化学性、物理性污染物及掺假造假对健康的危害。风险源于微生物污染、农兽药残留、非法添加、加工储存不当等。

⑤ 军事安全　核心是国家抵御外部武装侵略、维护领土主权完整的能力与态势。涉及战略、战术、装备、情报、地缘政治等，风险源于战争冲突、军备竞赛、恐怖袭击等。

⑥ 大安全观　核心研究对象是物理系统、技术系统、作业活动、工程环境、自然与社会环境中，可能导致人员伤亡、财产损失、环境破坏或重大社会影响的突发性、意外性事件（事故）的风险。其核心危害是物理性伤害、能量意外释放、系统失效引发的连锁反应。关注点在于事故的发生机理、预防原理、风险识别与评估、应急响应与救援、安全管理体系等。

(2) 事故致因模型与预防策略的本质区别

网络安全、食品安全等六个领域各有其独特且复杂的致因链：

① 网络安全　漏洞利用＞入侵成功＞达成攻击目标。

② 军事/国家安全　地缘冲突、情报失误、战略误判、实力失衡等。

③ 刑事安全　犯罪动机＋犯罪机会＞犯罪行为实施。

④ 食品安全　污染源引入＋控制措施失效＞危害健康。

⑤ 本研究范围（安全科学视角）　核心致因模型聚焦于人-机-环-管系统的交互失效。

特别强调，食品安全、网络安全等领域的重要性毋庸置疑。然而，从安全科学这一特定学科的专业视角来看，它们具有截然不同的研究对象、核心风险特征、事故致因模型、主导技术手段和管理框架。本研究聚焦于安全科学的核心领域即预防和控制可能导致人员伤亡、重大财产损失和环境破坏的物理性、技术性事故风险，其理论基础、研究方法和实践应用主要围绕人-机-环-管系统在物理世界中的失效风险展开。因此，食品安全、网络安全等虽然广义上属于“安全”范畴，但基于其独特性和学科差异性，不属于本研究范围的核心关注点。我们理解的“安全科学”，是一门致力于揭示物理性/技术性事故本质、发展预防控制技术、构建有效管理体系，以保护生命、财产和环境免受意外伤害的科学。

(3) 核心技术与方法论的专属性

网络安全、食品安全等六个领域依赖其专属技术：

① 网络安全　密码学、入侵检测、防火墙、渗透测试、安全审计等。

② 军事/国家安全　战略战术、武器装备、情报分析、密码破译、国土防御系统等。

③ 刑事安全　刑侦技术、法医学、犯罪心理学、治安管理技术等。

④ 食品安全　微生物检测、化学分析、溯源技术和 HACCP（危害分析与关键控制点）等。

⑤ 本研究范围（安全科学视角）的核心技术包括以下几项。

a. 事故致因分析：事故树分析（FTA）、事件树分析（ETA）、根本原因分析（RCA）、屏障分析。

b. 风险评估：危险与可操作性分析（HAZOP）、保护层分析（LOPA）、定量风险评估（QRA）、作业安全分析（JSA）、故障类型和影响分析（FMEA）。

c. 安全设计/工程：本质安全设计、安全仪表系统（SIS）、防火防爆工程、通风除尘、人机工程学应用、安全防护装置设计。

d. 安全管理体系：ISO 45001、安全生产标准化、过程安全管理（PSM）、行为安全观察（BBS）、安全绩效测量。

e. 应急响应：疏散模拟、泄漏控制、灭火技术和急救技术。

(4) 法规标准与管理体系的学科边界

网络安全、食品安全等六个领域受其特定法规标准体系约束：

① 网络安全　《网络安全法》、《数据安全法》、等级保护、ISO 27001。

② 军事/国家安全　相关国家法律、军事条例、国际条约、国家战略。

③ 刑事安全　《刑法》、《刑事诉讼法》、公安/司法系统规章。

④ 食品安全　《食品安全法》、GMP（药品生产质量管理规范）、HACCP、食品安全国家标准。

⑤ 本研究范围（安全科学视角）　《安全生产法》《职业病防治法》《消防法》《特种设备安全法》《突发事件应对法》等，以及安全生产标准化、ISO 45001、OSHA 标准、过程安全管理（PSM）、功能安全标准（IEC 61508/61511）等。

安全科学是一门以保护人的生命安全和健康为核心目标，以预防和控制物理性/技术性事故风险为主要任务，具有鲜明工程实践导向的综合性交叉学科。其核心内涵包括：

① 对象特定性　聚焦于物理世界和技术系统中意外事故（非故意事件）的发生机理、演化规律与后果。

② 核心目标　预防人员伤亡、重大财产损失和严重环境破坏。

③ 理论基础　建立在事故致因理论（能量意外释放、轨迹交叉、系统理论等）、风险管理理论、人因工程学、可靠性工程、系统科学、工程学等基础上。

④ 方法论核心　运用系统分析、风险评估、安全设计、屏障防护、管理控制等方法识别、评估、消除或控制风险。

⑤ 实践领域　主要应用于工业生产（化工、石油、矿山、制造）、建筑施工、交通运输（事故预防部分）、特种设备、城市公共设施安全（燃气、供电）、职业健康等存在显著物理性/技术性风险的领域。

⑥ 核心价值　通过科学原理和技术手段，主动预防事故，而非被动响应或事后追责（尽管事故调查是其重要组成部分）。

2.4.4　安全科学与特定领域安全的区分

网络安全、刑事安全、食品安全、军事安全、国家安全等领域具有极其重要的地位，但它们各自拥有独特的研究范式、理论基础、技术手段和管理框架，与安全科学研究的核心对象（物理性/技术性事故风险）存在本质区别。安全科学作为一门独立学科，其边界清晰：它不研究信息空间的攻防（网络安全）、故意犯罪行为（刑事安全）、食品链污染控制（食品安全）、国家间的战略对抗（军事安全）以及最高层次的政治安全（国家安全），而是致力于运用安全科学的理论、方法和技术，深入探究人-机-环-管系统中物理性/技术性事故风险的生成、传播与防控规律，为保护生命、财产和环境免受意外伤害提供科学支撑和实践方案。

下面从学科体系、事故调查部门和学生就业方向三个维度具体分析网络安全、刑事安全、食品安全、军事安全和国家安全与安全科学研究的范围和内容的区别。

2.4.4.1　学科体系区别

（1）网络安全

《普通高等学校本科专业目录（2012年）》中工学类下的专业类公安技术类下设有专业网络安全与执法专业；2019年教育部最新研究生专业指导目录中，在工学类下设有一级学科网络空间安全。

网络安全是计算机科学与技术、信息与通信工程下属的交叉学科，核心研究方向包括：网络攻防技术（漏洞挖掘、渗透测试、恶意代码分析）；密码学与信息加密（对称加密、非对称加密、区块链安全）；数据安全与隐私保护（数据脱敏、访问控制、合规治理）；网络基础设施安全（服务器安全、物联网安全、工业控制系统安全）。相关专业包括信息安全、网络空间安全和密码科学与技术等，部分高校开设网络安全与执法（公安类）专业。

（2）刑事安全

《普通高等学校本科专业目录（2012年）》中工学类下的专业类公安技术类；2019年教育部最新研究生专业指导目录中，在工学类下设有一级学科公安技术。刑事案件主要由公安机关进行管辖。刑事安全以法学、公安学为核心，交叉融合心理学、侦查学等，研究方向包括：刑法学（犯罪构成、刑罚适用）；刑事侦查学（案件侦破技术、物证鉴定）；犯罪学（犯罪原因、预防机制）；刑事诉讼法学（侦查程序、司法证据规则）。相关专业包括法学（刑法方向）、刑事科学技术和侦查学（公安类）等。

（3）食品安全

《普通高等学校本科专业目录（2012 年）》中工学类下的专业类食品科学与工程类；2019 年教育部最新研究生专业指导目录中，在工学类下设有一级学科食品科学与工程。食品安全是食品科学与工程、公共卫生与预防医学的交叉学科，研究方向包括：食品污染与检测（微生物、化学污染物、重金属检测）；食品加工安全控制（生产流程合规、添加剂使用规范）；食源性疾病预防（食物中毒机理、流行病学调查）；食品安全法规与标准（国内外食品安全标准制定）。相关专业包括食品质量与安全、预防医学（食品卫生方向）、食品科学与工程等。

（4）军事安全

军事安全是指主权国家为了保卫国家主权和领土完整，有效遏制、抵御外来武装力量的侵略和颠覆所进行的必要的军事防御准备。

2019 年教育部最新研究生专业指导目录中，设有军事学大类，其代码为 11。军事安全的主要监管机构是中华人民共和国国防部。核心研究方向包括：军事战略与战争理论（国家安全战略、战区防御体系）；军事技术与装备安全（武器装备研发、国防科技保密）；军队建设与指挥（部队战斗力保障、应急作战指挥）；国际军事关系（军事同盟、军备控制）。相关专业包括军事战略学、战役学、军事装备学、国防工程（以军校为主）等。

（5）国家安全

当代国家安全包括 16 个方面的基本内容：政治安全、国土安全、军事安全、经济安全、文化安全、社会安全、科技安全、网络安全、生态安全、资源安全、核安全、海外利益安全、生物安全、太空安全、极地安全、深海安全。军事安全的主要监管机构是中华人民共和国国家安全部。

国家安全是跨学科领域，以政治学、法学为基础，融合国际关系学、情报学、社会学等，研究方向包括：国家安全理论（总体国家安全观、安全与发展平衡）；领域安全（政治安全、经济安全、文化安全等 16 个领域）；国家安全法治；国家安全战略与情报分析（风险预警、危机应对）。2020 年国家安全学成为一级学科，相关专业包括国家安全学、国际政治等。

以上 5 个领域的学科体系均围绕特定对象（如网络、核、食品、国家）构建，有专属的理论、技术和规范，与安全科学“通用安全原理”的定位完全不同。

2.4.4.2 事故调查部门区别

① 网络安全事故主要是指网络系统的硬件、软件及其系统中的数据因偶然的或者恶意的原因而遭到破坏、更改、泄露，系统不能连续可靠正常地运行，网络服务中断。涉及计算机科学、网络技术、通信技术、密码技术、信息安全技术、应用数学、数论、信息论等多种学科。

网络安全事故的主要执法部门为国家互联网信息办公室（简称国家网信办）、工业和信息化部（简称工信部）、公安部、国家保密局、国家密码管理局等。其中，最主要的执法机构为国家网信办、工信部和公安部。

② 刑事安全案件是指犯罪嫌疑人或者被告人被控涉嫌侵犯了《刑法》所保护的社会

关系，国家为了追究犯罪嫌疑人或者被告人的刑事责任而进行立案侦查、审判并给予刑事制裁（如罚金、有期徒刑、死刑、剥夺政治权利等）的案件。

刑事安全案件（如故意杀人、盗窃、贪污贿赂等犯罪案件）的调查主体为司法机关：公安机关负责一般刑事案件的立案侦查（刑警队、经侦队）；监察委员会负责公职人员职务犯罪（贪污、渎职）的调查；人民检察院负责对侦查活动进行监督，对重大案件（如命案）提前介入，提起公诉；人民法院负责案件审判，确定是否构成犯罪及刑罚。

③ 食品安全事故指食源性疾病、食品污染、食品生产等源于食品，对人体健康有危害或者可能有危害及损伤的事故。随着人民生活水平的提高，各类食物开始摆上餐桌，食品安全也成了人人关心的问题。重大的食品安全事件会引起社会的广泛关注，加强对食品安全的监控已成为政府和社会关注的重大问题。

食品安全事故（如食物中毒、食品造假等）调查的牵头部门是市场监督管理局（负责食品生产、流通、餐饮全链条监管）；参与部门包括国家卫生健康委员会（食源性疾病流行病学调查）、农业农村部（农产品源头安全）、公安部（涉及刑事犯罪的食品案件，如生产有毒食品）。

④ 军事安全事件（如军事设施破坏、军事机密泄露、边境冲突等）的调查主体为军队系统；牵头部门是国防部（统筹军事安全事务）、战区司令部（区域军事事件）；参与部门包括军队纪检监察机构（内部违纪调查）、军事检察院（军事犯罪公诉）、军事法院（军事案件审判）、国防科工局（军工保密事件）。

⑤ 国家安全事件（如间谍活动、分裂国家、涉外安全威胁等）的调查以国家安全机关为核心；牵头部门是国家安全机关（负责反间谍、反颠覆、维护国家核心利益）；参与部门包括公安部（协同打击危害国家安全犯罪）、外交部（涉外安全事件）、网信办（网络领域国家安全）、国防部（军事领域国家安全）等，依据《国家安全法》形成协同机制。

这些部门的职责基于特定领域的法律法规和专业技术，与安全科学的“通用性理论研究”无直接关联，进一步说明这些领域不属于安全科学的研究范围。

2.4.4.3 学生就业方向差异

每个学科的学生就业方向直接反映其研究范畴，上述领域的专业人才就业聚焦专属领域，与安全科学的“通用安全服务”方向完全不同。

① 网络安全专业　毕业生多进入互联网企业的网络安全部门、金融机构（银行、券商的网络安全岗）、网络安全企业，或者政府和事业单位的网信办、公安网安支队、工信部下属机构和科研院所，从事网络攻防、数据安全防护等工作。

② 刑事安全相关专业　毕业生多就业集中在公安机关（刑警队）、检察院（反贪部门），从事案件侦查和证据收集等工作。

③ 食品安全专业　毕业生多进入市场监管局食品检验科、食品企业的质量控制部，负责食品检测和供应链安全管理。

④ 军事安全相关专业　毕业生主要进入军队（作战部队、国防科研院所）、国防部，从事国防政策研究和武器装备安全保障等工作。

⑤ 国家安全专业　毕业生去向为国家安全机关、外交部、智库，从事国家情报分析和主权安全维护等工作。

而安全科学专业毕业生的就业方向更偏向“通用安全管理”，如企业的安全管理岗、安全评价机构（做风险评估报告）、应急管理局的综合协调岗等，聚焦跨领域的共性安全问题，与上述领域的“专属岗位”形成明显区分。

总之，网络安全、刑事安全、食品安全、军事安全和国家安全等领域均有独立的学科体系、专属的管理部门和不同的就业方向，其研究对象是特定领域的具体安全问题，而安全科学聚焦“通用安全规律和共性方法”，二者在范畴上有本质区别。因此，这些领域不属于安全科学的研究范围和内容，而是各自形成了独立的知识体系和实践领域。

复习思考题

1. 安全的本质核心内涵是什么？
2. 安全价值观“非交换性”的含义是什么？
3. 大安全观提出的背景之一是什么？
4. 唯物辩证法中“安全与危险”的关系体现哪一规律？
5. 大安全观与传统安全观在“关注核心”上的本质差异是什么？

第3章

事故致因理论

3.1 事故的定义和特征

3.1.1 事故的定义

事故的定义为：个人或集体在时间的进程中，为了实现某一意图而采取行动的过程中，突然发生了与人的意志相反的情况，迫使这种行动暂时地或永久地停止的事件。这种事故现象是在人们的行动过程中发生的，如以人为中心来考察事故后果，大致有如下两种情况：伤亡事故和一般事故。

3.1.2 事故的特征

事故最基本的特征包括因果性、随机性、潜伏性和可预防性。

(1) 因果性

事故的因果性是指事故是由相互联系的多种因素共同作用的结果，引起事故的原因是多方面的，在伤亡事故调查分析过程中，应弄清事故发生的因果关系，找到事故发生的主要原因，才能对症下药。

(2) 随机性

事故的随机性是指事故发生的时间和地点、事故后果的严重性是偶然的。这说明事故的预防具有一定的难度。但是，事故的这种随机性在一定范畴内也遵循统计规律。从事故的统计资料中可以找到事故发生的规律性。因而，事故统计分析对制定正确的预防措施有重大的意义。

(3) 潜伏性

表面上事故是一种突发事件，但是事故发生之前有一段潜伏期。在事故发生前，人-机-环境系统所处的状态是不稳定的，也就是说系统存在着事故隐患，具有危险性。如果这时有一触发因素出现，就会导致事故的发生。在工业生产活动中，企业较长时间内未发生事故，如果麻痹大意，就是忽视了事故的潜伏性，这是工业生产中的思想隐患，是应克服的。

(4) 可预防性

现代工业生产系统是人造系统，这种客观实际给预防事故提供了基本的前提。所以说，任何事故从理论和客观上讲，都是可预防的。认识这一特性，对坚定信念，防止事故发生有促进作用。因此，人类应该通过各种合理的对策和努力，从根本上消除事故发生的隐患，把工业事故的发生降低到最小限度。

安全工作的任务就是发现伤亡事故的潜在性，根除其隐患，不使之再现，提高预测的可靠性。事故作为随机事件，它的发生受许多因素影响，而且它们之间存在着相当复杂的相互关系。预测事故的概率，则又关系到这些相关因素的比例和与时间相结合的概率。所以，伤亡事故是有充分余地进入偶然性领域的。但是，为了掌握不安全因素潜在性的某些规律，对已经发生过的事故进行追踪，分析其发生的本质原因，并从大量观察中了解其倾向，以便发现未来时间内同类事件的危险潜在性，并加以排除，不使之成为显现的事故。

对事故进行科学的预测及其准确率的提高，并以人为主体采取主动行动，把人从事故的灾难中解放出来，从“自在”走向“自由”，这就是安全科学和预测技术的精髓和方法。这种预测是根据以往积累的经验和知识，通过研究所构思出来的一个模型，即所谓的“预测模型”。若“预测模型”的准确性高，在实际进行中，其活动就必然会接近预测的模型。但是，如果在未来的时间里出现了没有预测到的条件，破坏了最初的预测性，当对这种变化情况调整或控制不当时，情况就会发展，使外界的能量传递给人体而造成人的伤害和机械的损坏。因此，为防止事故发生，在生产活动开始时，就应正确掌握当时的条件，充分运用已有的经验和知识，及时加以校正，以便对未来时间里的情况预测得更加准确。

但是，事故有其突然性，突然出现在相对时间上的事故，往往难以预测。意想不到的偶然性是存在的。集体劳动中的个人，不常是按照自然环境中的客观规律去干，而是有不少人工环境，这与人们在生活环境中所积累的经验有不同之处，有不少新的经验尚未取得，故也有难以预测之处。

另外，人们通过五感（视、听、嗅、味、触）对外界条件取得信息，再经大脑综合判断从而预测其结果。这种判断也离不开过去的经验。但在自然环境中，经验不起作用的事是存在的。例如煤矿的瓦斯是无色、无味、无嗅的，单凭人的五感是无法预测的，必须用科学仪器来扩大人的五感的灵敏度。所以使用科学仪器和科学方法是提高预测可靠性的重要途径。

3.2 事故的分类及原因

3.2.1 事故的分类

(1) 按事故中的伤亡情况分类

以人为中心考察事故结果时，可以把事故分为伤亡事故和一般事故。

伤亡事故是指造成人身伤害或急性中毒的事故。其中，在生产区域中发生的和生产有关的伤亡事故称为工伤事故。工伤事故包括工作意外事故以及职业病所致的伤残、伤亡。

一般事故是指人身没有受到伤害或受伤轻微，或没有形成人员生理功能障碍的事故。通常把没有造成人员伤亡的事故称为无伤害事故或未遂事故，也就是说，未遂事故的发生原因及其发生、发展过程与某个会造成严重后果的特定事故是完全相同的，只是由于某个偶然因素，没有造成该类严重事故。

（2）按人员遭受伤害的严重程度对伤害进行分类

① 暂时性失能伤害，受伤者或中毒者暂时不能从事原岗位工作。

② 永久性部分失能伤害，受伤害者或中毒者的肢体或某些器官功能不可逆地丧失。

③ 永久性全失能伤害，受伤害者完全残废。

④ 死亡。

（3）按 GB 6441—1986《企业职工伤亡事故分类》对受害者所受的伤害进行分类

① 轻伤　损失工作日低于 105 天的失能伤害。

② 重伤　损失工作日等于或大于 105 天的失能伤害。

③ 死亡　发生事故后当即死亡，包括急性中毒死亡，或受伤后 30 天内死亡的事故。死亡损失工作日为 6000 天。

（4）按事故类别分类

GB 6441—1986《企业职工伤亡事故分类》中综合考虑起因物、引起事故发生的诱因性原因、致害物、伤害方式等，将事故类别分为 20 类，如表 3-1 所示。

表 3-1　根据《企业职工伤亡事故分类》的事故分类

序号	事故类别	备注
1	物体打击	如落物、滚石、撞击、碎裂、崩块、砸伤等
2	车辆伤害	包括挤、压、撞、颠覆等
3	机械伤害	包括铰、碾、割、戳
4	起重伤害	各种起重作业引起的伤害
5	触电	电流流过人体或人与带电体间发生放电引起的伤害，包括雷击
6	淹溺	各种作业中落水及非矿山透水引起的溺水伤害
7	灼烫	火焰烧伤、高温物体灼烫、化学物质灼伤、射线引起的皮肤损伤等，不包括电烧伤及火灾事故引起的烧伤
8	火灾	造成人员伤亡的企业火灾事故
9	高处坠落	包括由高处落地和由平地入地坑
10	坍塌	指建筑物、构筑物、堆置物等倒塌以及土石塌方引起的事故，不适用于矿山冒顶片帮及爆炸、爆破引起的坍塌事故
11	冒顶片帮	指矿山开采、掘进及其他坑道作业发生的顶板冒落、侧壁垮塌
12	透水	适用于矿山开采及其他坑道作业发生时由涌水造成的伤害
13	放炮	由爆破作业引起的事故，包括由爆破引起的中毒
14	火药爆炸	生产、运输和储藏过程中的意外爆炸
15	瓦斯爆炸	包括瓦斯、煤尘与空气混合形成的混合物的爆炸
16	锅炉爆炸	适用于工作压力在 0.07MPa 以上、以水为介质的蒸汽锅炉爆炸
17	压力容器爆炸	包括物理爆炸和化学爆炸
18	其他爆炸	可燃气体、蒸气、粉尘等与空气混合形成的爆炸性混合物的爆炸；炉膛、钢水包、亚麻粉尘的爆炸等
19	中毒和窒息	职业性毒物进入人体引起的急性中毒、缺氧窒息性伤害
20	其他伤害	上述范围之外的伤害事故，如冻伤、扭伤、摔伤、野兽咬伤等

① 物体打击　指失控物体的惯性力造成的人身伤害事故。如落物、滚石、锤击、碎裂、崩块、砸伤等，不包括爆炸、主体机械设备、车辆、起重机械、坍塌等引发的物体打击，如图 3-1 所示。

图 3-1　物体打击

② 车辆伤害　指本企业机动车辆引起的机械伤害事故。如机动车辆在行驶中的挤、压、撞车或倾覆等事故，在行驶中上下车、搭乘矿车或放飞车所引起的事故，以及车辆运输挂钩、跑车事故，如图 3-2 所示。

(a)　(b)

图 3-2　车辆伤害

③ 机械伤害　指机械设备与工具引起的绞、辗、碰、割戳、切等伤害。如工件或刀具飞出伤人，切屑伤人，手或身体被卷入，手或其他部位被刀具碰伤，手或其他部位被转动的机构缠压住等。常见伤害人体的机械设备有：皮带运输机、球磨机、行车、卷扬机、干燥车、气锤、车床、辊筒机、混砂机、螺旋输送机、泵、压模机、灌肠机、破碎机、推焦机、榨油机、硫化机、卸车机、离心机、搅拌机、轮碾机、制毡撒料机、滚筒筛等。但属于车辆、起重设备的情况除外。机械伤害事故如图 3-3 所示。

④ 起重伤害　起重伤害事故是指在进行各种起重作业（包括吊运、安装、检修、试验）中发生的重物（包括吊具或吊臂）坠落、夹挤、物体打击、起重机倾翻等事故，如图 3-4 所示。

⑤ 触电　指电流流经人体，造成生理伤害的事故。适用于触电、雷击伤害。如人体接触带电的设备金属外壳或裸露的临时线，漏电的手持电动手工工具；起重设备误触高压线或感应带电；雷击伤害；触电坠落等事故。触电事故如图 3-5 所示。

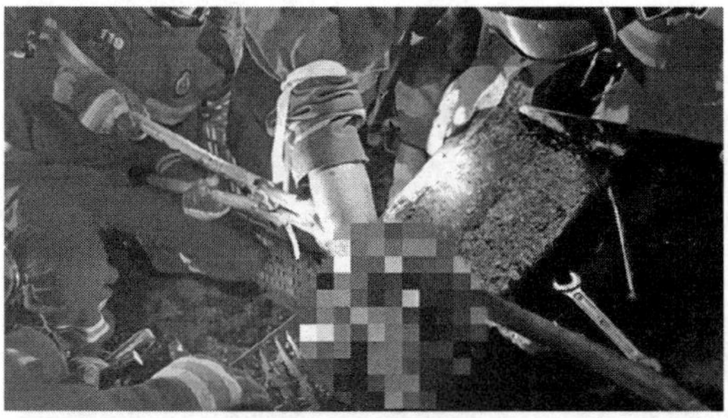

图 3-3　机械伤害

图 3-4　起重伤害

⑥ 淹溺　指大量水经口、鼻进入肺内，造成呼吸道阻塞，发生急性缺氧而窒息死亡的事故，如图 3-6 所示。

图 3-5　触电

图 3-6　淹溺

⑦ 灼烫　指强酸、强碱溅到身体上引起的灼伤，或由火焰引起的烧伤，由高温物体引起的烫伤，由放射线引起的皮肤损伤等事故。适用于烧伤、烫伤、化学灼伤、放射性皮肤损伤等伤害。不包括电烧伤以及火灾事故引起的烧伤。灼烫事故如图 3-7 所示。

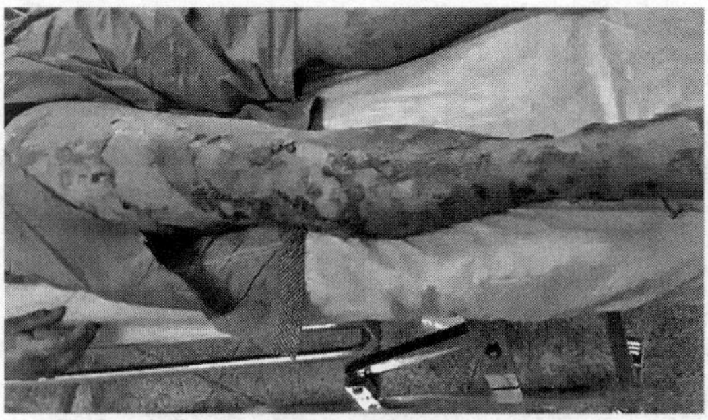

图 3-7　灼烫

⑧ 火灾　指造成人身伤亡的企业火灾事故。不适用于非企业原因造成的火灾，比如，居民火灾蔓延到企业。此类事故属于消防部门统计的事故，如图 3-8 所示。

⑨ 高处坠落　指由危险重力势能差引起的伤害事故。适用于脚手架、平台、陡壁施工等高于地面的坠落，也适用于地面踏空失足坠入洞、坑、沟、升降口、漏斗等情况。但不包括以其他类别为诱发条件的坠落，如高处作业时，因触电失足坠落应定为触电事故，不能按高处坠落划分。高处坠落事故如图 3-9 所示。

(a) (b)

图 3-8 火灾

图 3-9 高处坠落

⑩ 坍塌 指建筑物、构筑物、堆置物等倒塌以及土石塌方引起的事故。适用于因设计或施工不合理而造成的倒塌，以及土方、岩石发生的塌陷事故。如建筑物倒塌，脚手架倒塌，挖掘沟、坑、洞时土石塌方等情况。不适用于矿山冒顶片帮事故，或爆炸、爆破引起的坍塌事故。坍塌事故如图 3-10 所示。

(a) (b)

图 3-10 坍塌

⑪ 冒顶片帮 指矿井工作面、巷道侧壁由于支护不当、压力过大而坍塌，称为片帮；顶板垮落为冒顶。二者常同时发生，简称为冒顶片帮。适用于矿山、地下开采、掘进及其他坑道作业发生的坍塌事故，如图 3-11 所示。

⑫ 透水 指矿山开采或其他坑道作业时，意外水源带来的伤亡事故。适用于井巷与

含水岩层、地下含水带、溶洞或与被淹巷道、地面水域相通时，涌水成灾的事故。不适用于地面水害事故。透水事故如图 3-12 所示。

图 3-11　冒顶片帮

图 3-12　透水

⑬ 放炮　指施工时，放炮作业造成的伤亡事故。适用于各种爆破作业，如采石、采矿、采煤、开山、修路、拆除建筑物等工程进行的放炮作业引起的伤亡事故。

⑭ 火药爆炸　指火药与炸药在生产、运输、储藏的过程中发生的爆炸事故。适用于火药与炸药在配料、运输、储藏、加工过程中，由于振动、明火、摩擦、静电作用，或因其热分解作用，或因储藏时间过长或存药过多发生的化学性爆炸事故，以及熔炼金属时，废料处理不净，残存火药或炸药引起的爆炸事故，如图 3-13 所示。

⑮ 瓦斯爆炸　是指可燃性气体瓦斯、煤尘与空气混合形成了达到燃烧极限的混合物，接触火源时，引起的化学性爆炸事故。主要适用于煤矿，同时也适用于空气不流通，瓦斯、煤尘积聚的场合，如图 3-14 所示。

图 3-13　火药爆炸

图 3-14　火药爆炸

⑯ 锅炉爆炸　指锅炉发生的物理性爆炸事故。适用于使用工作压力大于 0.7 表大气压（0.07MPa）、以水为介质的蒸汽锅炉（以下简称锅炉），但不适用于铁路列车、船舶上的锅炉以及列车电站和船舶电站的锅炉，如图 3-15 所示。

⑰ 压力容器爆炸：压力容器（简称容器）是指比较容易发生事故，且事故危害性较大的承受压力载荷的密闭装置。压力容器爆炸是压力容器破裂引起的气体爆炸，即物理性爆炸，包括容器内盛装的可燃性液化气在容器破裂后，立即蒸发，与周围的空气混合形成爆炸性气体混合物，遇到火源时产生的化学爆炸，也称容器的二次爆炸，如图 3-16 所示。

图 3-15 锅炉爆炸

图 3-16 压力容器爆炸

⑱ 其他爆炸　凡不属于上述爆炸的事故均列为其他爆炸事故，如：

a. 可燃性气体如煤气、乙炔等与空气混合形成的爆炸。

b. 可燃蒸气与空气混合形成的爆炸性气体混合物如汽油挥发气引起的爆炸。

c. 可燃性粉尘以及可燃性纤维与空气混合形成的爆炸性气体混合物引起的爆炸。

d. 间接形成的可燃气体与空气相混合，或者可燃蒸气与空气相混合（如可燃固体、自燃物品，当受热且与水、氧化剂迅速反应时，分解出可燃气体或蒸气与空气混合形成爆炸性气体），遇火源爆炸的事故。

e. 炉膛爆炸，钢水包、亚麻粉尘的爆炸，都属于上述爆炸方面，亦均属于其他爆炸。

⑲ 中毒和窒息　指人接触有毒物质，如误吃有毒食物或呼吸有毒气体引起的人体急性中毒事故；或在废弃的坑道、暗井、涵洞、地下管道等不通风的地方工作，因为氧气缺乏，有时会突然晕倒，甚至死亡，称为窒息事故。两种现象合为一体，称为中毒和窒息事故。不适用于病理变化导致的中毒和窒息的事故，也不适用于慢性中毒的职业病导致的死亡。

⑳ 其他伤害　凡不属于上述伤害的事故均称为其他伤害，如扭伤、跌伤、冻伤、野兽咬伤、钉子扎伤等。

（5）按事故严重程度分类

为了研究事故发生原因，便于对伤亡事故进行统计分析和调查处理，国务院《生产安全事故报告和调查处理条例》（2007）将事故按严重程度分为以下四类。

① 特别重大事故　是指造成 30 人以上死亡，或者 100 人以上重伤（包括急性工业中毒，同下），或者 1 亿元以上直接经济损失的事故。

② 重大事故　是指造成 10 人以上 30 人以下死亡，或者 50 人以上 100 人以下重伤，或者 5000 万元以上 1 亿元以下直接经济损失的事故。

③ 较大事故　是指造成 3 人以上 10 人以下死亡，或者 10 人以上 50 人以下重伤，或者 1000 万元以上 5000 万元以下直接经济损失的事故。

④ 一般事故　是指造成 3 人以下死亡，或者 10 人以下重伤，或者 1000 万元以下直接经济损失的事故。

（6）按引起事故的原因分类

根据引起事故的原因，可以将事故分为一次事故和二次事故。

① 一次事故　是指由人的不安全行为或物的不安全状态引起的事故。

② 二次事故　是指在事故发生后，由于事故本身产生其他伤害或事故导致其他事故的发生，事故范围进一步扩大的事故。

二次事故的特点：

a. 二次事故往往比一次事故的危害更大。

b. 二次事故形成的时间短，往往难以控制。

(7) 按事故是否与工作有关分类

① 工作事故　是指员工在工作过程中或从事与工作相关的活动发生的事故。

② 非工作事故　员工在非工作环境中，如旅游、娱乐、体育活动及家庭生活等诸方面活动中发生的人身伤害事故。

(8) 按事故发生的原因分类

① 自然灾害

a. 地质灾害：地震、火山爆发、山崩、滑坡、泥石流、地面沉陷等。

b. 气象灾害：暴雨、洪涝、热带气旋、冰雹、雷电、龙卷风、干旱、酷热、低温、雪灾、霜冻等。

c. 生物灾害：病虫害、鼠害、急性传染病等。

d. 天文灾害：天体撞击、太阳活动异常等。

e. 其他灾害：雪崩、冰崩、海啸、森林火灾、沙尘暴等。

② 人为事故

a. 生态环境事故：烟雾与大气污染、温室效应、水污染、水土流失、气候异常、人口膨胀等。

b. 公共设施事故：交通事故、核泄漏、水库溃堤等。

(9)《建筑工程施工现场管理规定》中根据事故责任对事故进行分类

① 指导责任事故（指由工程指导或领导失误而造成的质量事故）。

② 操作责任事故（指在施工过程中，由于操作者不按规程或标准实施操作，因此造成的质量事故）。

③ 自然灾害事故（指由突发的严重自然灾害等不可抗力造成的质量事故）。

(10)《火灾统计管理规定》中对火灾事故的分类

① 特大火灾事故［死亡 10 人以上（含 10 人，下同）；重伤 20 人以上；死亡、重伤 20 人以上；受灾 50 户以上；直接财产损失 100 万元以上］。

② 重大火灾事故（死亡 3 人以上；重伤 10 人以上；死亡、重伤 10 人以上；受灾 30 户以上；直接财产损失 30 万元以上）。

③ 一般火灾事故（不属于前两种情形的燃烧事故为一般火灾）。

(11)《建筑工程施工现场管理规定》中根据事故产生的原因对事故进行分类

① 技术原因引发的事故（指在工程项目实施中由设计、施工在技术上的失误造成的质量事故）。

② 管理原因引发的事故（指由管理上的不完善或失误引发的质量事故）。

③ 社会经济原因引发的事故（指由经济因素以及社会上存在的弊端和不正之风导致建设中的错误行为，从而造成的质量事故）。

（12）《生产过程危险和有害因素分类与代码》中根据生产过程中的危险、有害因素对事故的分类

① 物理性危险有害因素导致的事故（包括设备缺陷、防护缺陷、明火等因素）。

② 化学性危险有害因素导致的事故（包括易燃易爆气液体、有毒物质等因素）。

③ 生物性危险有害因素导致的事故（包括致病微生物、致害植物等因素）。

④ 心理生理性危险有害因素导致的事故（包括负荷超限、健康状况异常、心理异常、从事禁忌作业等因素）。

⑤ 行为性危险有害因素（包括指挥错误、监护失误等因素）。

⑥ 其他危险有害因素导致的事故。

3.2.2 事故的原因

事故的原因可分为直接原因和间接原因。

直接原因：直接导致事故发生的原因，又称一次原因。

间接原因：是指使事故的直接原因得以产生和存在的原因。

（1）事故的直接原因

事故的直接原因只有两个，即人的不安全行为和物的不安全状态。为了统计方便，我国国家标准《企业职工伤亡事故分类》对人的不安全行为和物的不安全状态作了详细分类。

（2）事故的间接原因

① 北川彻三的分析方法（简称北川方法）中对间接原因的分类

a. 技术原因：建筑物、机械装置设计不良；材料结构不合适；作业标准不合理；检修、保养不到位等。

b. 教育原因：缺乏安全知识；错误理解安全规程要求；养成了不良习惯、坏习惯；经验不足或没有经验等。

c. 身体原因：疾病；残疾；疲惫；身体不适；酩酊大醉等。

d. 精神原因：错误；态度不好；精神不安；感觉上的缺陷；智能缺陷等。

e. 管理原因：领导责任心不强；安全管理结构不健全；安全教育制度不完善；安全标准不明确；检查、保养制度不健全等。

f. 学校教育原因：义务教育；高等教育；师资的培养；社会教育等。

g. 社会原因：法规；行政；社会结构等。

h. 历史原因：国家、民族特点；产业的发达程度；社会思想的开放、进步程度等。

② GB 6441—1986《企业职工伤亡事故分类》中对间接原因的分类

a. 技术和设计上存在缺陷；

b. 教育培训不够，未经培训，缺乏或不懂安全操作技术知识；

c. 劳动组织不合理；

d. 对现场工作缺乏检查或指导错误；

e. 没有安全操作规程或安全操作规程不健全；

f. 没有或不认真实施事故防范措施，对事故隐患整改不力；

g. 其他。

3.3 事故致因理论的核心机理与模型

事故致因理论是从大量典型事故本质原因的分析中所提炼出的事故机理和事故模型。这些机理和模型反映了事故发生的规律性，为分析和预防事故源以及改进安全管理工作，提供科学的、完整的依据。

随着科学技术和生产方式的发展，事故发生的本质规律在不断变化，人们对事故原因的认识也不断深入，因此先后出现了十几种具有代表性的事故致因理论和事故模型。

3.3.1 事故致因理论的产生及发展

在 20 世纪 50 年代以前，资本主义工业化大生产飞速发展，美国福特公司的大规模流水线生产方式得到广泛应用。这种生产方式利用机械的自动化迫使工人适应机器，包括操作要求和工作节奏，一切以机器为中心，人成为机器的附属和奴隶。与这种情况相对应，人们往往将生产中的事故原因推到操作者的头上。

1919 年，格林伍德（M. Greenwood）和伍兹（H. Woods）提出了事故倾向性格论，后来纽伯尔德（Newboid）在 1926 年以及法默（Farmer）在 1939 年分别对其进行了补充。该理论认为从事同样的工作和在同样的工作环境下，某些人比其他人更易发生事故，这些人是事故倾向者，他们的存在会使生产中的事故增多，如果通过人的性格特点区分出这部分人而不予雇佣，则可以减少工业生产中的事故。这种理论把事故致因归咎于人的天性，至今仍有某些人赞成这一理论，但是后来的许多研究结果并没有证实此理论的正确性。

1936 年，美国人海因里希（W. H. Heinrich）提出了事故因果连锁理论。海因里希认为，伤害事故的发生是一连串的事件按一定的因果关系依次发生的结果。他用五块多米诺骨牌来形象地说明这种因果关系，即第一块牌倒下后会导致后面的牌因连锁反应而倒下，最后一块牌即为伤害。因此，该理论也被称为多米诺骨牌理论。多米诺骨牌理论建立了事故致因的事件链这一重要概念，并为后来者研究事故机理提供了一种有价值的方法。

海因里希曾经调查了 75000 件工伤事故，发现其中 98%是可以预防的。在可预防的工伤事故中，以人的不安全行为为主要原因的占 89.8%，而以设备的、物质的不安全状态为主要原因的只占 10.2%。按照这种统计结果，绝大部分工伤事故都是由工人的不安全行为引起的。海因里希还认为，即使有些事故是由物的不安全状态引起的，其不安全状态的产生也是由于工人的错误。因此，这一理论与事故倾向性格论一样，将事件链中的原因大部分归于操作者的错误，表现出时代的局限性。

第二次世界大战爆发后，高速飞机、雷达、自动火炮等新式军事装备的出现，带来了操作的复杂性和紧张度，使得人们难以适应，常常发生动作失误。于是，产生了专门研究人类的工作能力及其限制的人机工程学，它对战后工业安全的发展也产生了深刻的影响。人机工程学的兴起标志着工业生产中人与机器关系的重大改变。以前是按机械的特性来训练操作者，让操作者满足机械的要求；现在是根据人的特性来设计机械，使机械适合人的操作。

这种在人机系统中以人为主、让机器适合人的观念，促使人们对事故原因重新进行认识。越来越多的人认为，不能把事故的发生简单地说成是操作者的性格缺陷或粗心大意，应该重视机械的、物质的危险性在事故中的作用，强调实现生产条件、机械设备的固有安全，才能切实有效地减少事故的发生。

1949 年，葛登（Gorden）利用流行病传染机理来论述事故的发生机理，提出了用于事故的流行病学方法理论。葛登认为：流行病病因与事故致因之间具有相似性，可以参照分析流行病病因的方法分析事故。

流行病的病因有三种：a. 当事者（病者）的特征，如年龄、性别、心理状况、免疫能力等；b. 环境特征，如温度、湿度、季节、社区卫生状况、防疫措施等；c. 致病媒介特征，如病毒、细菌、支原体等。这三种因素的相互作用，可以导致人的疾病发生。与此相类似，对于事故，一要考虑人的因素，二要考虑作业环境因素，三要考虑引起事故的媒介。

这种理论比只考虑人失误的早期事故致因理论有了较大的进步，它明确地提出事故因素间的关系特征，事故是三种因素相互作用的结果，并推动了关于这三种因素的研究和调查。但是，这种理论也有明显的不足，主要是关于致因的媒介。作为致病媒介的病毒等在任何时间和场合都是确定的，只是需要分辨并采取措施防治，而导致事故的媒介到底是什么，还需要识别和定义，否则该理论无太大用处。

1961 年，由吉布森（Gibson）提出，并在 1966 年由哈登（Hadden）引申的能量异常转移论，是事故致因理论发展过程中的重要一步。该理论认为，事故是一种不正常的或不希望的能量转移，各种形式的能量是造成伤害的直接原因。因此，应该通过控制能量或者控制能量的载体来预防伤害事故，防止能量异常转移的有效措施是对能量进行屏蔽。能量异常转移论的出现，为人们认识事故原因提供了新的视野。例如，在利用用于事故的流行病学方法理论进行事故原因分析时，就可以将媒介看作促成事故的能量，即有能量转移至人体才会造成事故。

20 世纪 70 年代后，随着科学技术的不断进步，生产设备、工艺及产品越来越复杂，信息论、系统论、控制论相继成熟并在各个领域获得广泛应用。对于复杂系统的安全性问题，采用以往的理论和方法已不能很好地解决，因此出现了许多新的安全理论和方法。在事故致因理论方面，人们结合信息论、系统论和控制论的观点、方法，提出了一些有代表性的事故理论和模型。相对来说，20 世纪 70 年代以后是事故致因理论比较活跃的时期。

1969 年由瑟利（J. Surry）提出，20 世纪 70 年代初得到发展的瑟利模型，是以人对信息的处理过程为基础描述事故发生因果关系的一种事故模型。这种理论认为，人在信息处理过程中出现失误从而导致人的行为失误，进而引发事故。与此类似的理论还有 1970 年的海尔（Hale）模型，1972 年威格里沃思（Wigglesworth）的人失误的一般模型，1974 年劳伦斯（Lawrence）提出的金矿山人失误模型，以及 1978 年安德森（Anderson）等对瑟利模型的修正等。

这些理论均从人的特性与机器性能和环境状态之间是否匹配和协调的观点出发，认为机械和环境的信息不断地通过人的感官反映到大脑，人若能正确地认识、理解、判断，作出正确决策并采取行动，就能化险为夷，避免事故和伤亡；反之，如果人未能察觉、认识所面临的危险，或判断不准确，未采取正确的行动，就会发生事故和伤亡。由于这些理论把人、机、环境作为一个整体（系统）看待，研究人、机、环境之间的相互作用、反馈和调整，从中发现事故的致因，揭示出预防事故的途径，所以，也有人将它们统称为系统理论。动态和变化的观点是近代事故致因理论的又一基础。1972 年，本尼尔（Benner）提出了在处于动态平衡的生产系统中，由扰动（perturbation）导致事故的理论，即 P 理论。此后，约翰逊（Johnson）于 1975 年发表了变化-失误模型，1980 年诺兰茨（W. E. Talanch）在《安全测定》一书中介绍了变化论模型，1981 年佐藤音信提出了作用-变化与作用连锁模型。

近十几年来，比较流行的事故致因理论是轨迹交叉论。该理论认为，事故的发生不外乎是人的不安全行为（或失误）和物的不安全状态（或故障）两大因素综合作用的结果，即人、物两大系列时空运动轨迹的交叉点就是事故发生的所在，预防事故的发生就是设法从时空上避免人、物运动轨迹的交叉。与轨迹交叉论类似的理论是危险场理论。危险场是指危险源能够对人体造成危害的时间和空间的范围。这种理论多用于研究存在诸如辐射、冲击波、毒物、粉尘、声波等危害的事故模式。

事故致因理论的发展虽然还很不完善，还没有给出事故调查分析和预测预防方面的普遍和有效的方法，但是，通过对事故致因理论的深入研究，该理论必将在安全管理工作中产生以下深远影响：

① 从本质上阐明事故发生的机理，奠定安全管理的理论基础，为安全管理实践指明正确的方向。

② 有助于指导事故的调查分析，帮助查明事故原因，预防同类事故再次发生。

③ 为系统安全分析、危险性评价和安全决策提供充分的信息和依据，增强针对性，减少盲目性。

④ 有利于认定性的物理模型向定量的数学模型发展，为事故的定量分析和预测奠定基础，真正实现安全管理的科学化。

⑤ 增加安全管理的理论知识，丰富安全教育的内容，提高安全教育的水平。

3.3.2 事故致因理论研究的意义

为了防止事故，必须弄清事故为什么会发生，造成事故发生的因素有哪些。事故致因理论就是研究事故发生原因、提出防止事故发生方法和对策的理论，是研究了大量伤亡事故后得出的正确理论。它有助于人们认识事故的本质，提高安全生产管理水平，消除和控制事故发生。

事故致因理论是一定生产力发展水平的产物。在生产力发展的不同阶段，生产过程中会出现不同的安全问题，特别是随着生产方式的变化，人们对事故发生规律的认识也不同，所以就产生了反映不同安全观念的事故致因理论。

3.3.3 事故频发倾向理论

事故频发倾向理论（Accident Proneness Theory）是工业安全心理学和职业健康领域的经典理论，主要探讨事故发生的规律以及个体差异对事故风险的影响。

1919 年，英国的格林伍德和伍兹根据泊松分布、偏差和非均质分布对事故数量进行了统计分析。如果发生事故的可能性没有个体差异，发现一定时期内的事故数量受泊松分布的影响。如果由于某些工人的精神或心理问题在生产过程中发生事故，继续工作往往会重复第二次和第三次事故。少数精神或心理上有缺陷的工人，服从偏斜的分配。如果工厂中有很多容易发生事故的人员，则不同数量的事故会遵循不均匀的分布。泊松分布如图 3-17 所示。

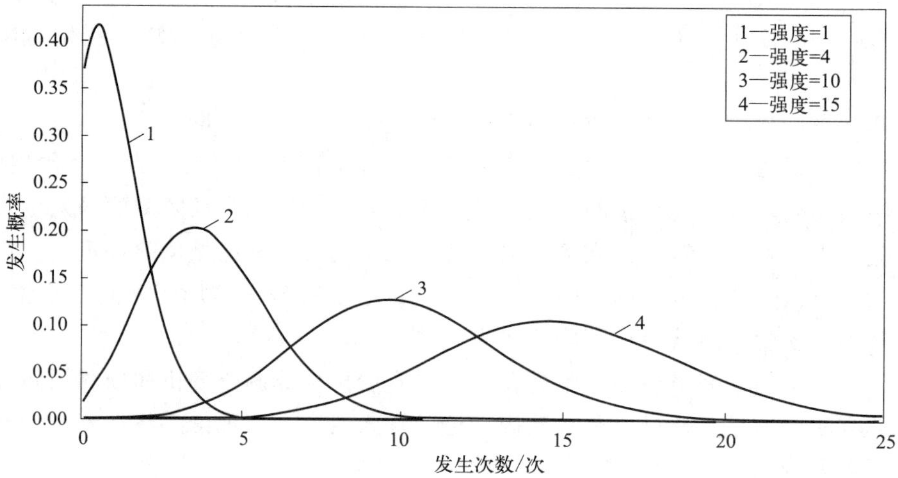

图 3-17　泊松分布图

基于这项工作，1939 年，Farmer 和 Chamb 等提出了造成事故的倾向性理论。即指容易发生事故的趋势是引起事故的稳定的趋势。容易发生事故的人是造成职业伤害的主要原因。换句话说，少数容易发生事故的工人就是那些容易发生事故的工人。他们的存在是职业事故发生的原因。减少工作环境中容易发生事故的人数就可以减少职业伤害。

事故频发倾向理论将职业事故的原因归结为少数容易发生事故的人，这是错误的，但就职业相关性而言，存在一些特定关系。少数容易发生事故的人可能导致事故的发生，但不是主要的原因。海因里希将该理论不断完善，形成了著名的海因里希因果连锁理论。

3.3.4　海因里希因果连锁论

美国著名安全工程师海因里希在《工业事故预防》一书中最先提出了事故致因理论及事故致因理论模型（见图 3-18），阐明了导致伤亡事故的各种因素之间的关系以及这些因素与事故、伤害之间的关系。海因里希把工业事故的发生过程描述为具有因果关系的事件的连锁过程，他用 5 块多米诺骨牌来形象地说明这种因果关系，这 5 块骨牌分别是遗传及社会环境、人的缺点、人的不安全行为和物的不安全状态、事故的发生、事故造成的伤害。当一块骨牌被碰倒时，将会导致下一块骨牌倒下，形成连锁反应，最后导致事故并造成伤害。海因里希强调安全管理工作的中心是移去事故连锁中的一块骨牌，即防止人的不

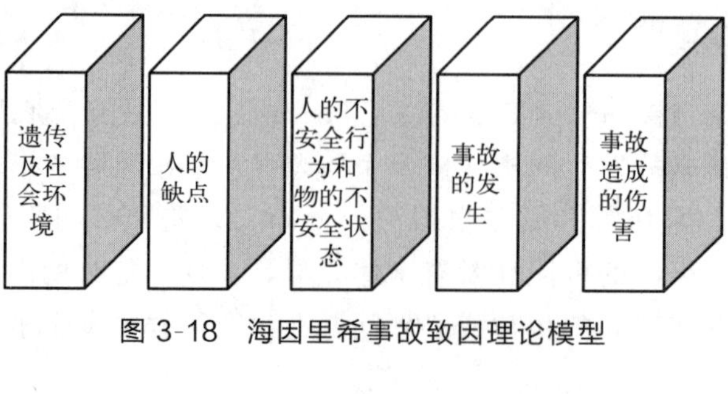

图 3-18　海因里希事故致因理论模型

安全行为或消除物的不安全状态，从而中断事故连锁反应的进程，避免伤亡事故的发生，如图 3-19 所示。

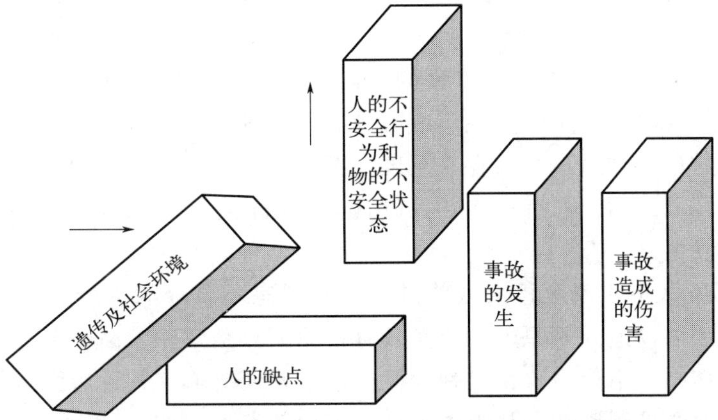

图 3-19　防止人的不安全行为以及消除物的不安全状态

事故致因理论的演化阶段：

a. 单因素事故致因理论；

b. 事故链致因理论；

c. 多因素事故致因理论；

d. 系统论事故致因理论；

e. 事故的发生是一连串事件按一定顺序，互为因果依次发生的结果。

① 遗传及社会环境（M）　遗传及社会环境是造成人的缺点的原因。遗传因素可能使人具有鲁莽、固执、粗心等对于安全来说不良的性格；社会环境可能妨碍人的安全素质培养，助长不良性格的发展。这种因素是因果链上最基本的因素。

② 人的缺点（P）　即由遗传及社会环境因素所造成的人的缺点。人的缺点是使人产生不安全行为或造成物的不安全状态的原因。这些缺点既包括诸如鲁莽、固执、易过激、神经质、轻率等性格上的先天缺陷，也包括诸如缺乏安全生产知识和技能等后天不足。

③ 人的不安全行为和物的不安全状态（H）　这二者是造成事故的直接原因。海因里希认为，人的不安全行为是因人的缺点而产生的，是造成事故的主要原因。

④ 事故的发生（D）　事故是一种物体、物质或放射线等对人体发生作用，使人员受到或可能受到伤害的、出乎意料的、失去控制的事件。

⑤ 事故造成的伤害（A）　即直接由事故产生的人身伤害。

3.3.5　博德事故因果连锁理论

博德在海因里希事故因果连锁理论的基础上，提出了与现代安全观点更加吻合的事故因果连锁理论。

博德的事故因果连锁理论同样为五个因素，但每个因素的含义与海因里希的都有所不同。

① 管理缺陷　对于大多数企业来说，由于各种原因，完全依靠工程技术措施预防事故既不经济也不现实，只能通过完善安全管理工作，经过较大的努力，才能防止事故的发

生。企业管理者必须认识到，只要生产没有实现本质安全化，就有发生事故及伤害的可能性。因此，安全管理是企业管理的重要一环。安全管理系统要随着生产的发展变化而不断调整完善，十全十美的管理系统不可能存在。安全管理上的缺陷会致使能够造成事故的其他原因出现。

② 个人及工作条件的原因　这方面的原因是管理缺陷造成的。个人原因包括缺乏安全知识或技能，行为动机不正确，生理或心理有问题等；工作条件原因包括安全操作规程不健全，设备、材料不合适，以及存在温度、湿度、粉尘、气体、噪声、照明、工作场地状况等有害作业环境因素。只有找出并控制这些原因，才能有效地防止后续原因的发生，从而防止事故的发生。

③ 直接原因　人的不安全行为或物的不安全状态是事故的直接原因。这种原因是安全管理中必须重点加以追究的原因。但是，直接原因只是一种表面现象，是深层次原因的表征。在实际工作中，不能停留在这种表面现象上，而要追究其背后隐藏的管理上的缺陷原因，并采取有效的控制措施，从根本上杜绝事故的发生。

④ 事故　这里的事故被看作是人体或物体与超过其承受阈值的能量接触，或人体与妨碍正常生理活动的物质的接触。因此，防止事故就是防止接触。可以通过对装置、材料、工艺等的改进来防止能量的释放，或者操作者提高识别和回避危险的能力，佩戴个人防护用具等来防止接触。

⑤ 损失　人员伤害及财物损坏统称为损失。人员伤害包括工伤、职业病、精神创伤等。在许多情况下，可以采取恰当的措施使事故造成的损失最大限度地减小。例如，对受伤人员迅速进行正确的抢救，对设备进行抢修，以及平时组织有关人员进行应急演练等。

3.3.6　心理动力理论

（1）主要特点

① 潜意识主导　强调潜意识（如被压抑的欲望、创伤）是行为和心理问题的根源，意识仅占心理活动的表层。

② 内在驱力与冲突　以弗洛伊德提出的力比多（性本能）和攻击本能为核心驱力，认为行为源于本能需求与道德约束（本我、自我、超我）的冲突。

③ 童年决定论　重视早期经验（尤其是0～6岁）对人格发展的塑造作用，如俄狄浦斯情结、固着现象等。

④ 心理防御机制　提出压抑、投射、升华等机制，解释个体如何无意识地缓解焦虑与内心冲突。

⑤ 人格结构模型　通过本我（本能）、自我（现实调节）、超我（道德）三部分动态互动，解释人类行为的复杂性。

⑥ 扩展与演变　荣格引入集体潜意识和原型理论，阿德勒强调自卑情结与社会兴趣；现代心理动力学更关注人际关系和文化背景的影响。

（2）主要结论

① 行为根源在潜意识　人类行为并非完全理性，而是受潜意识冲突驱动，许多心理问题源于未解决的童年创伤或欲望压抑。

② 童年塑造成人人格　早期经历（如亲子关系、创伤事件）对成年后的情感模式、

人际关系和心理健康具有决定性影响。

③ 防御机制的双刃剑作用　防御机制虽能短期缓解焦虑，但长期过度使用（如否认、投射）可能导致适应不良或心理疾病。

④ 治疗需揭示潜意识　通过精神分析技术（如自由联想、释梦）挖掘被压抑的冲突，实现潜意识内容意识化，是疗愈的关键。

（3）理论贡献与局限

开创了潜意识研究的先河，对心理学、文学、艺术影响深远，但因其缺乏实证检验、过度泛性化解释而备受争议。现代心理学虽部分吸收其思想（如重视早期经验），但更倾向于整合神经科学和实证研究方法。

3.3.7 瑟利模型

瑟利模型（SHEL）由爱德华·瑟利提出，主要用于分析人因工程和系统安全，强调事故或错误是由系统各要素之间的不匹配（mismatch）引起的。其名称 SHEL 代表模型的四个核心组成部分。

① S（software）即软件，指非物理性的规则、程序、操作手册、培训体系等。例如，航空公司的飞行手册、医院的医疗操作流程。

② H（hardware）即硬件，指物理设备、工具、机器、界面设计等。

③ E（environment）即环境，指工作环境，包括物理环境（温度、噪声、照明）和社会环境（团队文化、压力）。例如，驾驶舱噪声、手术室的紧急氛围。

④ L（liveware）即人员（操作者及团队），指系统中的人，包括个体能力、心理状态、团队协作等。例如，飞行员的决策能力、医护团队的沟通效率。

在危险出现阶段，如果人的信息处理的每个环节都正确，危险就能被消除或得到控制；反之，只要任何一个环节出现问题，就会使操作者直接面临危险。在危险释放阶段，如果人的信息处理过程的各个环节都是正确的，虽然面临着已经显现出来的危险，但仍然可以避免危险释放出来，不会带来伤害或损害；反之，只要任何一个环节出错，危险就会转化成伤害或损害。两个阶段具有相类似的信息处理过程，每个过程均可被分解成 6 个方面的问题，如图 3-20 所示。下面以危险出现阶段为例，分别介绍这 6 个方面问题的含义。

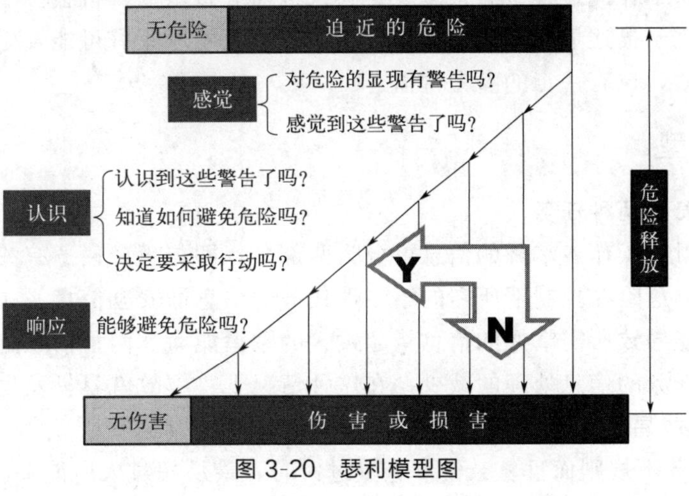

图 3-20　瑟利模型图

① 对危险的显现有警告吗？这里警告的意思是指工作环境中是否存在安全运行状态和危险状态之间可被感觉到的差异。如果危险没有带来可被感知的差异，会使人直接面临该危险。在生产实际中，危险即使存在，也并不一定直接显现出来。这一问题给我们的启示就是要让不明显的危险状态充分显现出来，这往往要采用一定的技术手段和方法来实现。

② 感觉到这些警告了吗？这个问题有两个方面的含义：一是人的感觉能力如何，如果人的感觉能力差，或者注意力在别处，那么即使有足够明显的警告信号，也可能未被察觉；二是环境对警告信号的干扰如何，如果干扰严重，则可能妨碍人对危险信息的察觉和接受。根据这个问题得到的启示是：感觉能力存在个体差异，提高感觉能力要依靠经验和训练，同时训练也可以提高操作者抗干扰的能力；在干扰严重的场合，要采用能避开干扰的警告方式（如在噪声大的场所使用光信号或与噪声频率差别较大的声信号）或加大警告信号的强度。

③ 认识到这些警告了吗？这个问题问的是操作者在感觉到警告之后，是否理解了警告所包含的意义，即操作者将警告信息与自己头脑中已有的知识进行对比，从而识别出危险的存在。

④ 知道如何避免危险吗？这个问题问的是操作者是否具备避免危险的行为响应的知识和技能。为了使这种知识和技能变得完善和系统，从而更有利于采取正确的行动，操作者应该接受相应的训练。

⑤ 决定要采取行动吗？表面上看，这个问题毋庸置疑，既然有危险，当然要采取行动。但在实际情况下，人们的行动是受各种动机中的主导动机驱使的，采取行动回避风险的避险动机往往与趋利动机（如省时、省力、多挣钱、享乐等）交织在一起。当趋利动机成为主导动机时，尽管认识到危险的存在，并且也知道如何避免危险，但操作者仍然会心存侥幸而不采取避险行动。

⑥ 能够避免危险吗？这个问题问的是操作者在作出采取行动的决定后，是否能迅速、敏捷、正确地作出行动上的反应。

上述六个问题中，前两个问题都是与人对信息的感觉有关的，第 3～5 个问题是与人的认识有关的，最后一个问题是与人的行为响应有关的。这 6 个问题涵盖了人的信息处理全过程，并且反映了在此过程中有很多发生失误进而导致事故的机会。

瑟利模型适用于描述危险局面出现得较慢，如不及时改正有可能发生事故的情况。对于发展迅速的事故，也有一定的参考价值。

3.3.8 撒利模型

（1）两种信息，两种任务

在执行任务时，操作者掌握的信息可分为两部分，即与生产任务有关的主要任务的生产信息和使可能的危险在控制下所需的第二性任务的信息即安全信息。在完成任务的过程中，困难的增加能导致所需掌握的信息量超过人的掌握能力。两种信息重要度的差别势必会导致对第二项任务的信息处理的减少，在这种情况下，事故就容易发生。

（2）结论/事故易发人员

① 当主要任务不规则而且复杂使信息量过大时，最易超过人所能关注的信息量。

② 需要操作者不断地计划的工作。

③ 需要从一处到另一处不断地运动的工作。

④ 需要进行各种各样的调整的工作。

3.3.9 能量转移论

(1) 基本论点

不希望或异常的能量转移是伤亡事故的致因。即人受伤害的原因只能是某种能量向人体的转移，而事故则是一种能量的不正常或不期望的释放。

(2) 能量的形式

能量的形式包括动能、势能、热能、电能、化学能、原子能、辐射能（包括离子辐射和非离子辐射）、声能和生物能等。

(3) 能量引起的伤害

① 第一类伤害：由施加了超过局部或全身性的损伤阈值的能量产生的。

② 第二类伤害：由影响局部或全身性的能量交换引起的。

(4) 能量造成伤害的因素

包括人所接触能量的大小、接触时间长短和频率、力的集中程度、受伤的部位、屏障设置的早晚。

(5) 防范措施

a. 用安全的能源代替不安全的能源；

b. 限制能量；

c. 防止能量蓄积；

d. 控制能量释放；

e. 延缓释放能量；

f. 开辟释放能量的渠道；

g. 设置屏蔽设施；

h. 人、物与能源之间设置屏障，在时间、空间上把能量与人隔离；

i. 提高防护标准；

j. 改变工艺流程。

3.3.10 变化-失误理论

变化-失误理论是由约翰逊在对管理疏忽与危险树（MORT）的研究中提出并贯彻于其理论之中的。其主要观点是：

① 变化是事故发生的根本原因　运行系统中与能量和失误相对应的变化是事故发生的根本原因，没有变化就没有事故。例如，设备长时间运转（时间变化）会使其逐渐磨损、老化从而发生故障；正常运转的设备因运转条件突然变化也可能发生故障。变化-失误理论模型如图 3-21 所示。

② 变化导致事故的概率低　并非所有变化都会导致事故，众多变化中只有极少数会引起人的失误，而这些失误中又只有极少数会导致事故发生。

③ 良好的动机变化未必有好的效果　人为造成的变化若动机良好但不合理，如频繁

调整管理体制和机构，使人难以适应新变化而产生失误，可能会事与愿违，造成重大损失。

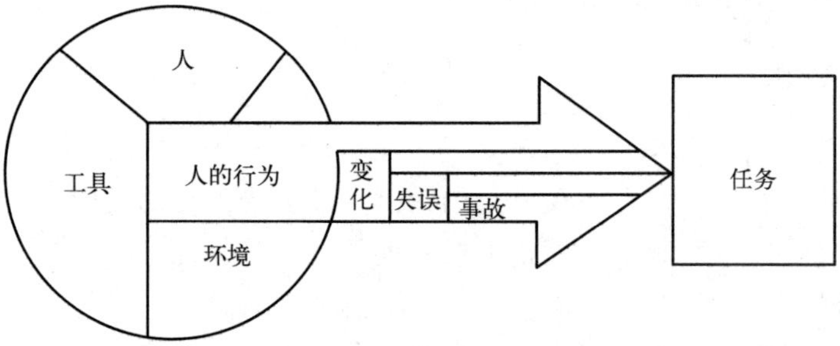

图 3-21　变化-失误理论模型

④ 对变化的敏感程度是衡量管理水平的标志　人们能够感觉到变化的存在，也可采用基本反馈方法探测可能引起事故的变化。对变化的敏感程度是衡量各级企业领导和专业安全人员安全管理水平的重要标志。

3.3.11　轨迹交叉论

(1) 基本内容

轨迹交叉论是一种事故致因理论，由日本安全专家北川彻三提出，核心思想是：事故的发生是人的不安全行为和物的不安全状态在时空上轨迹交叉所导致的。即当人的不安全行为与物的不安全状态在特定时间和空间内相遇（轨迹交叉）时，事故就会发生。该理论强调通过控制人的行为和物的状态，切断两者的交叉轨迹，从而预防事故。轨迹交叉论事故模型如图 3-22 所示。

(2) 核心观点

① 事故成因的双因素模型

a. 人的不安全行为：指操作人员或相关人员的错误行为，如违反操作规程、疏忽大意、技能不足、生理或心理状态异常等。例如，工人未佩戴防护装备、违规操作机械、疲劳驾驶等。

b. 物的不安全状态：指生产系统中设备、设施、环境等客观存在的缺陷或隐患，包括设备故障、防护装置缺失、环境不良（如照明不足、通风差）等。例如，起重机钢丝绳磨损未及时更换、脚手架搭建不牢固、化工管道泄漏等。

② 轨迹交叉的时空条件　人的不安全行为和物的不安全状态各自有其发展轨迹，两者在时间和空间上的偶然交叉是事故发生的直接原因。

a. 人的行为轨迹：受生理、心理、管理等因素影响，可能在某一时刻出现失误或违规。

b. 物的状态轨迹：受设计、制造、维护、环境等因素影响，可能逐渐出现缺陷或失控。

c. 交叉点：当人的不安全行为与物的不安全状态在同一时空相遇，且缺乏有效的安全措施（如防护装置、管理监督）时，事故必然发生。

③ 切断交叉轨迹成为事故预防的关键

a. 控制人的行为：通过安全教育培训、安全管理规章制度、心理调节、职业健康监护等，减少人的不安全行为。

b. 控制物的状态：通过技术改进（如本质安全设计）、定期维护保养、隐患排查治理、环境优化等，消除物的不安全状态。

c. 设置屏障：通过安全防护装置（如护栏、联锁装置）、安全距离、警示标志等，阻断两者的交叉路径。

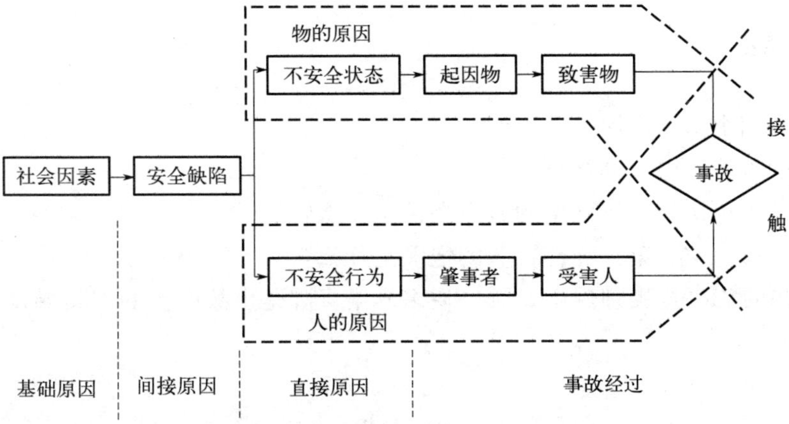

图 3-22 轨迹交叉论事故模型图

3.3.12 事故致因 2-4 模型

事故致因 2-4 模型，英文简写为“2-4 Model”，是中国矿业大学（北京）安全管理研究中心历时 10 年研究提出的事故致因理论模型，认为任何事故都至少发生在社会组织之内，其原因分为组织内部原因和外部原因，其内部原因分布在组织与个人两个层面上。组织层面上的原因分为安全文化、安全管理体系，个人层面上的原因分为习惯性行为和一次性行为与物态。

事故致因 2-4 模型既是用于事故原因分析的模型，也是用于事故预防对策设计的事故预防模型，在安全科学的学科分支划分、实验室规划与建设、安全领域人才培养方案设计、安全管理组织结构设计、安全培训等事故预防实务运行中都可应用，可作为安全管理实践的理论依据。事实上，除了在安全科学中的应用以外，“2-4 Model”也是一个通用管理模型，可用于组织和个人管理任何事物。

3.3.13 北川彻三事故因果连锁理论

较早的事故因果链理论将调查范围局限于公司。实际上，职业事故的原因非常复杂。许多社会因素，例如一个国家或地区的政治、经济、文化、教育、科学和技术水平，对事故的发生和预防具有重大影响。

基于这样的考虑，日本北川彻三基于海因里希的理论提出了事故因果链的另一种理论。北川彻三认为，事故的根本原因包括以下三个原因：

① 管理原因　公司领导者对不完善的操作标准、有缺陷的维护系统、人员配置不当以及管理方面的缺陷没有给予足够的重视。

② 学校教育的原因　在小学、初高中和大学等教育机构中，安全教育不足。

③ 社会或历史原因　社会保障的概念是落后的，安全法规或安全管理、监督权力是不完善的。

此外，还有间接原因，例如技术、教育、身体和精神方面的原因。

北川彻三的因果关系理论旨在充分理解这些基本因果关系，并综合运用可能的科学技术和管理方法来改善间接因果关系，并达到预防伤害的目的。

复习思考题

1. 事故的四个基本特性是什么？
2. 事故的直接原因有哪两类？
3. 轨迹交叉论认为事故发生的核心条件是什么？
4. 能量转移论中“第一类伤害”的定义是什么？
5. 海因里希因果连锁理论中，哪一块多米诺骨牌是事故发生的直接触发因素？

第4章

系统安全分析

4.1 系统安全分析方法

系统安全分析是安全系统工程的核心内容，也是安全评价的基础。通过这个过程，人们可以对系统进行深入、细致的分析，充分了解系统存在的危险性，估计事故发生的概率以及可能产生伤害和损失的严重程度，为确定出哪种危险能够通过修改系统设计或改变控制系统运行程序来进行预防提供依据。所以分析结果的正确与否关系到整个工作的成败。

4.1.1 系统安全分析的作用以及内容

(1) 系统安全分析的作用

在生产过程中导致事故发生的原因是很多的，预防事故需要预先发现、鉴别和判明可能导致发生灾害事故的各种危险因素，尤其是那些潜在的因素，以便于消除或控制这些危险，防止和避免发生灾害事故。因此，必须从系统的观点出发，对生产过程运用系统分析的方法进行分析、评价。系统安全分析就是把生产过程或作业环节作为一个完整的系统，对构成系统的各个要素进行全面的分析，找出系统的薄弱环节，判明各种状况的危险特点及导致灾害性事故的因果关系，从而对系统的安全性做出预测和评价，为采取各种有效的手段、方法和行动消除危险因素创造条件。典型的安全分析与控制过程见图 4-1。

综上所述，系统安全分析的作用可概括为：

① 能将导致灾害事故的各种因素，通过逻辑图全面、科学和直观地描述；

② 可以发现和查明系统内固有的或潜在的危险因素，为安全设计、制定安全技术措施以及防止发生灾害事故提供依据；

③ 使操作人员全面了解和掌握各项防灾控制要点；

④ 可对已发生的事故进行原因分析；

⑤ 便于进行概率运算和定量评价。

(2) 系统安全分析的内容

系统安全分析是从安全角度对系统中的危险因素进行分析，主要分析导致系统故障或

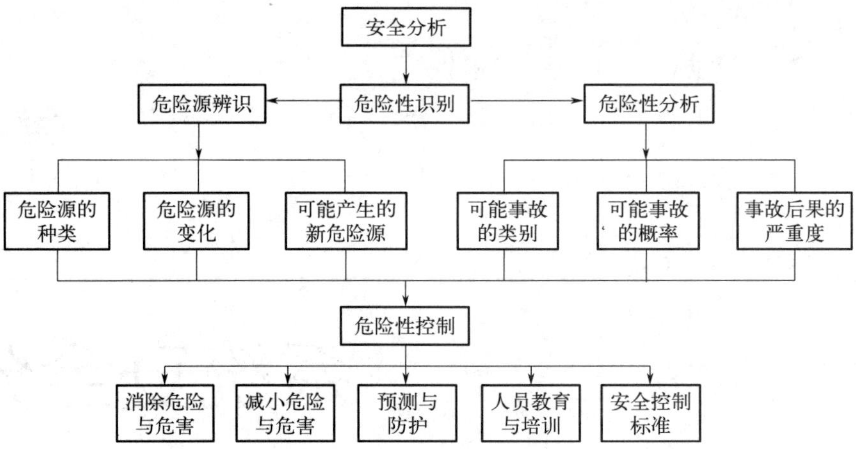

图 4-1　典型的安全分析与控制过程图

事故的各种因素及其相关关系，通常包括如下主要内容：

① 对可能出现的初始的、诱发的和直接引起事故的各种危险因素及其相互关系进行调查和分析；

② 对与系统有关的环境条件、设备、人员及其他有关因素进行调查和分析；

③ 对能够利用适当的设备、规程、工艺或材料控制或根除某种特殊危险因素的措施进行分析；

④ 对可能出现的危险因素的控制措施及实施这些措施的最好方法进行调查和分析；

⑤ 对不能根除的危险因素失去或减少控制可能出现的后果进行调查和分析；

⑥ 对危险因素一旦失去控制，为防止伤害和损害的安全防护措施进行调查和分析。

对于安全，最重要的原则是确保过程是本质安全的。在安全措施实施的过程中，不能遗漏任何危及安全的因素，大多数复杂的安全设备应采用最好的安全分析技术分析其有效性。如果在流程工业中存在有害的物质，不论采用什么安全措施，风险都不会降低为零。因此，用有益的物质代替有害物质，可以大幅度降低风险。对有人参与的活动，从根本上消除风险是不可能的，安全工程师能做到的是努力控制风险，确保风险与收益相当。

4.1.2　系统安全分析的步骤

要提高系统的安全性，使其不发生或少发生事故，前提条件是预先发现系统可能存在的危险因素，全面掌握其基本特点，明确其对系统安全性影响的程度。只有这样，才有可能抓住系统可能存在的主要危险，采取有效的安全防护措施，改善系统安全状况。这里所强调的“预先”是指：无论系统生命过程处于哪个阶段，都要在该阶段开始之前进行系统的全面分析，发现并掌握系统的危险因素。

系统安全分析是以预测和防止事故为前提，对系统的功能、操作、环境、可靠性等经济技术指标以及系统的潜在危险性进行分析和测定。系统安全分析有安全目标、可选用方案、系统模式、评价标准、方案优选五个基本要素和程序。

系统安全分析的程序一般如下。

① 把所研究的生产过程或作业环节作为一个整体，确定安全设想和要达到的目标，具体分为以下三点：

a. 安全目标管理设计

ⅰ. 根据企业安全生产标准与要求，对生产活动各个环节进行严格的分析与判断，得出其中存在的风险或者问题，并明确问题的安全等级、问题症状，制定出具体的问题解决方案。

ⅱ. 根据企业设置的生产目标与安全管理目标，对生产安全管理目标进行进一步的细化，保障整个生产落实到点、线、面，满足企业生产要求。

ⅲ. 对安全管理目标进行全面性分析后，结合目前企业生产中存在的安全管理短板，制定出有效的安全工作规划。

ⅳ. 需要对企业生产中存在的各种类型风险进行合理有效的风险评估，并做好分级处理与预防控制，其中尤其要关注机械设备使用上的风险以及人为生产操作上的风险，及时做好预防与控制，保障生产安全进行。

ⅴ. 选择使用控制图分析等方法，加强对安全管理目标情况的实时监控，确定其目标完成情况。

b. 设置并分解安全目标。在企业生产中，安全管理目标的确定需要设置与之匹配的目标标准体系。为了保障安全管理目标能够完成，需要对各个分散的小目标设置管理标准，并对单个目标进行量化定制并分析，以此来形成完善的安全管理目标指标体系。若在具体的调查中沿用百万吨死亡率作为管理的目标，那么说明目标容易，对目标的设置可以反映出问题的严重情况与管理的难易程度，但无法全面反映目标的整体情况，因此需要从几个方面完善目标，具体包括：事故隐患具体次数、千人重伤率、安全基础措施落实效率、事故发生率、千人“三违”率等。

c. 对目标进行分配。确定安全管理目标以后，需要对目标进行进一步的分配，将目标任务安排到企业安全管理的各个部门，形成企业级、区级、队级及班组的煤矿生产安全组织机构，并具备相互联动效果，共同承担企业安全管理。而整个环节为了确保安全管理目标可以有效实施，应当将预测作为基础，从而可以得出各个具体的安全管理目标值，这样既方便企业高层对安全管理目标的监督，也方便后续问题方案的实施。

② 把工艺过程或作业环节分成几个部分绘制流程图。

③ 应用图表形式以及有关符号，将系统的结构和功能加以抽象化，并将其因果关系、层次及逻辑结构用逻辑图形表示出来。

④ 分析系统的现状及其组成部分，测定与判断可能发生的故障、危险及其灾害性后果，分析并确定导致危险的各个事件的发生条件及其相互关系。

⑤ 对已建立的系统，综合采用概率论、数理统计、网络技术、模型和模拟技术、最优化技术等数学方法，对其中各种因素进行数量描述，分析它们之间的数量关系，并进一步探求那些极不容易直接观察到的各种因素的数量变化及其规律。

4.1.3 系统安全分析方法简介

系统安全分析方法有许多种，可适用于不同的系统安全分析过程。这些方法可以按分析过程的相对时间进行分类，也可以按分析的对象、内容进行分类。按数理方法，可分为定性分析和定量分析；按逻辑方法，可分为归纳分析和演绎分析。简单地讲，归纳分析是由原因推论结果的方法，演绎分析是由结果推论原因的方法。这两种方法在系统安全分析中都有应用。

从危险源辨识的角度，演绎分析是从事故或系统故障出发查找与该事故或系统故障有关的危险因素。与归纳分析相比较，可以把注意力集中在有限的范围内，提高工作效率。归纳分析是从故障或失误出发探讨可能导致的事故或系统故障，再来确定危险源。与演绎方法相比较，可以无遗漏地考察、辨识系统中的所有危险源。实际工作中可以把两类方法结合起来，以充分发挥各类方法的优点。

在危险因素辨识中广泛应用的系统安全分析方法主要有：

① 安全检查表法（safety checklist，SC）；

② 预先危险性分析（preliminary hazard analysis，PHA）；

③ 故障类型和影响分析（failure modeland effects analysis，FMEA）；

④ 事故树分析（fault tree analysis，FTA）；

⑤ 事件树分析（event tree analysis，ETA）；

⑥ 危险与可操作性分析（hazard and operability analysis，HAZOP）。

系统安全分析方法需要考虑的目的、适用范围等问题如表 4-1 所示，系统安全分析方法适用情况见表 4-2。

表 4-1 系统安全分析方法需要考虑的问题

方法	目的	适用范围	使用方法	人力	时间
安全检查表法	检查系统是否符合标准要求	设计、建设、生产各个阶段	依照标准、事故案例	有经验的人员和有专业知识的人员协调编制	最经济
预先危险性分析	开发阶段	开发时分析原料、主要装置、能量失控时出现的危险性	分析原料、装置等发生危险的可能性及后果	1～2 个技术员	需要依熟练程度而定
故障类型和影响分析	对故障影响的定量评价	部件分析到故障	将系统分割成子系统	有经验的人员和有专业知识的人员	大量时间
事故树分析	指出消除事故的根本措施	事件的起始到结束	逻辑推理	有经验的人员和有专业知识的人员	需要依熟练程度而定
事件树分析	辨识导致事故的危险源	原因到结果	逻辑推理	有经验的人员和有专业知识的人员	需要依熟练程度而定
危险与可操作性分析	找出偏差、分析偏差	设计、建设、生产各个阶段	以关键词为引导	有经验的人员和有专业知识的人员	需要依熟练程度而定

表 4-2 系统安全分析方法适用情况

分析方法	开发研制	方案设计	样机	详细设计	建造投产	日常运行	改建扩建	事故调查	拆除
安全检查表法		√	√	√	√	√	√		√
预先危险性分析	√	√	√	√				√	
危险与可操作性分析			√	√		√	√	√	
故障类型和影响分析			√	√		√	√	√	

续表

分析方法	开发研制	方案设计	样机	详细设计	建造投产	日常运行	改建扩建	事故调查	拆除
事故树分析		√	√	√		√	√	√	
事件树分析			√			√	√	√	

4.2 安全检查表

安全检查表是进行安全检查，发现潜在危险，督促各项安全法规、制度、标准实施的一个较为有效的工具。它是安全系统工程中最基本、最初步的一种形式。

4.2.1 安全检查表的定义

运用安全系统工程的方法，发现系统、设备、机器装置以及操作管理、工艺、组织措施中的各种不安全因素，列成表格进行分析。

4.2.2 安全检查表的格式

安全检查表的格式，没有统一的规定，可以根据不同的要求，设计不同格式的安全检查表。原则上应条目清晰、内容全面，要求详细、具体。总体上讲，目前应用较多的有两种形式，即提问式和对照式安全检查表。

(1) 提问式

提问式安全检查表的检查项目内容采用提问的方式列出，其一般格式见表 4-3。

表 4-3　×××安全检查表（提问式）

序号	检查项目	检查内容要点	是“√”;否“×”	备注
1				
2				
……	……	……		
检查人		时间：	直接负责人	

这种格式适用于企业非安全专业的生产人员实施自行检查，只需要按检查表内容和生产实际情况符合性填“√”或“×”，确定当日或较短时期内的安全情况。

(2) 对照式

对照式安全检查表的检查项目内容后面附上合格标准，检查时对比合格标准作答。对照式检查表的一般格式见表 4-4。

表 4-4　×××安全检查表（对照式）

序号	检查项目	国家技术标准规定项	检查结果	备注
1				
2				
……	……	……		
检查结论				

这种格式适用于企业安全管理或安全监管机构的专业人员，按照行业安全技术标准，对照企业生产条件和设备、工艺配置情况设计对应的检查表，填写表格检查结果时需要使用安全术语或相应的数据对比等来明确实际生产状况和安全技术标准或法规间的差距，从而起到准确判断和辅助决策的作用。

4.2.3 编制安全检查表的程序

编制安全检查表的程序框图如图 4-2 所示。

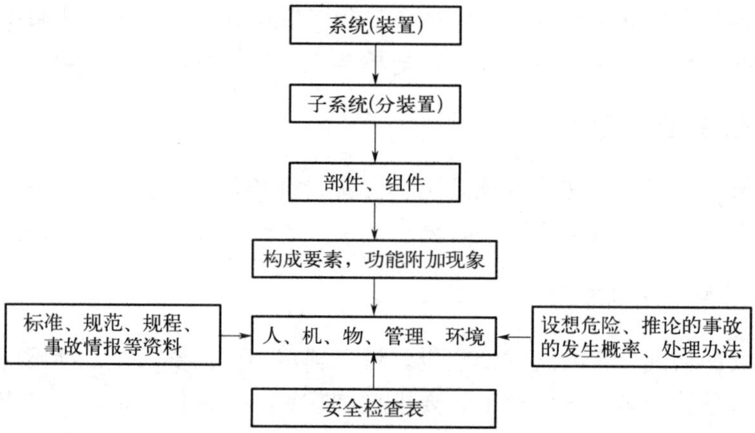

图 4-2 编制安全检查表的程序框图

4.2.4 实用举例

安全检查表实用举例见表 4-5 和表 4-6。

表 4-5 矿山企业综合安全检查表（对照式）

序号	检查内容	依据		结果	备注
1	矿山、建筑施工单位和危险物品的生产、经营、储存单位，应当设置安全生产管理机构或者配备专职安全生产管理人员	《安全生产法》	第 19 条		
2	危险物品的生产、经营、储存单位以及矿山、建筑施工单位的主要负责人和安全生产管理人员，应当由有关主管部门对其安全生产知识和管理能力进行考核，考核合格后方可任职		第 19 条		
3	生产经营单位应当对从业人员进行安全生产教育和培训，保证从业人员具备必要的安全生产知识，熟悉有关的安全生产规章制度和安全操作规程，掌握本岗位的安全操作技能。未经安全生产教育和培训合格的从业人员，不得上岗作业		第 19 条		
4	生产经营单位进行爆炸、吊装等危险作业，应当安排专门人员进行现场安全管理，确保操作规程的遵守和安全措施的落实		第 19 条		
5	生产经营单位必须为从业人员提供符合国家标准或者行业标准的劳动防护用品，并监督、教育从业人员按照使用规则佩戴、使用		第 19 条		

续表

序号	检查内容	依据		结果	备注
6	矿山必须有与外界相通的、符合安全要求的运输和通信设施	《矿山安全法》	第19条		
7	矿山企业必须对下列危害安全的事故隐患采取预防措施： ①冒顶、片帮、边坡滑落和地表塌陷； ②爆炸器材和爆炸作业发生的危害		第19条		
8	矿山企业必须建立、健全安全生产责任制		第19条		
9	矿山企业必须对职工进行安全教育、培训，否则不得上岗作业；矿山企业安全生产的特种作业人员必须接受专门培训，经考核合格取得操作资格证书的，方可上岗作业		第19条		
10	矿长必须经过考核，具备安全专业知识，具有领导安全生产以及处理矿山事故的能力；矿山企业安全工作人员必须具备必要的安全专业知识和矿山安全工作经验		第19条		
11	矿山企业必须向职工发放保障安全生产所需的劳动防护用品		第19条		
12	矿山企业必须制定矿山事故防范措施，并组织落实		第19条		
13	矿山企业应当建立由专职或者兼职人员组成的救护和医疗急救组织，配备必要的装备、器材和药物		第19条		

表4-6 高处作业安全检查表

检查项目	序号	检查内容	检查结果	备注
施工人员	1	无高血压、心脏病、精神病等不适于高处作业的病症		
	2	正确穿戴安全帽、软底鞋等防护用品		
	3	井、孔口、临空面边缘不准休息和停留		
	4	不准向下抛丢物体、材料		
	5	不准沿绳、立杆攀爬		
	6	作业前检查安全绳的牢固程度，不准使用不合格的安全绳		
架子平台	7	按设计施工，牢固可靠		
	8	定期检查排架损伤、腐朽、松动情况，及时维护		
	9	井、孔口、预留口加盖板或设围栏		
	10	平台脚手板铺满钉牢，临空面有护身栏杆，不准有探头板		
	11	栈道和栈桥通道有扶手栏杆，扶梯固定牢固，通道外侧下部为道路或作业场所时边缘有10cm以上的挡板		
	12	堆物整齐、稳固，不准超负荷		
	13	废物、废渣及时清理，不得乱丢乱堆		
临空边缘悬空作业	14	悬挂合格的安全网或搭设其他防护设施		
	15	正确拴挂安全网		
	16	工具和易下落的物体，有绳子拴牢，不能下掉		
	17	下方为通道或其他工作场所时，应有防护棚或专人监护		

续表

检查项目	序号	检查内容	检查结果	备注
其他	18	6级以上大风、暴雨、浓雾等恶劣天气,停止作业		
	19	雪天、冰冻天气应清除雪、霜、冰,并采取防滑措施		
	20	夜间有足够的照明		
	21	在石棉瓦等简易轻型屋顶作业时,有相应的安全防护措施		
	22	在带电体附近作业时,应保持规定的安全距离或采取防护隔离措施		
	23	登高作业时,电杆、立杆等埋设固定牢靠,登高工具合格		

4.2.5 安全检查表的特点

① 安全检查表能够事先编制，可以做到系统化、科学化，不漏掉任何可能导致事故的因素，为事故树的绘制和分析做好准备。

② 可以根据现有的法律、法规、标准规范等检查执行情况，得到正确的结论。

③ 通过事故树分析以及编制安全检查表，将实践经验上升到理论，从感性认识上升到理性认识，再去指导实践，能够充分认识各种影响事故发生的因素的危险程度。

④ 它是按照事件的重要程度顺序排列，有问有答，通俗易懂，能使人们清楚地知道哪些事件最重要、哪些次要，促进职工正确操作，起到安全教育的作用。

⑤ 它可以与安全生产责任制相结合，按照不同的检查对象使用不同的安全检查表，易于分清责任，还可以提出改进方案。

⑥ 它简单易学，容易掌握，符合我国现阶段的实际情况，为安全预测和决策提供坚实的基础。

⑦ 只能作定性的评价。

⑧ 只能对已经存在的对象进行评价。

4.3 危险与可操作性分析

4.3.1 介绍、定义

危险与可操作性分析是过程系统（包括流程工业）的危险（安全）分析（process hazard analysis，PHA）中一种应用最广泛的评价方法。它是一种形式结构化的方法，该方法全面、系统地研究系统中每一个元件中重要的参数偏离了指定的设计条件所导致的危险性和可操作性问题。主要通过研究工艺管线、仪表图、带控制点的工艺流程图（P&ID）或工厂的仿真模型来确定，应重点分析由管路和每一个设备操作所引发的潜在事故的影响，应选择相关的参数，例如流量、温度、压力和时间，然后检查每一个参数偏离设计条件的影响。采用经过挑选的引导词表，例如大于、小于、部分等，来描述每一个潜在的偏离。最终应识别出所有的故障原因，得出当前的安全保护装置和安全措施。所作的评估结论包括非正常原因、不利后果和所要求的安全措施。

危险与可操作性分析（hazard and operability study，HAZOP），是英国帝国化学工

业公司（ICI）于1974年针对化工装置开发的一种危险性评价方法。

HAZOP的基本过程是以关键词为引导，找出系统中工艺过程的状态参数（如温度、压力、流量等）的变化（即偏差），然后再继续分析造成偏差的原因、后果以及可以采取的对策。通过危险与可操作性研究的分析，能够探明装置及过程存在的危险，根据危险带来的后果，明确系统中的主要危险；如果需要，可利用事故树对主要危险继续分析，因此它又是确定事故树顶上事件的一种方法。在进行HAZOP分析过程中，分析人员对单元中的工艺过程及设备状况要深入了解，对单元中的危险及应采取的措施要有透彻的认识，因此，HAZOP分析还被认为是对工人培训的有效方法。

HAZOP既适用于设计阶段，又适用于现有的生产装置。对现有生产装置分析时如能吸收有操作经验和管理经验的人员共同参加，会收到很好的效果。

英国帝国化学工业公司开发的HAZOP分析方法，主要是应用于连续的化工过程。在进行若干改进以后，也能很好地应用于间歇过程的危险性分析。我国安全生产监督管理总局已于2013年6月8日发布了《危险与可操作性分析（HAZOP分析）应用导则》（AQ/T 3049—2013），用于石油、化工、电子等工业的HAZOP分析。HAZOP分析是一个对工艺单元或操作步骤运用引导词和工艺参数进行组合系统分析的过程，如图4-3所示，HAZOP分析必须由不同的专业人员分组完成。

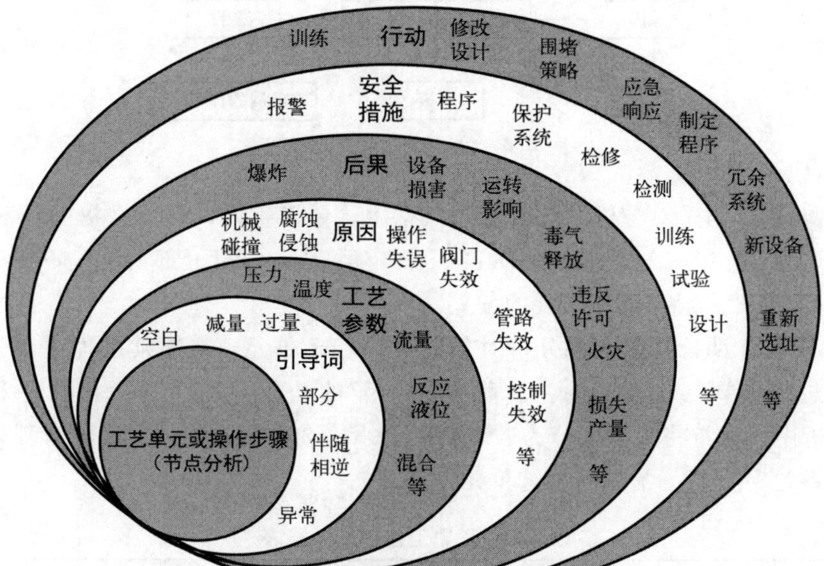

图4-3 HAZOP分析示意图

HAZOP的特点如下：

① 它从生产系统中的工艺状态参数出发来研究系统的偏差，运用启发性引导词来研究温度、压力、流量等状态参数的变动可能引起的各种故障的原因、存在的危险以及采取的对策。

② 它是故障类型和影响分析的发展。它研究与运行状态参数有关的因素。它从中间过程出发，向前分析其原因，向后分析其结果。向前分析是事故树分析，向后分析是故障类型和影响分析，它有两种分析的特长，因为两种方法都有中间过程。中间过程可理解为

故障类型和影响分析中的故障模式对子系统的影响，或者是事故树分析的中间事件。它承上启下，既表达了元件故障包括人的失误相互作用的状态，又表达了接近顶上事件更直接的原因。因此，不仅直观有效，而且更易查找事故的基本原因和发展结果。

③ HAZOP 分析方法不需要有可靠性工程的专业知识，因而很易掌握。使用引导词进行分析，既可启发思维，扩大思路，又可避免漫无边际地提出问题。

④ 研究的状态参数是操作人员控制的指标，针对性强，有利于提高安全操作能力。

⑤ 研究结果既可用于设计评价，又可用于操作评价；既可用来编制、完善安全规程，又可作为可操作的安全教育材料。

4.3.2 分析步骤

HAZOP 全面考察分析对象，对每一个细节提出问题，如在工艺过程的生产运行中要了解工艺参数（温度、压力、流量、浓度等）与设计要求不一致的地方（即发生偏差），继而进一步分析偏差出现的原因及其产生的后果，并提出相应的对策措施，如图 4-4 所示。

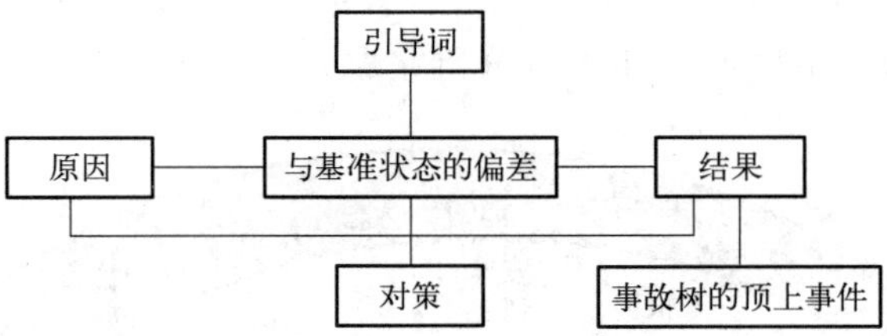

图 4-4　HAZOP 的分析步骤

① 提出问题。为了对分析的问题能开门见山，单刀直入，所以在提问题时，只用 no（无）、more（多）、less（少）、as well as（伴随）、part of（部分）、reverse（相反）、other than（异常）来涵盖所有出现的偏差。

② 划分单元，明确功能。将分析对象划分为若干单元，在连续过程中单元以管道为主，在间歇过程中单元以设备为主。明确各单元的功能，说明其运行状态和过程。在 HAZOP 分析中，通常将工艺划分为若干工艺单元（亦称为节点），然后对工艺单元内的工艺参数偏差进行分析。常见的工艺单元见表 4-7。

表 4-7　常见工艺单元一览表

序号	工艺单元(节点)	序号	工艺单元(节点)
1	管线	8	熔炉/炉/窑
2	分批反应器	9	热交换器
3	连续反应器	10	软管
4	罐/槽/容器	11	公用工程和辅助设施
5	塔	12	其他
6	压缩机	13	以上节点的合理组合
7	鼓风机		

③ 定义引导词表。按引导词逐一分析每个单元可能产生的偏差，一般从工艺过程的

起点、管线、设备等一步步分析可能产生的偏差，直至工艺过程结束。

④ 分析原因及后果。以化工装置为例，应分析工艺条件（温度、压力、流量、浓度、杂质、催化剂、泄漏、爆炸、静电等）、开停车条件（试验、开车、检修；设备和管线，如标志、反应情况、混合情况、定位情况、工序情况等）、紧急处理（气、汽、水、电、物料、照明、报警、联系等非计划停车情况），甚至自然条件（风、雷、雨、霜、雪、雾、地质以及建筑安装等）。分析发生偏差的原因及后果。

⑤ 制定对策。

⑥ 填写汇总表。如表 4-8 所示，为了按危险与可操作性分析表进行汇总填写，保证分析详尽而不发生遗漏，分析时应按照引导词表逐一进行。引导词表可以根据研究的对象和环境确定。表 4-9 和表 4-10 为两个引导词定义表。

表 4-8 危险与可操作性分析表

引导词	偏差	可能原因	结果	修正措施

表 4-9 引导词定义表（一）

引导词	意义	说明
空白	设计与操作所要求的事件完全没有发生	没有物料输入，流量为零
过量	与标准值比较，数量增加	流量或压力过大
减量	与标准值比较，数量减少	流量或压力减小
部分	只完成功能的一部分	物料输送过程中某种成分消失或仅输送一部分
伴随	在完成预定功能的同时，伴随多余事件发生	物料输送过程中发生组分及相的变化
相逆	出现与设计和操作相反的事件	发生反向的输送
异常	出现与设计和操作要求不相干的事件	异常事件发生

表 4-10 引导词定义表（二）

<table>
<tr><th>引导词</th><th>意义</th><th>说明</th></tr>
<tr><td>否</td><td>对标准值的完全否定</td><td>完全没有完成规定功能，什么都没有发生</td></tr>
<tr><td>多</td><td>数量增加</td><td rowspan="2">包括：数量的多与少，性质的好与坏，完成功能程度的高与低</td></tr>
<tr><td>少</td><td>数量减少</td></tr>
<tr><td>而且</td><td>质的增加</td><td>完成规定功能，但有其他事件发生，如增加过程、组分变多</td></tr>
<tr><td>部分</td><td>质的减少</td><td>仅实现部分功能，有的功能没有实现</td></tr>
<tr><td>相反</td><td>逻辑上与规定功能相反</td><td>对于过程：反向流动、逆反应、程序颠倒。
对于物料：用催化剂还是抑制剂</td></tr>
<tr><td>其他</td><td>其他运行状况</td><td>包括：其他物料和其他状态、其他过程、不适宜的运行过程、不希望的物理过程等</td></tr>
</table>

由表 4-9 和表 4-10 可以看出，在研究不同的系统时，可以定义不同的引导词，且即使引导词相同，它代表的意义也可以是不同的。因此，在进行 HAZOP 分析时，必须根据引导词表分析各个单元产生的偏差。

4.3.3 实用举例

HAZOP 分析实用举例见表 4-11。

表 4-11 35t/h 燃油锅炉危险与可操作性分析

引导词	偏差	可能原因	结果	修正措施
否	严重缺水	①水位超限保护失灵，水位计失灵； ②给水系统故障； ③排污阀泄漏判断失误(假水位)； ④工作失误，误操作	造成爆管甚至锅炉爆炸	①确保自动给水、高低位水位报警、低水位联锁等自动保护装置安全可靠，水位计灵敏可靠； ②加强设备维修，确保给水系统、排污系统、设备、阀门、管道完好、可靠； ③提高职工技术水平，严格执行操作规程； ④加强劳动纪律，杜绝"三违"(违章作业，违章指挥，违反劳动纪律)
	锅炉灭火	①燃油质量低劣或含水太多； ②炉膛大量漏风，燃烧不稳； ③燃油雾化不良； ④燃油与空气混合差； ⑤操作不当或不遵守操作规程； ⑥喷燃器设计、制造不合理	锅炉灭火引发锅炉炉膛爆炸	①燃油应符合设计要求； ②锅炉炉膛和燃烧器的设计应与设计使用燃油的特性相适应； ③燃油变化范围应符合有关技术标准； ④根据油品选择合理的雾化方法，确保燃油雾化质量； ⑤严格按操作规程操作，杜绝"三违"； ⑥装设性质良好、安全可靠的灭火保护装置和膛火焰监控装置； ⑦在炉膛装设防爆门，炉墙应严密不漏
多	锅炉超压	①安全阀失灵； ②压力表故障； ③超压报警及联锁保护失灵； ④操作不当或不遵守操作规程或脱岗	造成爆管甚至锅炉爆炸	①安全阀必须安全可靠、动作灵敏，定期校验，定期做排气试验； ②压力表必须灵敏可靠、装置齐全，定期校验； ③确保超压报警及联锁保护装置安全、可靠； ④应装设燃烧自动调节装置，并确保可靠； ⑤严格按操作规程操作，杜绝"三违"
	锅炉漏水	①水位超限报警保护失灵，水位计失灵； ②自动给水故障； ③判断失误； ④工作失误，误操作，或违反劳动纪律(脱岗)	①造成蒸汽管道水冲击； ②带汽轮发电机组，造成汽轮机水冲击	①确保自动给水装置、高水位报警装置可靠； ②水位计应灵敏可靠，定期冲洗，定期校验； ③提高职工技术水平，严格执行操作规程； ④加强劳动纪律，杜绝"三违"
	锅炉过热蒸汽超温(对无过热蒸汽的锅炉，此项无)	①蒸汽温度自动调节装置失灵； ②超温报警装置失灵； ③温度计故障； ④工作失误，误操作，或脱岗	过热器管过热、爆管	①确保蒸汽温度自动调节装置安全可靠； ②确保超温报警装置灵敏可靠； ③确保温度计灵敏可靠，定期校验； ④提高职工技术水平，严格执行操作规程； ⑤加强劳动纪律，杜绝"三违"

续表

<table>
<tr><th>引导词</th><th>偏差</th><th>可能原因</th><th>结果</th><th>修正措施</th></tr>
<tr><td>多</td><td>锅炉严重结垢</td><td>①炉外水处理不合格，入炉水质超标；
②炉内处理不当；
③没有排污或排污量不够；
④生水直接入炉</td><td>造成锅炉受热面结垢，导致受热面过热而引发爆管</td><td>①给水必须经炉外处理合格后才能进入锅炉，同时进行炉内水处理；
②生水及不合格的水不得进入锅炉；
③根据炉水碱度或含盐量进行排污</td></tr>
<tr><td rowspan="2">少</td><td>锅炉严重腐蚀</td><td>①没有对锅炉进行定期检查；
②空气潮湿及烟气冲刷造成外部腐蚀；
③停炉未做保养或保养方法不当造成停炉腐蚀；
④给水未除氧、pH 值偏小等造成运行腐蚀</td><td>使受热面壁厚减薄造成爆管甚至锅炉爆炸</td><td>①坚持对锅炉进行定期检查，测定其壁厚，并制定相应措施；
②切实加强停炉保养工作；
③按规定控制运行锅炉炉水碱度，锅炉给水的含氧量必须控制在规定范围内；
④停运锅炉时应保持锅炉四周空气干燥，运行时尽可能少用含硫量较大的油，并防止尾部低温腐蚀</td></tr>
<tr><td>供油量不足</td><td>油泵不够、油管道故障、油箱油不够</td><td>影响负荷、压力</td><td>①加强维修检查；
②提供充足的油源</td></tr>
<tr><td rowspan="4">部分</td><td>油系统泄漏</td><td>①油系统的设备、管道、阀门的设计、安装、检验、造型、材质存在缺陷；
②误操作或违章操作；
③无定期维护、保养</td><td>泄漏的燃油遇明火或高温引发火灾甚至爆炸</td><td>①油系统的设备、管道、阀门的设计、安装、检验、造型、材质应符合相应的规程、规范、标准，做到严密不漏；
②加强定期维护、保养，发现泄漏应及时处理；
③油系统周围的高温管道、设备应严格保温，使其表面温度低于 50℃；
④严格执行操作规程，加强劳动纪律，杜绝“三违”；
⑤油系统附近应严禁烟火</td></tr>
<tr><td>噪声</td><td>①风机、水泵等设备运行产生噪声；
②蒸汽排放</td><td>听力损伤</td><td>①选用噪声小的设备；
②应加装消声设施，放在单独的隔声机房内；
③蒸汽排放应设置消声器；
④对控制室采用隔离门、双层玻璃窗等隔声措施</td></tr>
<tr><td>机械伤害</td><td>无罩及无防护栏杆</td><td>伤害职工身体</td><td>按规定对机械传动设备加罩或防护栏杆</td></tr>
<tr><td>高温</td><td>①锅炉及汽水管道保温不良；
②高温汽水管道泄漏</td><td>灼伤、烫伤</td><td>①加强汽水管道维护，确保严密不漏，发现泄漏应及时处理；
②锅炉及汽、水应加强保温，使其表面温度低于 50℃</td></tr>
<tr><td>其他</td><td>地震、雷电</td><td>自然灾害</td><td>危及设备和人身安全</td><td>①锅炉房、厂房应根据标准按相应的地震烈度设计；
②高层建筑物的屋顶、烟囱顶部应设置避雷带，使需要保护的建筑物均在保护之内；
③控制室要防止感应电和雷电侵入</td></tr>
</table>

4.4 预先危险性分析

4.4.1 定义

预先危险性分析（preliminary hazard analysis，PHA），又称为预先危险分析，是一种定性分析系统内危险因素和危险程度的方法。

预先危险性分析是在每项工程活动之前，如设计、施工、生产之前，或技术改造之后，即制定操作规程和使用新工艺等情况之后，对系统存在的危险性类型、来源、出现条件、导致事故的后果以及有关措施等作出概略分析。其目的是辨识系统中存在的潜在危险，确定其危险等级，防止这些危险发展成事故。预先危险性分析也是对固有系统中采取的新操作方法、接触的新危险性物质、使用的新工具和设备进行的分析。预先危险性分析的目的是防止操作人员直接接触对人体有害的原材料、半成品、成品和生产废弃物，防止使用危险性工艺、装置、工具以及采用不安全的技术路线。如果必须使用，也应从工艺上或设备上采取安全措施，以保证这些危险因素不致发展为事故。

4.4.2 研究内容

① 识别危险的设备、零部件，并分析危险发生的可能性条件。

② 分析系统中各子系统、各元件的交界面及其相互关系与影响。

③ 分析原材料、产品、有害物质的性能及储运。

④ 分析工艺过程及其工艺参数或状态参数。

⑤ 分析人、机关系（操作、维修等）。

⑥ 研究环境条件。

⑦ 分析用于保证安全的设备、防护装置等。

4.4.3 主要优点

① 分析工作做在行动之前，可及早采取措施排除、降低或控制危害，避免考虑不周从而造成损失。

② 对系统开发、初步设计、制造、安装、检修等进行分析的结果，可以提供应遵循的注意事项和指导方针。

③ 分析结果可为制定标准、规范和技术文献提供必要的资料。

④ 根据分析结果可编制安全检查表以保证实施安全，并可作为安全教育的材料。

4.4.4 分析的一般步骤

预先危险性分析的一般步骤如图 4-5 所示。

① 确定系统。明确所分析系统的功能及分析范围。

② 调查、收集资料。调查生产目的、工艺过程、操作条件和周围环境。收集设计说明书、本单位的生产经验、国内外事故情报及有关标准、规范、规程等资料。

③ 系统功能分解。一个系统是由若干个功能不同的子系统组成的，如动力、设备、

结构、燃料供应、控制仪表、信息网络等。

同样，子系统也是由功能不同的部件、元件组成的，如动力、传动、操纵和执行等。

④ 分析、识别危险性。确定危险类型、危险来源、初始伤害及其造成的危险性，对潜在的危险点要仔细判定。

⑤ 确定危险等级。在确认每项危险之后，都要按其效果进行分类。

⑥ 制定措施。根据危险等级，从软件（系统分析、人机工程、管理、规章制度等）、硬件（设备、工具、操作方法等）两方面制定相应的消除危险性的措施和防止伤害的办法。

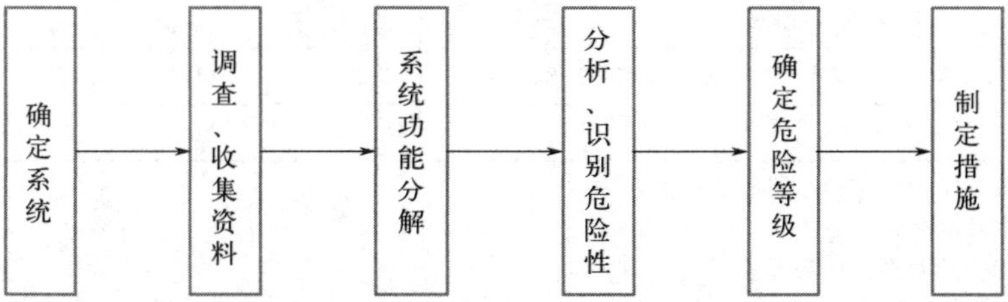

图 4-5　预先危险性分析的一般步骤

4.4.5　危险性等级的划分

在查出来危险性之后，应对其划分等级，排列出危险因素的先后次序和重点，以便分别处理。危险性等级分布见表 4-12。

表 4-12　危险性等级分布表

级别	危险程度	可能导致的后果
1 级	安全的	不会导致伤害或疾病，系统无损失，可以忽略
2 级	临界的	处于事故的边缘状态，暂时还不会造成人员伤亡和系统的损坏，但应予排除或控制
3 级	危险的	会造成人员伤亡或系统损坏，要立即采取措施进行控制
4 级	破坏性的	破坏性的，会造成死亡或系统损坏，要立即采取措施进行控制

4.4.6　例题

预先危险性分析的结果一般采用表格的形式列出。表格的格式和内容可根据实际情况确定。表 4-13～表 4-15 为几种基本的预先危险性分析（PHA）的表格格式。

表 4-13　PHA 工作表

单元：		编制人员：		日期：
危险	原因	后果	危险等级	

表 4-14　PHA 工作的典型格式表

地区(单元)： 图号：		会议日期： 小组成员：		
危险/意外事故	阶段	原因	危险等级	对策
事故名称	危险发生的阶段，如生产、试验、运输、维修、运行等	产生危害的原因	对人员及设备的危害	消除、减少或控制危险的措施

表 4-15　PHA 通用格式表

系统：1 编号：		子系统：2 日期：		状态：3 制表单位：		制表者：		
潜在事故	危险因素	触发事件	发生条件	触发事件	事故后果	危险等级	防范措施	备注
4	5	6	7	8	9	10	11	12

注：1—所分析子系统归属的车间或工段的名称；
2—所分析子系统的名称；
3—子系统处于何种状态或运行方式；
4—子系统可能发生的潜在危害；
5—产生潜在危害的原因；
6—导致产生“危险因素 5”的那些不希望事件或错误；
7—使“危险因素 5”发展成潜在危害的那些不希望发生的错误或事件；
8—导致生产“发生条件 7”的那些不希望发生的事件及错误；
9—事故后果；
10—危害等级；
11—为消除或控制危害可能采取的措施，其中包括对装置、人员、操作程序等几方面的考虑；
12—有关必要的说明。

【例题 1】 对某新建化工码头项目进行劳动卫生预评价，对码头装卸作业进行预先危险性分析并提出了防范措施，分析结果见表 4-16。

表 4-16　码头装卸作业 PHA 分析

危险、有害因素	化学性爆炸：苯、苯乙烯等易燃易爆物料泄漏
触发事件	运行泄漏： ①码头设备运行泄漏； ②接卸结束时，接卸臂洒漏； ③阀门、法兰等泄漏； ④泵破裂或泵、转动设备等动密封处泄漏； ⑤阀门、泵、管道、流量计、仪表连接处泄漏； ⑥阀门、泵、管道等因质量或安全不当泄漏； ⑦撞击或人为破坏等造成管道等破裂而泄漏； ⑧由自然灾害造成的破裂泄漏，如雷击等
现象	①易燃易爆物料蒸气浓度达到爆炸极限； ②易燃易爆物料泄漏
形成事故原因事件	火花： ①穿带钉皮鞋； ②用钢制工具敲打设备、管道产生撞击火花； ③电气火花； ④电气线路陈旧老化或受损坏产生短路火花； ⑤静电放电； ⑥雷击(直接雷击、雷电二次作用，沿着电气线路、金属管道侵入)； ⑦车辆未配灭火器等

续表

事故模式	可能引起火灾、爆炸
事故后果	财产损失，人员伤亡，造成严重的经济损失
危险等级	Ⅳ
措施	(1)控制与消除火源 ①严禁吸烟、携带火种、穿带钉皮鞋等进入易燃易爆区。 ②动火必须严格按动火手续办理动火证，并采取有效防范措施。 ③使用防爆型电器，如防爆手表；使用安全电压(12V)防爆灯。 ④使用青铜或镀铜工具，严禁钢质工具敲打、撞击、抛掷。 ⑤按规定要求采取静防电措施，安装避雷装置。 ⑥加强门卫，严禁机动车辆进入火灾、爆炸危险区。 ⑦运送物料的机动车辆必须配备完好的阻火器。 ⑧转动设备部位要保持清洁，防止摩擦引起杂物等燃烧。 ⑨周围居民区在一定范围内不能燃放烟花爆竹。 (2)严格控制设备质量及其安装质量 ①泵、阀、管线等设备及其配套仪表要选用合格产品，并把好安装质量关。 ②管道等有关设施在投产前要按要求进行试压。 ③对设备、管线、泵、阀、仪表等要定期检查、保养、维修，保持完好状态

结论：通过预先危险性分析，可以得知，该工程存在火灾、爆炸、中毒、窒息、淹溺、触电、噪声等危险因素，引起火灾、爆炸的主要原因是物料泄漏和存在点火源。

【例题 2】 工厂生产过程中用的原料和最终的成品具有燃烧爆炸性。有的生产设备使用电能。已经采取防雷接地和防静电接地措施。原材料和成品搬运为人工搬运和机动车搬运两种方式。运用预先危险性分析，对给出的案例中的燃烧、爆炸和触电进行安全评价。

答：预先危险性分析表如表 4-17 所示。

表 4-17 该工厂 PHA 分析

潜在事故	危险因素	触发事件	发生条件	事故后果	危险等级	防范措施
燃烧、爆炸	原料和成品	物料泄漏；存在火花、静电等引火源	温度达到燃点；浓度达到爆炸极限	设备损失，人员伤亡，停产，造成严重的经济损失	Ⅳ	①严防跑、冒、滴、漏； ②控制和消除火源； ③穿防静电工作服； ④加强管理
触电	带电设备	绝缘失效、屏护失效等	人触碰到带电设备	人员伤亡	Ⅲ	①漏电保护、绝缘保护等； ②个体防护； ③加强管理

4.5 故障类型和影响分析

4.5.1 定义

故障类型和影响分析采取系统分割的概念，根据实际需要把系统分割成子系统，或进一步分割成元件。然后对系统的各个组成部分逐个进行分析，寻求各组成部分中可能发生的故障、故障因素，可能出现的事故，以及可能造成的人员伤亡等事故后果，查明各种故障类型对整个系统的影响，并提出防止或消除事故的措施。

4.5.2 分析步骤

① 调查所分析系统的情况，收集整理资料。对所分析的系统或设备部件的工艺、生产组织、管理和人员素质、设备等情况，以及投产或运行以来的设备故障和伤亡事故情况进行全面调查分析，收集整理伤亡事故、设备故障等方面的有关数据和资料。

② 危险源初步辨识。组织与该系统或设备部件有关的工人、技术人员和安全管理人员开展危险预知活动，摆明问题，从操作行为、设备、工艺、环境因素、管理状态等方面进行危险源辨识和分析。

③ 故障类型、影响及组成因素分析。列出危险源后，即根据收集整理的设备故障、伤亡事故情况等资料进行故障类型、影响及组成因素分析。

④ 故障等级分析。通过危险源辨识，故障类型、影响及组成因素的分析，对系统中危险因素的基本情况有了初步了解，此时需进行故障等级分析，以衡量故障对系统造成的影响程度。

⑤ 检测方法与预防措施。主要采用常规或专门的方法测定故障和危险因素。预防措施是对故障因素和危险源的控制措施。

⑥ 按故障危险程度与概率大小，分先后次序、轻重缓急，逐项采取预防措施。

4.5.3 分析步骤图

故障类型和影响分析步骤如图 4-6 所示。

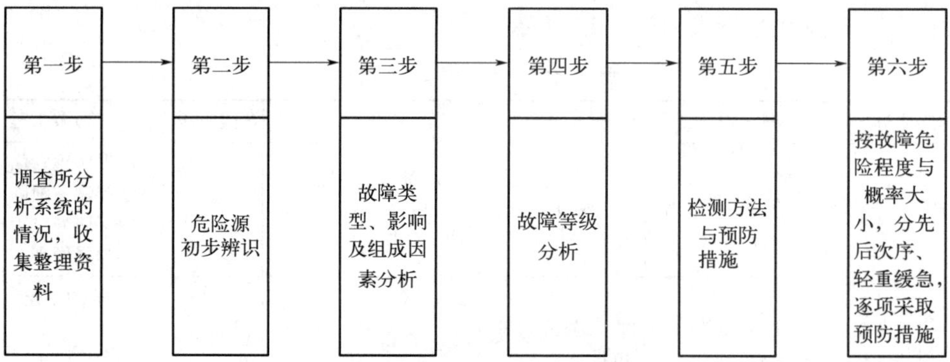

图 4-6 故障类型和影响分析步骤图

4.5.4 分析举例

空气压缩机是土木工程的道桥工程、地下工程等施工时常用的动力设备。空气压缩机的储气罐属于一种易出现事故的高压容器，是安全管理工作中的重点设备系统。在此对空气压缩机储气罐的罐体和安全阀两个元素的故障类型和影响进行了分析。分析结果见表 4-18。

表 4-18 空气压缩机储气罐的故障类型和影响分析结果

组成元素	故障类型	故障的原因	故障的影响	故障的识别	校正措施
罐体	轻微漏气	接口不严	能耗增加	漏气噪声，空气压缩机频繁打压	加强维修保护

续表

组成元素	故障类型	故障的原因	故障的影响	故障的识别	校正措施
罐体	严重漏气	焊接裂缝	压力迅速下降	压力表读数下降，巡回检查	停机修理
	破裂	材料缺陷、受冲压等	压力迅速下降，损伤人员和设备	压力表读数下降，巡回检查	停机修理
安全阀	漏气	接口不严、弹簧疲劳	能耗增加、应力下降	漏气噪声，空气压缩机频繁打压	加强维修保护
	错误开启	弹簧疲劳折断	应力迅速下降	压力表读数下降，巡回检查	停机处理
	不能安全泄压	有锈蚀污物等	超压时失去安全功能，系统压力迅速增高	压力表读数升高，阀门检验	停机检查更换

4.6 事件树分析

4.6.1 定义

事件树分析是事故分析的技术方法之一。它的实质是利用逻辑思维的规律和形式，从宏观的角度去分析事故形成的过程。

事件树分析从事件的起始状态出发，用逻辑推理的方法，设想事故发展过程；进而根据这一过程了解事故发生的原因和条件。

事件树是判断树在灾害分析上的应用。判断树（decision tree）是以元素的可靠性系数表示系统可靠程度的系统分析方法之一，是一种既能定性分析又能定量分析的方法。

4.6.2 事件树的基本原理

事件树是一种从原因到结果的过程分析。其基本原理是：任何事物从初始原因到最终结果所经历的每一个中间环节都有成功（或正常）或失败（或失效）两种可能或分支。如果将成功记为 1，作为上分支，将失败记为 0，作为下分支；然后再分别从这两个状态开始，仍按成功（记为 1）或失败（记为 0）两种可能分析；这样一直分析下去，直到最后结果为止，最后即形成一个水平放置的树状图。

从事故的发生过程看，任何事故的瞬间发生都是由在事物的一系列发展变化环节中接二连三失败所致。因此，利用事件树原理对事故的发展过程进行分析，不但可以掌握事故过程规律，还可以辨识导致事故的危险源。事件树分析是利用逻辑思维的规律和形式，分析事故的起因、发展和结果的整个过程。利用事件树，分析事故的发生过程，是以“人-机-物-环境”综合系统为对象，分析各环节事件成功与失败两种情况，从而预测系统可能出现的各种结果。

4.6.3 分析步骤

事件树分析通常包括四步，即确定初始事件、找出与初始事件有关的环节事件、画事件树、说明分析结果，如图 4-7 所示。

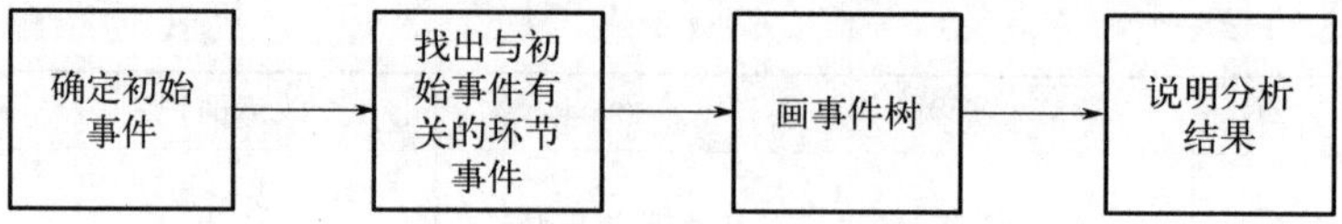

图 4-7　事件树分析步骤图

① 确定初始事件。初始事件是事件树中在一定条件下造成事故后果的最初原因事件。它可以是系统故障、设备失效、人员误操作或工艺过程异常等。一般情况下分析人员选择最感兴趣的异常事件作为初始事件。

② 找出与初始事件有关的环节事件。环节事件可看作对初始事件依次做出响应的安全功能事件，即可成为防止初始事件造成不期望后果的预防措施。

③ 画事件树。把初始事件写在最左边，各个环节事件按顺序写在右面；从初始事件画一条水平线到第一个环节事件，在水平线末端画一垂直线段，垂直线段上端表示成功，下端表示失败；再从垂直线两端分别向右画水平线到下一个环节事件，同样用垂直线段表示成功和失败两种状态。

④ 说明分析结果。在事件树最后面写明由初始事件引起的各种事故结果或后果。为清楚起见，对事件树的初始时间和各环节事件用不同字母加以标记。

图 4-8 为事件树的树形结构图。在事件树分析中，大多环节事件都具有“成功”和“失败”这两个二元特征，但这并不是必需的。环节事件可以有多个分支，但各个分支必须是互斥的。如果能够获得初始事件和各环节事件的可靠度/发生概率，就可以计算系统失败的概率，从而实现定量化评估。

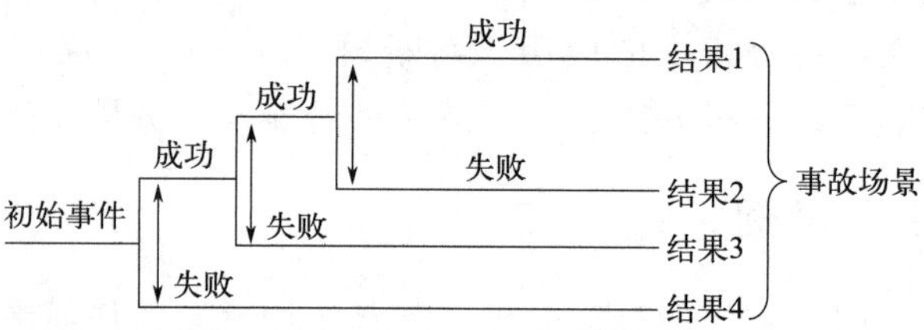

图 4-8　事件树的树形结构图

4.6.4　所需资料

① 事故场景：最终导致事故的一系列事件。这些事件的后果是从一个初始事件开始，随后按照时空序列开展中枢事件，最终导致不期望的状态出现。

② 初始事件：触发事故序列开始的故障或不期望事件。初始事件是否导致事故，依赖于系统中安全控制措施是否成功运行。

③ 环节事件：介于初始事件和最终事故之间的中间事件。环节事件是系统中安全措施的成功或者失败事件。

4.6.5　例题

【例题 3】 由一个泵和两个串联阀门组成的物料输送系统如图 4-9 所示。物料沿箭头方向顺序经过泵 A、阀门 B 和阀门 C，设泵 A、阀门 B 和阀门 C 的可靠度分别为 0.95、0.9、0.9，求系统成功运行及失败的概率，并对其进行事件树分析。

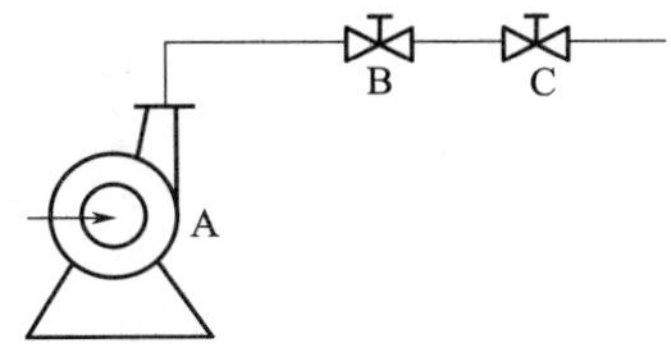

图 4-9　阀门串联物料输送系统

解：在这个系统中泵和两个阀门都有正常和失效（成功和失败）两种可能。当泵得到启动指令后，可能启动成功并正常运转，也可能启动失败，因此启动结果有两种，即成功或失败，也就是启动状态发生分支，画图时将成功状态放在上分支，失败状态放在下分支。如果泵启动失败，系统将失效，不能输送物料，因此就不需要再分析下去。如果泵启动正常，物料经过阀门 B 时仍有成功和失败两种可能，阀门 B 失效，系统也失效，不再需要分析阀门 C 的状态。阀门 B 正常，再分析阀门 C 的状态，如阀门 C 正常，则系统运转正常；若阀门 C 失效，系统也将失效。分析的过程用图表示则得到这个物料输送系统的事件树，如图 4-10 所示。

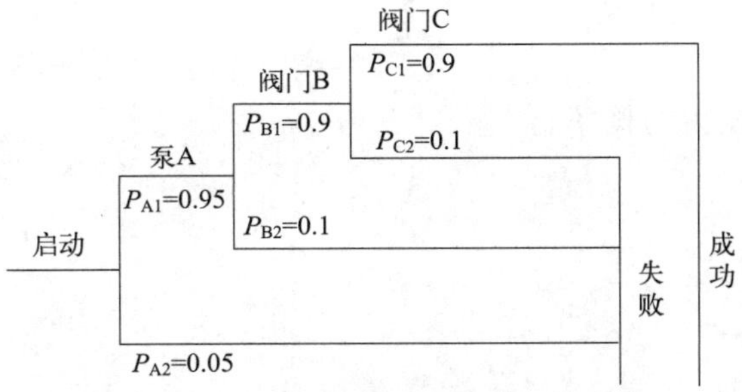

图 4-10　阀门串联物料输送系统事件树

$$P_{成功}=P_{A1}P_{B1}P_{C1}=0.7695$$

即系统成功的概率为 0.7695。

$$P_{失败}=P_{A2}+P_{A1}P_{B2}+P_{A1}P_{B1}P_{C2}=0.2305$$

即系统失败的概率为 0.2305。

【例题 4】　有一个泵和两个并联阀门组成的物料输送系统，如图 4-11 所示。图中 A 代表泵，阀门 C 是阀门 B 的备用阀，只有当阀门 B 失败时，C 才开始工作。假设泵 A、阀门 B 和阀门 C 的可靠度分别为 0.95、0.9、0.9。

答：由图 4-12 可得知这个系统成功的概率为 0.9405，系统失败的概率为 0.0595。

从以上两例可以看出，阀门并联物料系统的可靠度比阀门串联时要大得多。

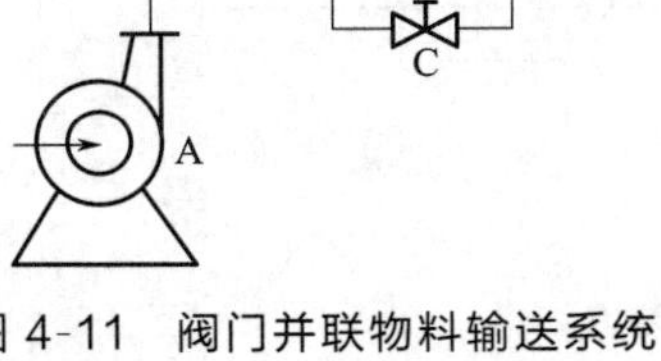

图 4-11　阀门并联物料输送系统

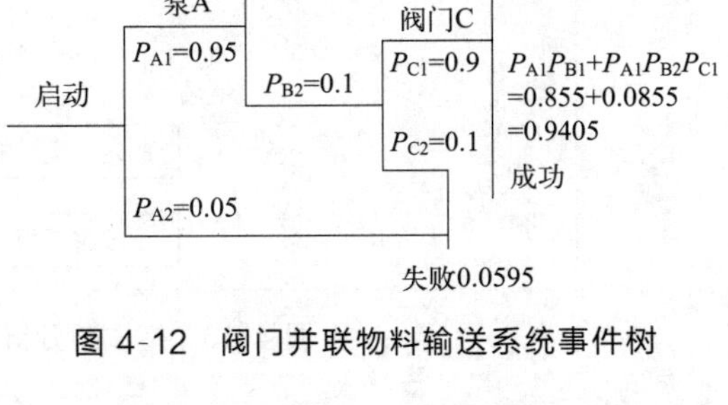

图 4-12　阀门并联物料输送系统事件树

4.7 事故树分析

4.7.1 定义

事故树就是从结果到原因描述事件发生的有向逻辑树，对这种树进行演绎分析，寻求防止结果发生的对策，这种方法就称为事故树分析（fault tree analysis，FTA）。

4.7.2 分析步骤

① 熟悉系统；
② 调查事故；
③ 确定顶上事件；
④ 确定目标事故概率；
⑤ 调查原因事件；
⑥ 绘制事故树；
⑦ 定性分析；
⑧ 计算顶上事件发生的概率；
⑨ 分析比较；
⑩ 定量分析；
⑪ 制定安全措施。

4.7.3 绘制事故树

事故树分析从结果开始，寻求结果事件（称顶上事件）发生的原因事件，是一种逆时序的分析方法。事故树分析的一般程序见图 4-13，事故树结构图见图 4-14。

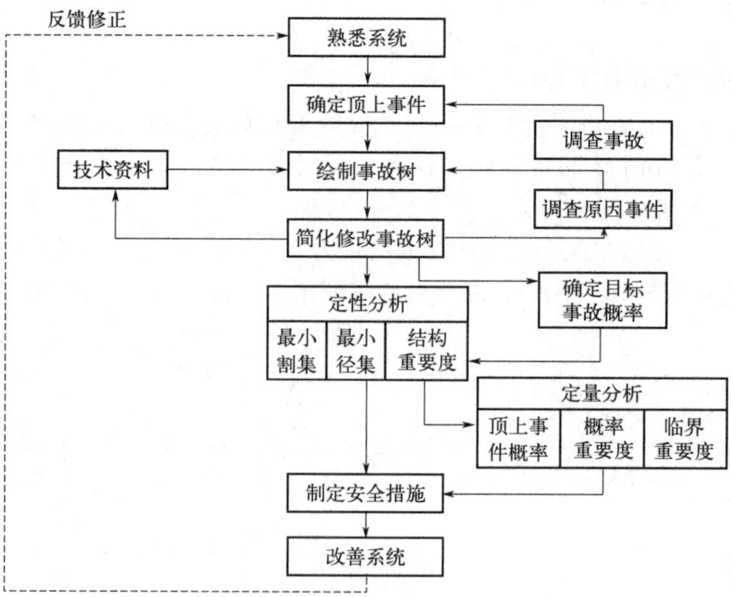

图 4-13 事故树分析的一般程序

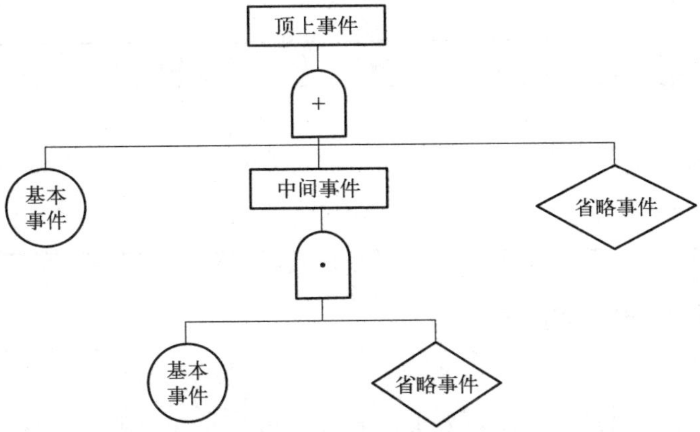

图 4-14　事故树结构图

① 顶上事件　针对所研究的系统，将系统中最不希望发生的事件称为顶上事件，一般处于事故树顶端。

② 中间事件　作为独立事件，介于顶上事件和基本事件之间，它们既是造成顶上事件的原因，又是由基本事件产生的结果。

③ 基本事件　处于事故树下部各分支的终端。事故树分析中常用的事件标准符号见表 4-19。

表 4-19　事故树分析中常用的事件标准符号

符号	名称	描述
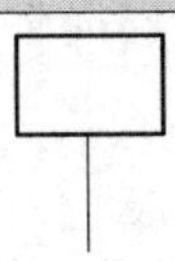	顶上事件	通常是事故树分析系统中最不希望发生的事件，也是需要研究的事件
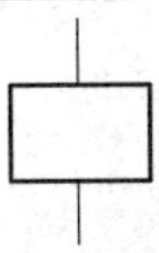	中间事件	处于顶上事件与基本事件之间
	基本事件	无须探明原因的底事件
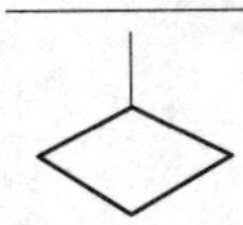	省略事件	不能或不需要进一步分析的事件

④ 逻辑门　连接各个事件，并表示事件之间的逻辑关系。主要逻辑门有与门、或门、条件与门、条件或门，常用的逻辑门是与门、或门，符号见表 4-20。

表 4-20　常用的逻辑门符号

符号	名称	描述
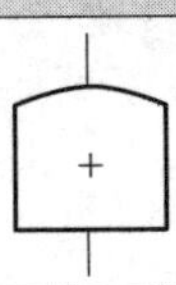	或门	至少一个输入事件发生，输出事件才发生

续表

符号	名称	描述
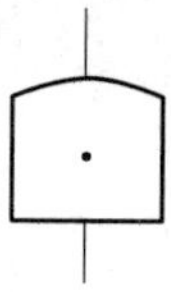	与门	全部输入事件发生，输出事件才发生

4.7.4 最小割集及其求法

(1) 定义

如果事故树中的全部基本事件都发生，则顶上事件必然发生。但是，大多数情况下并不是一定要求所有基本事件都发生顶上事件才能发生，而是只要某些基本事件一起发生就可以导致顶上事件的发生。这些同时发生就能导致顶上事件发生的基本事件集合称为割集。割集中的基本事件之间是逻辑“乘”（或称为“与”）的关系。

最小割集是指能够引起顶上事件发生的最低数量的基本数量的集合。最小割集指明了哪些基本事件同时发生就可以引起顶上事件的事故模式。

(2) 最小割集的计算方法

① 行列法　行列法是1972年福塞尔提出的方法，所以也称其为福塞尔法。其理论依据是：“与门”使割集容量增加，而不增加割集的数量；“或门”使割集的数量增加，而不增加割集的容量。这种方法是从顶上事件开始，用下一层事件代替上一层事件，把“与门”连接的事件按行横向排列，把“或门”连接的事件按列纵向排开。这样，逐层向下，直至各基本事件，列出若干行，最后利用布尔代数化简，便得到所求的最小割集。

为了说明这种计算方法，下面以图4-15所示的事故树为例，求其最小割集。

可以看到，顶上事件 T 有中间事件 A_1、A_2，“或门”连接的，所以，应当成列排

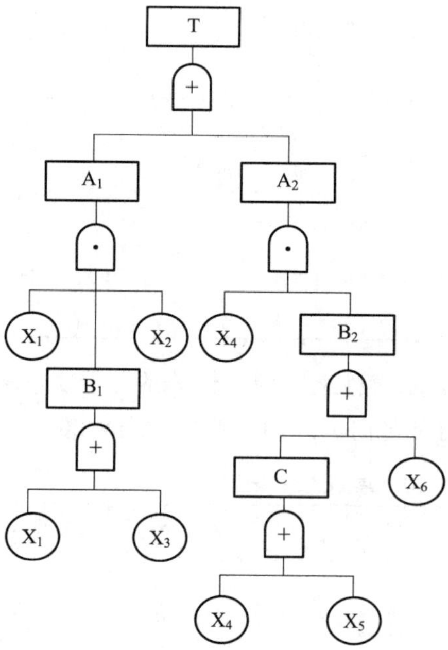

$$\left\{\begin{array}{l} X_1X_1X_2 \\ X_1X_3X_2 \\ X_4X_4X_5 \\ X_4X_6 \end{array}\right.$$

图4-15　事故树图

开，即：

$$T\xrightarrow{\text{或门}}\begin{cases}A_1\\A_2\end{cases}$$

A_1、A_2 与下一层事件 B_1、B_2、X_1、X_2、X_4 的连接均为“与门”，所以成行排列：

$$\begin{cases}A_1\xrightarrow{\text{与门}}X_1B_1X_2\\A_2\xrightarrow{\text{与门}}X_4B_2\end{cases}$$

下面以此类推，整理上式得：

$$\begin{cases}X_1B_1X_2\xrightarrow{\text{或门}}\begin{cases}X_1X_1X_2\\X_1X_3X_2\end{cases}\\X_4B_2\xrightarrow{\text{或门}}\begin{cases}X_4C\xrightarrow{\text{与门}}X_4X_4X_5\\X_4X_6\end{cases}\end{cases}$$

下面对这四组集合用布尔代数化简，根据 $A\cdot A=A$，则 $X_1\cdot X_1=X_1$，$X_4\cdot X_4=X_4$，

$$\begin{cases}X_1X_1X_2\\X_1X_3X_2\\X_4X_4X_5\\X_4X_6\end{cases}\rightarrow\begin{cases}X_1X_2\\X_1X_2X_3\\X_4X_5\\X_4X_6\end{cases}$$

又根据 $A+A\cdot B=A$，则 $X_1\cdot X_2+X_1\cdot X_2\cdot X_3=X_1\cdot X_2$，

$$\begin{cases}X_1X_2\\X_1X_2X_3\\X_4X_5\\X_4X_6\end{cases}\rightarrow\begin{cases}X_1X_2\\X_4X_5\\X_4X_6\end{cases}$$

于是，就得到三个最小割集 $\{X_1,X_2\}$、$\{X_4,X_5\}$、$\{X_4,X_6\}$。按最小割集化简后的事故树，如图 4-16 所示。

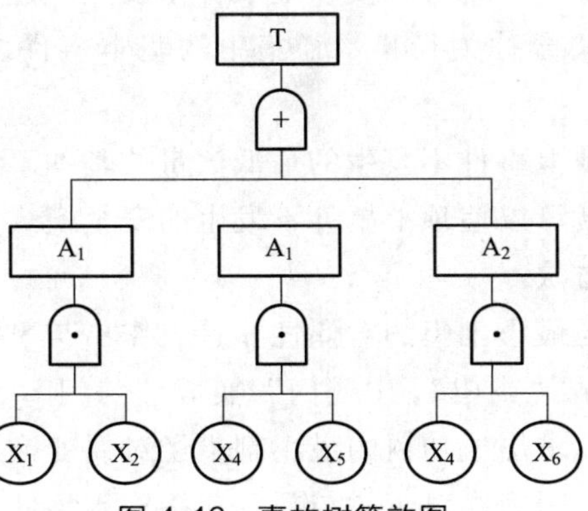

图 4-16　事故树等效图

② 结构法　这种方法的理论根据是事故树的结构完全可以用最小割集来表示。下面再来分析图 4-15 所示事故树示意图。

$$
\begin{aligned}
T &= A_1 \cup A_2 \\
&= (X_1 B_1 X_2) \cup (X_4 B_2) \\
&= X_1 (X_1 \cup X_3) X_2 \cup X_4 (C \cup X_6) \\
&= (X_1 X_2) \cup (X_1 X_3 X_2) \cup X_4 (X_4 X_5 \cup X_6) \\
&= (X_1 X_2) \cup (X_1 X_2 X_3) \cup (X_4 X_5) \cup (X_4 X_6) \\
&= (X_1 X_2) \cup (X_4 X_5) \cup (X_4 X_6)
\end{aligned}
$$

这样，得到的三个最小割集 $\{X_1, X_2\}$、$\{X_4, X_5\}$、$\{X_4, X_6\}$ 完全与上例用行列法得到的结果一致，说明这种方法是正确的。

③ 布尔代数化简法　这种方法的理论依据是：上述结构法完全和布尔代数化简事故树法相似，所不同的只是“∪”与“+”的问题。实质上，布尔代数化简法中的“+”和结构式中的“∪”是一致的。这样，用布尔代数化简法最后求出若干事件逻辑积的逻辑和，其中，每个逻辑积就是最小割集。现在还以图 4-15 所示为例，进行化简：

$$
\begin{aligned}
T &= A_1 + A_2 \\
&= X_1 B_1 X_2 + X_4 B_2 \\
&= X_1 (X_1 + X_3) X_2 + X_4 (C + X_6) \\
&= X_1 X_2 + X_1 X_3 X_2 + X_4 (X_4 X_5 + X_6) \\
&= X_1 X_2 + X_1 X_2 X_3 + X_4 X_4 X_5 + X_4 X_6 \\
&= X_1 X_2 + X_4 X_5 + X_4 X_6
\end{aligned}
$$

所得的三个最小割集 $\{X_1, X_2\}$、$\{X_4, X_5\}$、$\{X_4, X_6\}$ 与第一种、第二种算法的结果相同。总的来说，三种求法都可应用，而以第三种算法最为简单，较为普遍采用。

4.7.5　最小径集及其求法

(1) 定义

如果事故树中的全部基本事件都不发生，则顶上事件一定不会发生。但是，如果事故树中某些基本事件不同时发生，则可以使顶上事件不发生。这些不同时发生时，可以使顶上事件不发生的基本事件集合称为径集。径集中的基本事件之间是逻辑“加”（或称为“或”）的关系。

最小径集是指能够使顶上事件不发生的最低数量的基本事件的集合。最小径集指明了哪些基本事件不同时发生就可以使顶上事件不发生的安全模式。

(2) 最小径集的计算方法

求最小径集是利用它与最小割集的对偶性，首先作出与事故树对偶的成功树，就是把原来事故树的“与门”换成“或门”，“或门”换成“与门”，各类事件发生换成不发生。然后，利用上节所述方法，求出成功树的最小割集经对偶变换后就是事故树的最小径集。

为什么要这样转换呢？因为，对于“与门”连接输入事件和输出事件的情况，只要有一个事件不发生，输出事件就可以不发生，所以，在成功树中换用“或门”连接输入事件和输出事件；而对于“或门”连接的输入事件和输出事件的情况，则必须所有输入事件均不发生，输出事件才不发生，所以，在成功树中换用“与门”连接输入事件和输出事件。例如，图 4-17 所示为与图 4-15 事故树对偶的成功树。

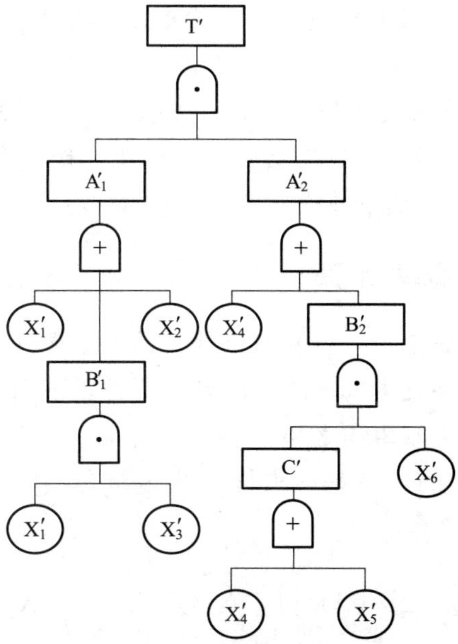

图 4-17 与图 4-15 事故树对偶的成功树

图 4-17 中，用 T'、A_1'、A_2'、B_1'、B_2'、C'、X_1'、X_2'、X_3'、X_4'、X_5'、X_6'分别表示各事件 T、A_1、A_2、B_1、B_2、C、X_1、X_2、X_3、X_4、X_5、X_6 不发生。

用布尔代数化简法求最小径集：

$$
\begin{aligned}
T' &= A_1'A_2' \\
&= (X_1'+B_1'+X_2')(X_4'+B_2') \\
&= (X_1'+X_2')[X_4'+(X_4'+X_5')X_6'] \\
&= (X_1'+X_2')(X_4'+X_4'X_6'+X_5'X_6') \\
&= (X_1'+X_2')(X_4'+X_5'X_6') \\
&= X_1'X_4'+X_1'X_5'X_6'+X_2'X_4'+X_2'X_5'X_6'
\end{aligned}
$$

这样，就得到成功树的 4 个最小割集，经对偶变换就是事故树的 4 个最小径集，即：$T=(X_1+X_4)(X_1+X_5+X_6)(X_2+X_4)(X_2+X_5+X_6)$。

一个逻辑和就是一个最小径集，则得到事故树的 4 个最小径集为：$\{X_1,X_4\}$、$\{X_2,X_4\}$、$\{X_1,X_5,X_6\}$、$\{X_2,X_5,X_6\}$。

4.7.6 结构重要度的计算

求各基本事件的结构重要度系数。在事故树分析中，各个事件都有两种状态，一种状态是发生，即 $X_i=1$；另一种状态是不发生，即 $X_i=0$。各个事件状态的不同组合又构成顶上事件的不同状态，即 $\varphi(X)=1$ 或 $\varphi(X)=0$。

若某个基本事件 X_i 的状态由 0 变成 1（即 $0_i \rightarrow 1_i$），其他基本事件的状态保持不变，顶上事件的状态变化可能有三种情况：

$$\varphi(0_i,X)=0 \rightarrow \varphi(1_i,X)=0,\text{则 } \varphi(1_i,X)-\varphi(0_i,X)=0$$

$$\varphi(0_i,X)=0 \rightarrow \varphi(1_i,X)=1,\text{则 } \varphi(1_i,X)-\varphi(0_i,X)=1$$

$$\varphi(0_i,X)=1 \rightarrow \varphi(1_i,X)=1,\text{则 } \varphi(1_i,X)-\varphi(0_i,X)=0$$

第一种情况和第三种情况都不能说明 X_i 的状态变化对顶上事件的发生起什么作用，唯有第二种情况说明了 X_i 的作用，即当基本事件 X_i 的状态从 0 变到 1，其他基本事件的状态保持不变时，顶上事件的状态从 $\varphi(0_i,X)=0$ 变到 $\varphi(1_i,X)=1$，也就说明，这个基本事件 X_i 的状态变化对顶上事件的发生与否起了作用。把所有这样的情况累加起来乘以一个系数 $(1/2)^{n-1}$，定义为结构重要度系数（n 是该事故树的基本事件的个数）。

4.7.7 顶上事件发生的概率计算

已知各基本事件的发生概率，若各基本事件又是独立事件，就可以计算顶上事件的发生概率。目前，计算顶上事件发生概率的方法有若干种，下面介绍较简单的几种。

（1）求事故树的基本事件概率积之和

顶上事件状态 $\varphi(X)=1$ 的所有基本事件的状态组合，求各个基本事件状态（$X_i=1$ 或 0）的概率积之和，用公式表达为：

$$Q=\sum\varphi(X)\prod_{i=1}^{n}q_i X_i(1-q_i)1-X_i \tag{4-1}$$

式中 Q——顶上事件发生概率函数；

$\varphi(X)$——顶上事件状态值，$\varphi(X)=0$ 或 $\varphi(X)=1$；

$\sum$——求 n 个事件的概率积；

X_i——第 i 个基本事件的状态值，$X_i=0$ 或 $X_i=1$；

q_i——第 i 个基本事件的发生概率。

（2）求各基本事件概率和

在定性分析中，给出了最小割集的求法，以及用最小割集表示的事故树等效图，利用等效图再来推出最小割集求顶上事件发生概率的公式。

如图 4-18 所示，其最小割集为 $\{X_1,X_2\}$、$\{X_1,X_3\}$，可以把其看作由事件 K_1、K_2 组成的事故树。按照求概率和的计算公式，K_1+K_2 的概率为：

$$Q=1-(1-q_{K_1})(1-q_{K_2})$$

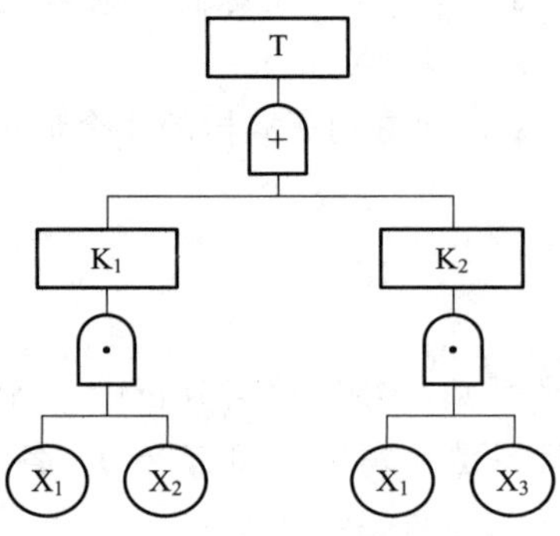

图 4-18 事故树

因为两个最小割集中都有 X_1，直接代入进行概率计算，必然造成重复计算 X_1 的发生概率。因此，要将上式展开，消去其中重复的概率因子，否则将得出错误的结果。由于 $Q=1-(1-q_{K_1})(1-q_{K_2})=1-1+q_{K_1}+q_{K_2}-q_{K_1}q_{K_2}=q_{K_1}+q_{K_2}-q_{K_1}q_{K_2}$，通过对比发现以上两种方法计算结果是一致的。

(3) 直接分步算法

对给定的事故树，若已知其结构函数和基本事件的发生概率，从原则上来讲，应用容斥原理中的逻辑加与逻辑乘的概率计算公式就可以求得顶上事件发生的概率。

设基本事件 $X_1, X_2, \cdots, X_n$ 的发生概率分别为 $q_1, q_2, \cdots, q_n$，则这些事件的逻辑加与逻辑乘的故障计算公式如下。

逻辑加（或门连接的事件）的概率计算公式：

$$g(X_1 \cup X_2 \cup \cdots \cup X_n) = 1-(1-q_1)(1-q_2)\cdots(1-q_n) = 1-\prod_{i=1}^{n}(1-q_i) = P_0 \tag{4-2}$$

式中 g——顶上事件（或门事件）发生的概率函数；

P_0——或门事件的概率；

q_i——第 i 个基本事件的概率；

n——基本事件数。

逻辑乘（与门连接的事件）的概率计算公式：

$$g(X_1 \cap X_2 \cap \cdots \cap X_n) = q_1 q_2 \cdots q_n = \prod_{i=1}^{n} q_i = P_A \tag{4-3}$$

式中 P_A——与门事件的概率。

其他符号含义同上。

直接分步算法适合在事故树规模不大，而且事故树中无重复事件时使用。从底部的门事件算起，逐次向上推移，至算到顶上事件为止。

(4) 利用最小割集计算顶上事件发生的概率

如果各最小割集中彼此没有重复的基本事件，则可以先求各个最小割集的概率，即最小割集所包含的基本事件的交（逻辑与）集，然后求所有最小割集的并（逻辑或）集概率，即得顶上事件的发生概率。由于与门的结构函数为：

$$\varphi(X) = \cap_{i=1}^{n} X_i = \prod_{i=1}^{n} X_i \tag{4-4}$$

或门的结构函数为：

$$\varphi(X) = 1-\prod_{i=1}^{n}(1-X_i) = \cap_{i=1}^{n} X_i \tag{4-5}$$

式中 X_i——第 i 个基本事件；

n——基本事件数。

根据最小割集的定义，如果在割集中任意去掉一个基本事件，就不成为割集。换句话说，也就是要求最小割集中全部基本事件都发生，该最小割集才存在，即：

$$G_r = \cap_{i \in G_r} X_i \tag{4-6}$$

式中 G_r——第 r 个最小割集（$r=1,2,3,\cdots,n$）；

X_i——第 i 个最小割集中的基本事件。

在事故树中，一般有多个最小割集，只要存在一个最小割集，顶上事件就会发生，因此，事故树的结构函数为：

$$\varphi(X) = \cup_{r=1}^{N_G} G_r = \cup_{r=1}^{N_G} \cap_{i \in G_r} X_i \tag{4-7}$$

式中　N_G——系统中最小割集数。

其他符号含义同前。

(5) 利用最小径集计算顶上事件发生的概率

如果各最小径集中彼此没有重复的基本事件，则可以先求各个最小径集的概率，即最小径集所包含的基本事件的并（逻辑或）集的概率，然后求所有最小径集的交（逻辑与）集概率，即得顶上事件的发生概率。因此，可按照下式计算：

$$g=\prod_{i=1}^{N_P}\bigcup_{X_i\in P_r}q_i=\prod_{r=1}^{N_P}\left[1-\bigcap_{X_i\in P_r}(1-q_i)\right] \tag{4-8}$$

式中　N_P——系统中最小径集数；

r——最小径集序数；

i——基本事件序数；

$X_i\in P_r$——第 i 个基本事件属于第 r 个最小径集；

q_i——第 i 个基本事件的概率。

4.7.8　概率重要度计算

结构重要度是从事故树的结构上分析各基本事件的重要程度。如果进一步考虑基本事件发生概率的变化会给顶上事件发生概率造成多大影响，就要分析基本事件的概率重要度。利用顶上事件发生概率 Q 函数是一个多重线性函数这一性质，只要对自变量 q_i 求一次偏导数，就可得出该基本事件的概率重要度系数：

$$I_{q_i}=\frac{\partial Q}{\partial q_i} \tag{4-9}$$

利用上式求出各基本事件的概率重要度系数后，就可以了解诸多基本事件中，减小哪个基本事件的发生概率可以有效地降低顶上事件的发生概率。

4.7.9　临界重要度计算

一般情况，减小概率大的基本事件的概率要比减小概率小的容易，而概率重要度系数并未反映这一事实，因此，它不是从本质上反映各基本事件在事故树中的重要程度。而临界重要度系数 I_{c_i} 则是从敏感度和概率双重角度衡量各基本事件的重要度标准，其定义式为：

$$I_{c_i}=\frac{\partial Q/\partial q_i}{Q/q_i} \tag{4-10}$$

它与概率重要度系数的关系是：

$$I_{c_i}=\frac{q_i}{Q}I_{q_i} \tag{4-11}$$

4.7.10　例题

【例题 5】 已知某事件 T 的事故树如图 4-19 所示。

① 试计算此事故树的最小割集。

② 用 q_i 表示各基本事件 X_i 发生的概率，$q_1=0.1$，$q_2=0.1$，$q_3=0.1$，$q_4=0.1$，

$q_5=0.1$，计算顶上事件发生的概率。

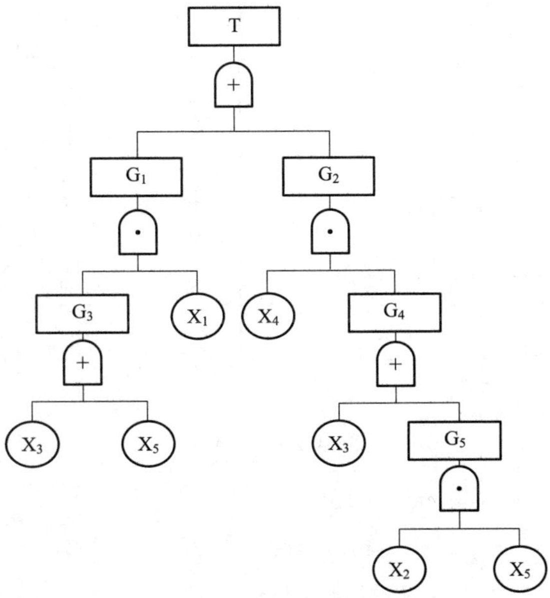

图 4-19 例题事故树

解：

① 最小割集计算：

$$T=G_1+G_2=X_1(X_3+X_5)+X_4(X_3+G_5)=X_1\cdot X_3+X_1\cdot X_5+X_3\cdot X_4+X_2\cdot X_4\cdot X_5$$

该事故树共有 4 个最小割集，分别是 $\{X_1,X_3\}$，$\{X_1,X_5\}$，$\{X_3,X_4\}$，$\{X_2,X_4,X_5\}$。

② 顶上事件发生概率：

$$\begin{aligned}Q(T)&=\sum_{j=1}^{r}\prod_{X_i\in K_j}q_i-\sum_{1\leqslant j\leqslant s\leqslant r}\prod_{X_i\in K_j\cup K_s}q_i+\cdots+(-1)^{r-1}\prod_{X_i\in K_j}q_i\\&=(q_1q_3+q_1q_5+q_3q_4+q_2q_4q_5)-\\&\quad(q_1q_3q_5+q_1q_3q_4+q_1q_2q_3q_4q_5+q_1q_3q_4q_5+q_1q_2q_4q_5+q_2q_3q_4q_5)+\\&\quad(q_1q_3q_4q_5+q_1q_2q_3q_4q_5+q_1q_2q_3q_4q_5+q_1q_2q_3q_4q_5)-q_1q_2q_3q_4q_5\\&=0.0281\end{aligned}$$

【例题 6】 商业建筑发生特大火灾的原因是自动喷淋系统失效和火灾扑救不及时。火灾扑救不及时是因为灭火器材失效或发现火灾不及时。灭火器材失效的原因是消防器材失效和人员操作失败。发现火灾不及时是因为报警系统失效和人员发现不及时。人员发现不及时是因为值班人员失职，或值班人员未及时发现，或火灾位置隐蔽。要求：

① 确定顶上事件并画出事故树。

② 化简求最小割集和最小径集。

③ 求顶上事件发生概率。

④ 进行结构重要度分析。

答：① 顶上事件如图 4-20 所示。

② 最小割集的计算：

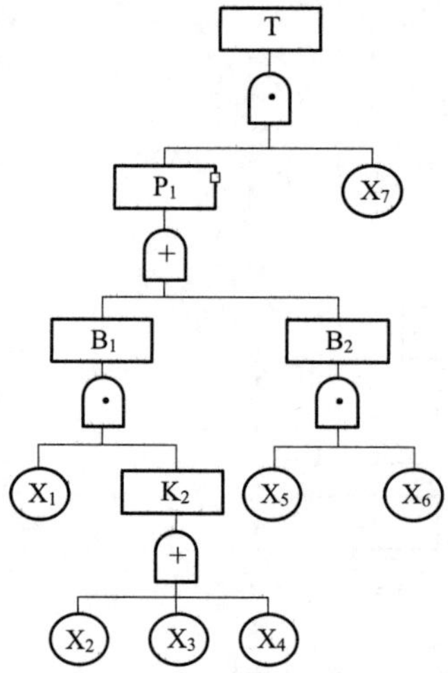

T	商业建筑发生特大火灾
P_1	火灾扑救不及时
B_1	发现火灾不及时
B_2	灭火器材失效
X_1	报警系统失效
K_2	人员发现不及时
X_2	值班人员失职
X_3	值班人员未及时发现
X_4	火灾位置隐蔽
X_5	消防器材失效
X_6	人员操作失败
X_7	自动喷淋系统失效

图 4-20 事故树

$$
\begin{aligned}
T &= P_1X_7\\
&=(B_1+B_2)X_7\\
&=(X_1K_2+X_5X_6)X_7\\
&=[X_1(X_2+X_3+X_4)+X_5X_6]X_7\\
&=X_1X_2X_7+X_1X_3X_7+X_1X_4X_7+X_5X_6X_7
\end{aligned}
$$

所以，该事故树的最小割集为：$K_1=\{X_1,X_2,X_7\}$；$K_2=\{X_1,X_3,X_7\}$；$K_3=\{X_1,X_4,X_7\}$；$K_4=\{X_5,X_6,X_7\}$。

最小径集的计算：

$$
\begin{aligned}
T'&=(X_1'+X_2'+X_7')(X_1'+X_3'+X_7')(X_1'+X_4'+X_7')(X_5'+X_6'+X_7')\\
&=X_1'X_5'+X_1'X_6'+X_2'X_3'X_4'X_5'+X_2'X_3'X_4'X_6'+X_7'
\end{aligned}
$$

用最小径集表示：

$$T=(X_1+X_5)(X_1+X_6)(X_2+X_3+X_4+X_5)(X_2+X_3+X_4+X_6)X_7$$

所以最小径集为：$\{X_1,X_5\}$，$\{X_1,X_6\}$，$\{X_2,X_3,X_4,X_5\}$，$\{X_2,X_3,X_4,X_6\}$，$\{X_7\}$。

③ 顶上事故发生的概率为：

$$
\begin{aligned}
P&=1-(1-q_{K_1})(1-q_{K_2})(1-q_{K_3})(1-q_{K_4})\\
&=1-(1-q_1q_2q_7)(1-q_1q_3q_7)(1-q_1q_4q_7)(1-q_5q_6q_7)\\
&=1-(1-q_1q_2q_7-q_1q_3q_7+q_1q_2q_3q_7)(1-q_1q_4q_7-q_5q_6q_7+q_1q_4q_5q_6q_7)\\
&=1-(1-q_1q_4q_7-q_5q_6q_7+q_1q_4q_5q_6q_7-q_1q_2q_7+q_1q_2q_4q_7\\
&\quad+q_1q_2q_5q_6q_7-q_1q_2q_4q_5q_6q_7-q_1q_3q_7+q_1q_3q_4q_7+q_1q_3q_5q_6q_7+q_1q_2q_3q_7-\\
&\quad q_1q_2q_3q_4q_7-q_1q_2q_3q_5q_6q_7+q_1q_2q_3q_4q_5q_6q_7)\\
&=1-(1-q_{13}-q_{13}+q_{15}-q_{13}+q_{14}+q_{15}-q_{16}+q_{14}+q_{15}-q_{16}+q_{17}\\
&=1-(1-4q_{13}+3q_{14}+2q_{15}-3q_{16}+q_{17}\\
&=4q_{13}-3q_{14}-2q_{15}+3q_{16}-q_{17}\\
&=0.004-0.0003-0.00002+0.000003-0.0000001\\
&=0.00368
\end{aligned}
$$

④ 结构重要度计算：$I\varphi(i)\Sigma\frac{1}{2^{n-1}}$

$I\varphi(1)\Sigma\frac{1}{2^{3-1}}\times 3=0.75$ $I\varphi(2)\Sigma\frac{1}{2^{3-1}}=0.25$ $I\varphi(3)\Sigma\frac{1}{2^{3-1}}=0.25$

$I\varphi(4)\Sigma\frac{1}{2^{3-1}}=0.25$ $I\varphi(5)\Sigma\frac{1}{2^{3-1}}=0.25$ $I\varphi(6)\Sigma\frac{1}{2^{3-1}}=0.25$

所以结构重要度的顺序为：

$I\varphi(7)>I\varphi(1)>I\varphi(2)=I\varphi(3)=I\varphi(4)=I\varphi(5)=I\varphi(6)$

【例题 7】 轮式汽车起重吊车，在吊物时，吊装物坠落伤人是一种经常发生的起重伤人事故，起重钢丝绳断裂是造成吊装物坠落的主要原因，起重钢丝绳断裂与钢丝绳断脱、吊钩冲顶和吊装物超载有直接关系。钢丝绳断脱的主要原因是钢丝绳强度下降以及未及时发现钢丝绳强度下降，钢丝绳强度下降是由于钢丝绳腐蚀断股、钢丝绳变形和钢丝绳质量不佳，而未及时发现钢丝绳强度下降的主要原因是日常检查不够以及未定期对钢丝绳进行检查；吊钩冲顶是由于吊装工操作失误以及未安装限速器；吊装物超载则是由于吊装物超重和起重限制器失灵。请用事故树分析法对起重钢丝绳断裂事故进行分析，画出该事故树图，求出最小割集和最小径集。假如每个基本事件都是独立发生的，且发生概率均为0.1，即 $q_1=q_2=q_3=\cdots=q_n=0.1$，试求钢丝绳断裂事故发生的概率。

① 事故树图见图 4-21。

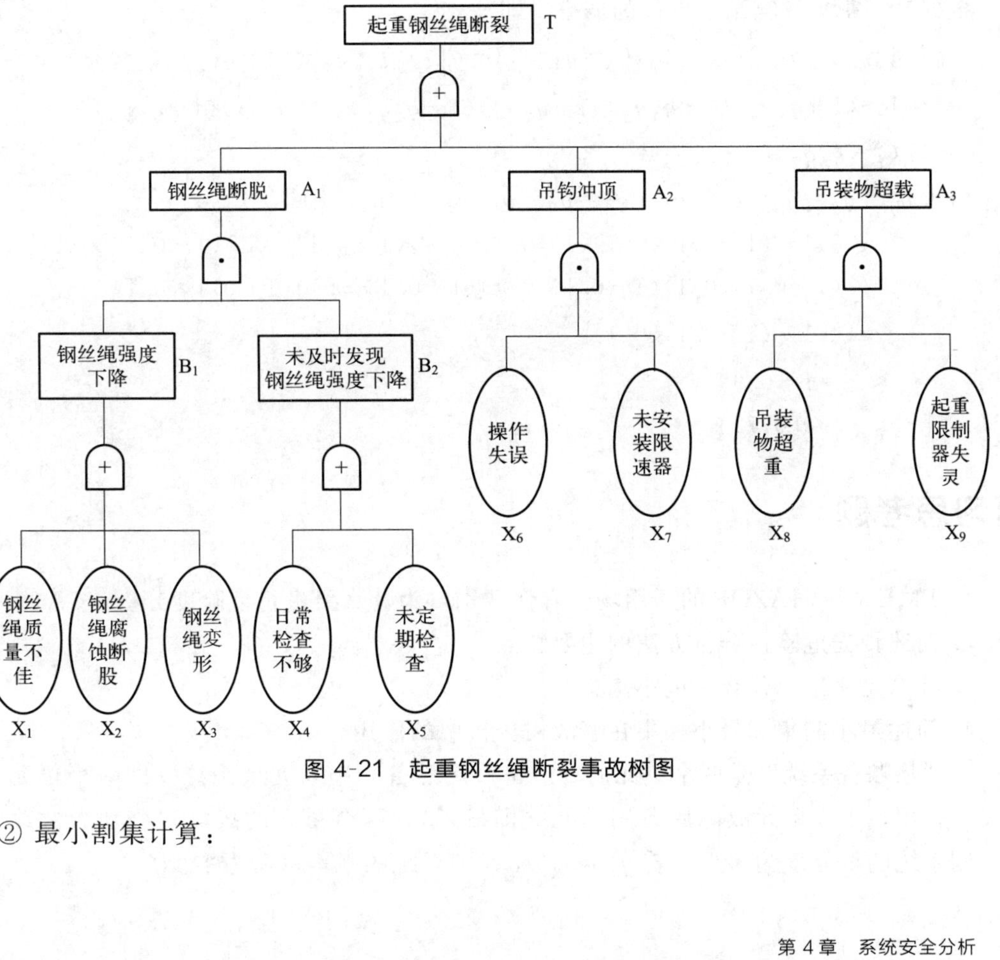

图 4-21 起重钢丝绳断裂事故树图

② 最小割集计算：

$$
\begin{aligned}
T &= A_1 + A_2 + A_3 \\
&= B_1 B_2 + X_6 X_7 + X_8 X_9 \\
&= (X_1 + X_2 + X_3)(X_4 + X_5) + (X_6 X_7 + X_8 X_9) \\
&= X_1 X_4 + X_1 X_5 + X_2 X_4 + X_2 X_5 + X_3 X_4 + X_3 X_5 + X_6 X_7 + X_8 X_9
\end{aligned}
$$

故最小割集有 8 个，即 $K_1=\{X_1, X_4\}$；$K_2=\{X_1, X_5\}$；$K_3=\{X_2, X_4\}$；$K_4=\{X_2, X_5\}$；$K_5=\{X_3, X_4\}$；$K_6=\{X_3, X_5\}$；$K_7=\{X_6, X_7\}$；$K_8=\{X_8, X_9\}$。

③ 最小径集计算：

$$
\begin{aligned}
T' &= A_1' \cdot A_2' \cdot A_3' \\
&= (B_1' + B_2')(X_6' + X_7')(X_8' + X_9') \\
&= (X_1' X_2' X_3' + X_4' X_5')(X_6' + X_7')(X_8' + X_9') \\
&= (X_1' X_2' X_3' X_6' + X_1' X_2' X_3' X_7' + X_4' X_5' X_6' + X_4' X_5' X_7')(X_8' + X_9') \\
&= X_1' X_2' X_3' X_6' X_8' + X_1' X_2' X_3' X_6' X_9' + X_1' X_2' X_3' X_7' X_8' + X_1' X_2' X_3' X_7' X_9' + \\
&\quad X_4' X_5' X_6' X_8' + X_4' X_5' X_6' X_9' + X_4' X_5' X_7' X_8' + X_4' X_5' X_7' X_9'
\end{aligned}
$$

则故障树的最小径集为 8 个，即 $P_1=\{X_1, X_2, X_3, X_6, X_8\}$；$P_2=\{X_1, X_2, X_3, X_6, X_9\}$；$P_3=\{X_1, X_2, X_3, X_7, X_8\}$；$P_4=\{X_1, X_2, X_3, X_7, X_9\}$；$P_5=\{X_4, X_5, X_6, X_8\}$；$P_6=\{X_4, X_5, X_6, X_9\}$；$P_7=\{X_4, X_5, X_7, X_8\}$；$P_8=\{X_4, X_5, X_7, X_9\}$。

④ 起重钢丝绳断裂事故发生概率计算：

根据最小割集计算顶上事件的概率，即

$$
\begin{aligned}
g &= 1-(1-q_{K_1})(1-q_{K_2})(1-q_{K_3})(1-q_{K_4})(1-q_{K_5})(1-q_{K_6})(1-q_{K_7})(1-q_{K_8}) \\
&= 1-(1-q_1 q_4)(1-q_1 q_5)(1-q_2 q_4)(1-q_2 q_5)(1-q_3 q_4)(1-q_3 q_5) \\
&\quad (1-q_6 q_7)(1-q_8 q_9)
\end{aligned}
$$

由于 $q_1=q_2=q_3=q_4=q_5=q_6=q_7=q_8=q_9=0.1$，则

$$
\begin{aligned}
g &= 1-(1-0.1\times 0.1)(1-0.1\times 0.1)(1-0.1\times 0.1)(1-0.1\times 0.1) \\
&\quad (1-0.1\times 0.1)(1-0.1\times 0.1)(1-0.1\times 0.1)(1-0.1\times 0.1) \\
&= 1-(1-0.1\times 0.1)^8 \\
&= 1-0.99^8 \\
&= 0.07726
\end{aligned}
$$

复习思考题

1. FMEA 与 HAZOP 的适用场合有何区别？为什么要进行危险度分析（CA）？

2. 简述预先危险性分析方法的主要特点。

3. 什么是割集？什么是最小割集？

4. 简述最小割集和最小径集在事故树分析中的作用。

5. “热贮备系统”是两个单元的冷贮备（热贮备）串联冗余系统（即一个单元工作，另一个备用，工作单元故障后备用单元立即投入），两个单元的故障率分别为常数 q_1 和 q_2，则系统的可靠度为多少？若 $q_1=q_2=q$，则系统的平均寿命为多少？

6. 如下图所示，设各基本事件的概率分别为 $q_1=0.01$，$q_2=0.02$，$q_3=0.03$，$q_4=0.04$，$q_5=0.05$，求顶上事件发生概率。

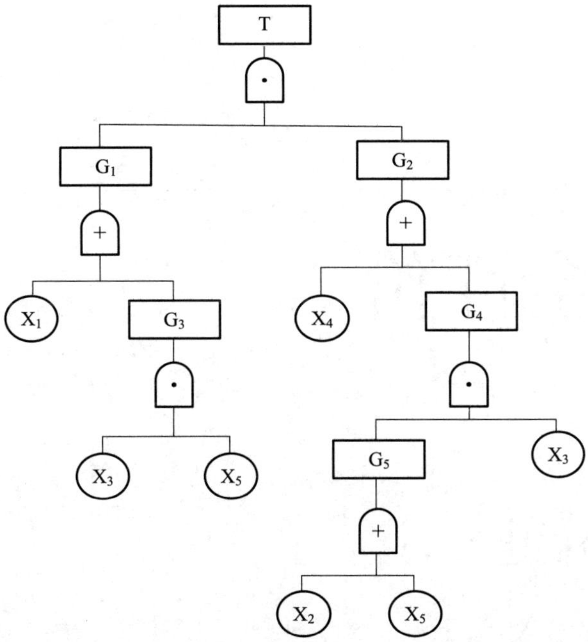

第5章

系统安全评价

5.1 安全评价概述

5.1.1 安全评价的定义

安全评价也称风险评价或危险评价，它既需要安全评价理论的支持，又需要理论与实践经验的集合，二者缺一不可。

安全评价是应用安全系统工程原理和方法，辨识与分析拟建或已有工程、系统、生产经营活动中的危险有害因素，预测发生事故或职业危害的可能性及其严重程度，提出科学、合理、可行的安全对策、措施、建议，以达到工程、系统安全的过程。安全评价可针对一个特定的对象，也可针对一定的区域范围。安全评价应贯穿于工程、系统的设计、建设、运行和退役整个生命周期的各个阶段。对工程、系统进行安全评价既是政府安全监督管理的需要，也是企业、生产经营单位搞好安全生产的重要保证。

5.1.2 安全评价的目的

由于生产日益向大型化发展，物质和能量高度集中，一旦发生事故，不仅工厂本身受害，而且给社会带来巨大灾难。因此，安全评价的目的在于：

① 在计划、设计、建设、生产等全过程中考虑安全技术和管理问题，辨识生产过程中的危险有害因素。

② 对危险有害因素导致事故发生的原因进行分析，寻求控制事故的最优方案。

③ 分析计算研究对象存在的危险性、导致事故后果的严重程度和频率大小，评价其安全性。

④ 明确系统的危险所在，制定消除和控制危险有害因素的技术措施和管理措施，降低事故发生的频率。

⑤ 促进实现安全系统管理化，形成完整的安全管理体系。

⑥ 实现安全技术与管理的标准化和科学化。

5.1.3 安全评价的原理

虽然安全评价的领域、种类、方法、手段繁多，而且评价系统的属性、特征及事件的随机性千变万化，各不相同，究其思维方式却是一致的，可归纳为以下四个基本原理，即相关性原理、类推原理、惯性原理和量变到质变原理。

5.1.3.1 相关性原理

一个系统的属性、特征与事故和职业危害存在着因果的相关性，这是系统因果评价方法的理论基础。

(1) 系统的基本特征

安全评价把研究的所有对象都视为系统。系统是指为实现一定的目标，由多种彼此有机联系的要素组成的整体，系统具有目的性、集合性、相关性、阶层性和整体性的基本特征。

每个系统都有自身的总目标，而构成系统的所有子系统、单元都为实现这一总目标而实现各自的分目标。如何使这些目标达到最佳，这就是系统工程要研究解决的问题。系统的各子系统之间、各单元之间、各元素之间也都存在着密切的相关关系，系统的整体目标（功能）是由组成系统的各子系统、单元综合发挥作用的结果。所以，在评价过程中只有找出这种相关关系，并建立相关模型，才能正确地对系统的安全性作出评价。系统的结构公式见式(5-1)：

$$E=\max f(X,R,C) \tag{5-1}$$

式中 E——最优结合效果；

X——系统组成的要素集，即组成系统的所有元素；

R——系统组成要素的相关关系集，即系统各元素之间的所有相关关系；

C——系统组成的要素及其相关关系在各阶层上可能的分布形式；

f——X、R、C 的结合效果函数。

对系统的要素集（X）、关系集（R）和层次分布形式（C）的分析，可阐明系统整体的性质。只有使上述三者达到最优结合，才能产生最优的结合效果 E，使系统目标达到最佳程度。

对系统进行安全评价，就是要寻求 X、R 和 C 的最合理的结合形式，即具有最优结合效果 E 的系统结构形式。在对应系统目标集和环境因素约束集的条件下，给出最安全的系统结合方式。例如，一个生产系统一般是由若干生产装置、物料、人员（X 集）集合组成的；其工艺过程是在人、机、物料、作业环境结合过程（人控制的物理、化学过程）中进行的（R 集）；生产设备的可靠性、人的行为的安全性、安全管理的有效性等因素层次上存在各种分布关系（C 集）。安全评价的目的，就是寻求系统在最佳生产（运行）状态下最安全的有机结合。

(2) 因果关系

有因才有果，这是事物发展变化的规律。事物的原因和结果之间存在着类似函数一样的密切关系。研究、分析各个系统之间的依存关系和影响程度，可以探求其变化的特征和规律，并可以预测其未来状态的发展变化趋势。

事故和导致事故发生的各种原因（危险因素）之间存在着相关关系，表现为依存关系和因果关系。危险因素是原因，事故是结果，事故的发生是由许多因素综合作用的结果。分析各因素的特征、变化规律、影响事故发生和事故后果的程度以及从原因到结果的途径，揭示其内在联系和相关程度，才能在评价中得出正确的分析结论，采取恰当的对策措施。例如，可燃气体泄漏爆炸事故是可燃气体泄漏、与空气混合达到爆炸极限和存在引燃能源三个因素综合作用的结果，而这三个因素又是设计失误、设备故障、安全装置失效、操作失误、环境不良、管理不当等一系列因素造成的，爆炸后果的严重程度又和可燃气体的性质、可燃性气体的爆炸量及空间密闭程度等因素有着密切的关系，在评价中需要分析这些因素的因果关系和相互影响程度，并定量地加以评述。

在评价系统中，找出事故发展过程中的相互关系，借鉴历史、同类情况的数据、典型案例等，建立起接近真实情况的数学模型，则评价会取得较好的效果，而且越接近真实情况，效果越好，评价得越准确。

5.1.3.2 类推原理

“类推”亦称“类比”。类推推理是人们经常使用的一种逻辑思维方法，常用来作为推出一种新知识的方法。它是根据两个或两类对象之间存在着某些相同或相似的属性，从一个已知对象具有某个属性来推出另一个对象具有此类属性的一种推理。它在人们认识世界和改造世界的活动中有着非常重要的作用，在安全生产、安全评价中同样也有着特殊的意义和重要的作用。

5.1.3.3 惯性原理

任何事物在其发展过程中，从过去到现在以及延伸至将来，都具有一定的延续性，这种延续性称为惯性。

利用惯性可以研究事物或一个评价系统的未来发展趋势。如从一个单位过去的安全生产状况、事故统计资料中找出该单位安全生产及事故发展变化趋势，以推测其未来安全状态。

5.1.3.4 量变到质变原理

任何一个事物在发展变化过程中都存在着从量变到质变的规律。同样，在一个系统中，许多有关安全的因素也都一一存在着量变到质变的规律；在评价一个系统的安全时，也都离不开从量变到质变的原理。因此，在安全评价时，各种危险有害因素，对人体的危害，以及采用评价方法进行等级划分等，均需要应用量变到质变的原理。

掌握评价的基本原理可以建立正确的思维程序，对于评价人员开拓思路、合理选择以及灵活运用评价方法都是十分必要的。由于世界上没有一成不变的事物，评价对象的发展不是过去状态的简单延续，评价的事件也不会是其类似事件的机械再现，相似不等于相同。因此，在评价过程中，还应对客观情况进行具体细致的分析，以提高评价结果的准确程度。

5.1.4 安全评价的原则

安全评价是落实“安全第一，预防为主”方针的重要技术保障，是安全生产监督管理的重要手段。安全评价工作以国家有关安全的方针、政策和法律、法规、标准为依据，运用定量和定性的方法对建设项目或生产经营单位存在的职业危险有害因素进行识别、分析和评价，提出预防、控制、治理对策措施，为建设单位或生产经营单位减小事故发生的风险，为政府主管部门进行安全生产监督管理提供科学依据。

安全评价是关系到被评价项目能否符合国家规定的安全标准，能否保障劳动者安全与健康的关键性工作。由于这项工作不但具有较复杂的技术性，而且有很强的政策性，因此，要做好这项工作，必须以被评价项目的具体情况为基础，以国家安全法规及有关技术标准为依据，用严肃的科学态度，认真负责的精神，强烈的责任感和事业心，全面、仔细、深入地开展和完成评价任务。在工作中必须自始至终遵循合法性、科学性、公正性和针对性原则。

（1）合法性

安全评价是国家以法规形式确定下来的一种安全管理制度，安全评价机构和评价人员必须由国家安全生产监督管理部门予以资质核准和资格注册，只有取得了认可的单位才能依法进行安全评价工作。政策、法规、标准是安全评价的依据，政策性是安全评价工作的灵魂。所以，承担安全评价工作的单位必须在国家安全生产监督管理部门的指导、监督下严格执行国家及地方颁布的有关安全的方针、政策、法规和标准等；在具体评价过程中，全面、仔细、深入地剖析评价项目或生产经营单位在执行产业政策、安全生产和劳动保护政策等方面存在的问题，并且在评价过程中主动接受国家安全生产监督管理部门的指导、监督和检查，力争为项目决策、设计和安全运行提出符合政策、法规、标准要求的评价结论和建议，为安全生产监督管理提供科学依据。

（2）科学性

安全评价涉及学科范围广，影响因素复杂多变。安全预评价在实现项目的本质安全上有预测、预防性；安全现状综合评价在整个项目中具有全面的现实性；验收安全评价在项目的可行性上具有较强的客观性；专项安全评价在技术上具有较高的针对性。为保证安全评价能准确地反映被评价项目的客观实际和结论的正确性，在开展安全评价的全过程中，必须依据科学的方法、程序，以严谨的科学态度全面、准确、客观地进行工作，提出科学的对策措施，作出科学的结论。

危险有害因素产生危险、危害后果需要一定的条件和触发因素，要根据内在的客观规律分析危险有害因素的种类、程度、产生的原因，以及出现危险、危害的条件及其后果，才能为安全评价提供可靠的依据。

现有的评价方法均有其局限性。评价人员应全面、仔细、科学地分析各种评价方法的原理、特点、适用范围和使用条件，必要时，还应用几种评价方法进行评价，进行综合分析、互为补充、互相验证，提高评价的准确性，避免局限和失真；评价时，切忌生搬硬套、主观臆断、以偏概全。

从收集资料、调查分析、筛选评价因子、取样测试、处理数据、模式计算和权重值的给定，直至提出对策措施、作出评价结论与建议等，每个环节都必须严守科学态度，用科学的方法和可靠的数据，按科学的工作程序一丝不苟地完成各项工作，努力在最大程度上保证评价结论的正确性和对策措施的合理性、可行性、可靠性。

受一系列不确定因素的影响，安全评价在一定程度上存在误差。评价结果的准确性直接影响到决策是否正确，安全设计是否完善，运行是否安全、可靠。因此，对评价结果进行验证十分重要。为不断提高安全评价的准确性，评价单位应有计划、有步骤地对同类装置、国内外的安全生产经验、相关事故案例和预防措施以及评价后的实际运行情况进行考察、分析、验证，利用建设项目建成后的事后评价进行验证，并运用统计方法对评价误差进行统计和分析，以便改进原有的评价方法以及修正评价的参数，不断提高评价的准确性、科学性。

(3) 公正性

评价结论是评价项目的决策依据、设计依据、能否安全运行的依据，也是国家安全生产监督管理部门进行安全监督管理的执法依据。因此，对于安全评价的每一项工作都要做到客观和公正，既要防止受评价人员主观因素的影响，又要排除外界因素的干扰，避免出现不合理、不公正现象。

评价的正确与否直接涉及被评价项目能否安全运行；涉及国家财产和声誉会不会受到破坏和影响；涉及被评价单位的财产是否会受到损失，生产能否正常进行；涉及周围单位及居民是否会受到影响；涉及被评价单位职工乃至周围居民的安全和健康。因此，评价单位和评价人员必须严肃、认真、实事求是地进行公正的评价。

安全评价有时会涉及一些部门、集团、个人的某些利益。因此，在评价时，必须以国家和劳动者的总体利益为重，要充分考虑劳动者在劳动过程中的安全与健康，要依据有关标准法规和经济技术的可行性提出明确的要求和建议。评价结论和建议不能模棱两可、含糊其词。

(4) 针对性

进行安全评价时，首先应针对被评价项目的实际情况和特征，收集有关资料，对系统进行全面分析。其次要对众多的危险有害因素及单元进行筛选，针对主要的危险有害因素及重要单元进行重点评价，并对重大事故后果和典型案例进行分析、评价。由于各类评价方法都有特定的适用范围和使用条件，要有针对性地选用评价方法。最后要从实际的经济、技术条件出发，提出有针对性的、操作性强的对策措施，对被评价项目作出客观、公正的评价结论。

5.1.5 安全评价的限制因素

根据经验和预测技术、方法进行的安全评价在理论和实践上都还存在很多限制，应该认识到在安全评价结果的基础上作出的安全管理决策的质量，与对被评价对象的了解程度、对危险可能导致事故的认识程度和采用安全评价方法的准确性等有关。安全评价存在的限制因素主要来自：

(1) 评价方法

安全评价方法多种多样，各有其适用对象，各有其优缺点，各有其局限性。许多方法是利用过去发生过的事件的概率和危害程度做出推断，往往对高风险事件更为关注，而高风险事件通常发生概率很小，概率值误差很大，因此在预测低风险事件危险度时可能会得出不符合实际的判断。有时在利用定量评价方法计算绝对风险度时，选取事件的发生频率和事故的严重度的基准标准不准时得出的结果可能会有高达数倍的不准确性。另外，方法的误用也会导致错误的评价结果。

(2) 评价人员的素质和经验

许多安全评价具有高度主观的性质，评价结果与假设条件密切相关。不同的评价人员使用相同的资料评价同一个对象，由于评价人员的业务素质不同，可能会得出不同的结果。尽管有很多经验性的预测方法，安全评价的质量在很大程度上还取决于判断正确与否，尤其是假设条件。只有训练有素且经验丰富的安全评价从业人员，才能得心应手地使用各种安全评价方法，辅以丰富的经验，得出正确的评价结论。

在很多情况下，由于许多事故在评价前并未发生过，安全评价使用定性方法来确定潜在事故的危险性，依靠评价人员个人或集体的智慧来判断确定可能导致事故的原因及其产生的后果，评价结果的可靠性往往与评价人员的技术素质和经验相关。

5.1.6 安全评价的要素

(1) 目标和要素集

若干个要素集合在一起的系统是为实现一定的目标的，没有目标也就没有要素的集合，所以系统的目的性与集合性是联系在一起的。评价目标是评价的出发点，是评价目的的具体化。

建立要素集是逐级逐项落实总目标的前提。总目标应分解为各级分目标，直到具体、客观为止。在分解过程中，要注意使分解后的各级分目标与总目标保持一致，分目标的集合一定要保证总目标的实现。

另外，建立要素集必须符合相关原理，即：

① 相关性　要素之间的相关关系。

② 层次性　形成阶层性的功能团。

③ 整体性　掌握结构的核心。

运用相关原理不断分析，而后逐步组合设计掌握要素。表 5-1 为安全评价的要素集。

表 5-1　安全评价的要素集

总目标	工厂设计	新工厂的不安全因素
	生产设备	安全卫生故障率
	行为	人体操作的可靠度
	安全管理	管理机构效能事故伤亡率
	化学物质	火灾、爆炸毒性物质
	环境	光照、粉尘、有害气体、噪声等

(2) 安全评价的基本要素

安全评价是根据评价目标确定对象，然后寻求对象的一切不安全因素，并赋予权重。大量的事故调查分析结果表明，导致事故发生的基本因素可分为两大类：一是不安全状态；二是不安全行为。具体地说，就是人的原因、物的原因和环境条件三个方面。为了预防事故，就应当从消除导致事故的主要原因着手，进行危险性分析和预测。

① 物的原因　主要是设备和装置的结构不良、强度不够、磨损和劣化，有毒有害物质及火灾爆炸物质，安全装置及防护器具的缺陷等因素。此外，对各种机械、装置的管道、储罐等在整个系统中所占的地位和作用，以及它们在什么情况和条件下可能发生事故，这些事故对系统的安全可能造成哪些影响，各种有毒有害物质的储存、运输和使用的状况，都应进行具体的分析，以便于防范和控制。

② 人的原因　主要是误判断、误操作、违章作业、违章指挥、精神不集中、疲劳以及身体的缺陷等。生产活动过程中，发生的事故大多数是由人的误操作造成的。所谓误操作，是指生产活动中作业人员在操作或处理异常情况时，对情况的识别、判断和行为上的差错与失误。在危险性较大的生产活动过程中，保持作业人员处于良好的精神状态是避免发生事故的重要环节。

③ 环境条件　主要是作业环境中的色彩、照明、温度、湿度、通风、噪声、振动，以及由于邻近的火灾爆炸和有毒有害物质的泄漏、弥散等可能形成灾害的环境条件。

5.1.7 安全评价的内容

安全评价包括危险性识别和危险度评价两大部分。危险有害因素识别的目的在于识别危险来源；危险和危害程度评价的目的在于确定危险源的危险性、危险程度，应采取的控制措施，以及采取控制措施后仍然存在的危险性是否可以被接受。在实际的安全评价过程中，这两个方面是不能截然分开、孤立进行的，而是相互交叉、相互重叠于整个评价工作中。安全评价的基本内容如图 5-1 所示。随着现代科学技术的发展，在安全技术领域里，已由以往主要研究、处理那些已经发生和必然发生的事件，发展为主要研究、处理那些还没有发生，但有可能发生的事件，并把这种事件发生的可能性具体化为一个数量指标，计算事故发生的概率，划分危险等级，制定安全标准和对策措施，并对其进行综合比较和评价，从中选择最佳的方案，预防事故的发生。

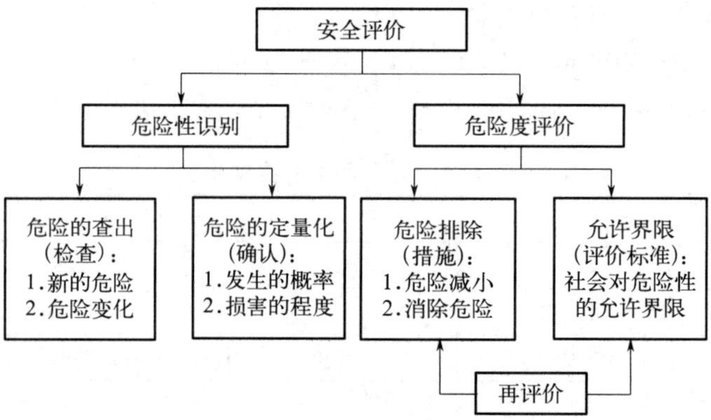

图 5-1　安全评价的基本内容

安全评价通过危险性识别及危险度评价，客观地描述系统的危险程度，指导人们预先采取相应措施以降低系统的危险性。

5.1.8 安全评价的依据

安全评价是政策性很强的一项工作，必须依据我国现行的法律、法规和技术标准，以保障被评价项目的安全运行，保障劳动者在劳动过程中的安全与健康。安全评价涉及的现行主要法规、标准将随法规、标准条文的修改或新法规、标准的出台而变动。

5.1.8.1 法律、法规

(1) 安全法规的规范性文件

① 宪法　宪法的许多条文直接涉及安全生产和劳动保护问题，这些规定既是安全法

规制定的最高法律依据，又是安全法律、法规的一种表现形式。

② 法律　由国家立法机构以法律形式颁布实施的法规。例如《中华人民共和国劳动法》《中华人民共和国安全生产法》《中华人民共和国矿山安全法》等。

③ 行政法规　由国务院制定的安全生产行政法规。例如国务院发布的《危险化学品管理条例》《女职工保护规定》等。

④ 部门规章　由国务院有关部门制定的专项安全规章，是安全法规各种形式中数量最多的。如国家安全生产监督管理局（现为国家安全生产监督管理总局）发布的《安全评价通则》及各类安全评价导则，劳动部（现为人力资源和社会保障部）发布的《建设项目（工程）劳动安全卫生监察规定》《建设项目（工程）职业安全卫生设施和技术措施验收办法》等。

⑤ 地方性法规和地方规章　地方性法规是由各省、自治区、直辖市人大及其常务委员会制定的有关安全生产的规范性文件；地方规章是由各省、自治区、直辖市政府，其首府所在地的市和经国务院批准的较大的市政府制定的有关安全生产的专项文件。

⑥ 国际法律文件　主要是我国政府批准加入的国际劳工公约。

（2）安全评价目前所依据的主要法规

①《中华人民共和国劳动法》　本法设立了劳动安全专章，对以下方面提出了明确要求：劳动安全卫生设施必须符合国家规定的标准；劳动安全卫生设施必须与主体工程同时设计、同时施工、同时投入生产和使用的“三同时”原则；从事特种作业的劳动者必须经过专门培训并取得特种作业资格。

②《中华人民共和国安全生产法》　本法涉及安全评价的规定有：依法设立的为安全生产提供服务的中介机构，依照法律、行政法规和执业准则，接受生产经营单位的委托为其安全生产工作提供技术服务；矿山建设项目和用于生产、贮存危险物品的建设项目，应当分别按照国家有关规定进行安全条件论证和安全评价；生产经营单位对重大危险源，应当登记建档，进行定期检测、评估、监控，并制定应急预案，告知从业人员和相关人员在紧急情况下应采取的应急措施；承担安全评价、认证、检测、检验工作的机构违规的处罚原则。

③《中华人民共和国矿山安全法》　本法对矿山建设的安全保障、矿山开采的安全保障、矿山生产经营单位的安全管理、矿山事故处理、矿山安全的行政管理及法律责任等做了明确规定。

④ 国家安全生产监督管理局、国家煤矿安监局《关于加强安全评价机构管理的意见》（安监管技装字〔2002〕45 号）　本文件首次明确规定安全评价的主要内容为：安全评价是指运用定量或定性的方法，对建设项目或生产经营单位存在的职业危险因素和有害因素进行识别、分析和评估；安全评价包括安全预评价、安全验收评价、安全现状综合评价和专项安全评价。

⑤ 国家安全生产监督管理总局《安全评价通则》　本通则规定了系统、工程的安全评价的基本原则和要求、评价工作程序、评价报告书的内容及要求、评价方法的选择原则、评价报告书的格式等，是具体进行评价工作的操作依据。

5.1.8.2 标准

(1) 标准分类

安全评价相关标准可按来源、法律效力、对象特征等分类。

① 按来源可分为四类：一是由国家主管标准化工作的部门颁布的国家标准，例如《生产设备安全卫生设计总则》《生产过程安全卫生要求总则》等；二是国务院各部委发布的行业标准，例如原冶金工业部的《冶金生产经营单位安全设计卫生设计规定》等；三是地方政府制定发布的地方标准；四是国际标准和国外标准。

② 按法律效力可分为两类：一是强制性标准；二是推荐性标准。

③ 按对象特征可分为管理标准和技术标准。其中技术标准又可分为基础标准、产品标准和方法标准三类。

(2) 安全评价所依据的标准

安全评价依据的标准众多，不同行业会涉及不同的标准，难以全部列出。应该注意的是，标准有可能更新，应注意使用最新版本的标准。

5.1.9 风险判别指标

风险判别指标（以下简称指标）或判别准则的目标值，是用来衡量系统风险大小以及危险性、危害性是否可接受的尺度。无论是定性评价，还是定量评价，若没有指标，评价者将无法判定系统的危险性和危害性是高还是低，是否达到了可接受的程度，以及改善到什么程度系统的安全水平才可以接受，定性、定量评价也就失去了意义。

常用的指标有安全系数、安全指标或失效概率等。例如，人们熟悉的安全指标有事故频率、财产损失率和死亡概率等。

在判别指标中，特别值得说明的是风险的可接受指标。世界上没有绝对的安全，所谓安全就是事故风险达到了合理可行并尽可能低的程度。减少风险是要付出代价的，无论是减小危险发生的概率还是采取防范措施使可能造成的损失降到最小，都要投入资金、技术和劳务。通常的做法是将风险限定在一个合理的、可接受的水平上。因此，在安全评价中不是以危险性、危害性为零作为可接受标准，而是以这个合理的、可接受的指标作为可接受标准。指标不是随意规定的，而是根据具体的经济、技术情况，以及对危险、危害后果，危险、危害发生的可能性（概率、频率）和安全投资水平进行综合分析、归纳和优化，通常依据统计数据，有时也依据相关标准，制定出的一系列有针对性的危险、危害的等级、指数，以此作为要实现的目标值，即可接受风险。

可接受风险是指在规定的性能、时间和成本范围内达到的最佳可接受风险程度。显然，可接受风险指标不是一成不变的，它将随着人们对危险根源的深入了解，随着技术的进步和经济综合实力的提高而变化。另外需要指出，风险可接受并非说我们就放弃对这类风险进行管理，因为低风险随时间和环境条件的变化有可能升级为重大风险，所以应不断进行控制，使风险始终处于可接受范围内。

随着与国际并轨的需要，在安全评价中经常采用一些国外的定量评价方法，其指标反映了评价方法制定国（或公司）的经济、技术和安全水平，一般是比较先进的，采用时必须考虑二者之间的具体差异，进行必要的修正，否则会得出不符合实际情况的评价结果。

5.2 安全评价程序和方法

5.2.1 安全评价程序

安全评价程序主要包括：准备阶段，危险有害因素识别与分析，定性、定量评价，提出安全对策措施，形成安全评价结论及建议，编制安全评价报告。安全评价的程序如图 5-2 所示。

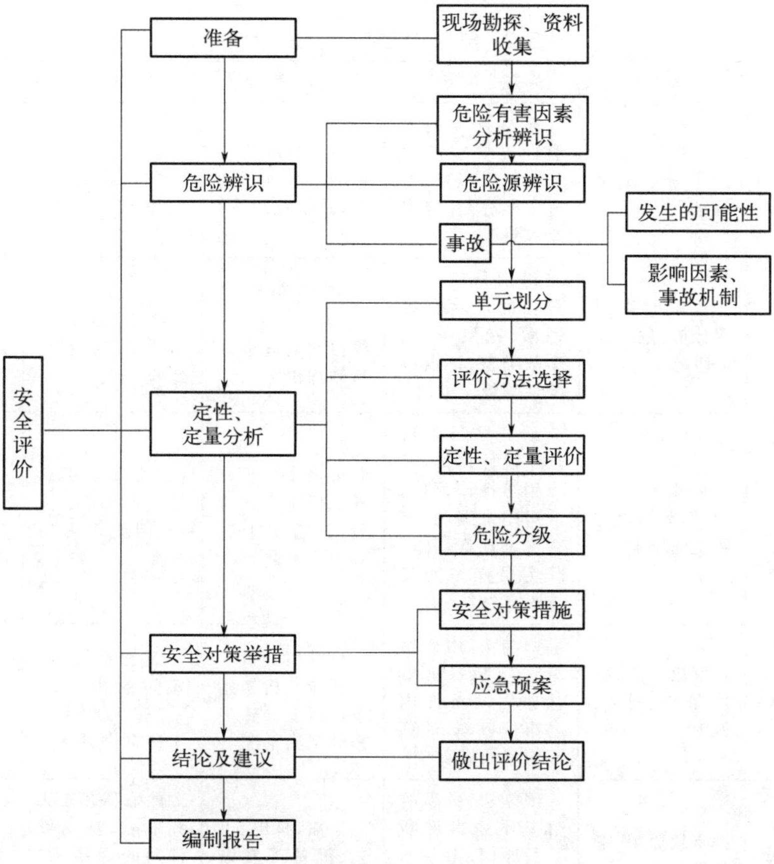

图 5-2 安全评价的程序

① 准备阶段 明确被评价对象和范围，收集国内外相关的法律法规、技术标准及工程系统技术资料。

② 危险有害因素识别与分析 根据所评价的设备、设施或场所的地理、气象条件，工程设计、建设方案，工艺流程，装置布置，主要设备、仪器和仪表，原材料、中间体及产品的理化性质等，辨识和分析危险有害因素和可能发生的事故类型，事故发生的原因和机制等。

③ 定性、定量评价 在上述危险辨识与分析的基础上，划分评价单元，根据评价目的和评价对象的复杂程度选择具体的一种或多种评价方法，进行定性、定量评价。

④ 提出安全对策措施 根据定性、定量评价结果，提出消除或减弱危险有害因素的技术和管理措施建议。

⑤ 形成安全评价结论及建议　简要列出主要危险有害因素的评价结果，指出评价项目应重点防范的重大危险有害因素，明确应重视的重要安全对策措施。

⑥ 编制安全评价报告　依据安全评价的结果编制相应的安全评价报告。

5.2.2 安全评价方法

安全评价的方法很多，可以从不同角度进行分类。实际中可以按评价方法特点、研究对象的内容、项目实施阶段、评价的逻辑推理过程、安全评价要达到的目的和针对的系统性质（评价对象）来分类。表 5-2 给出了部分安全评价方法的比较。

表 5-2　部分安全评价方法的比较

评价方法	评价目标	方法特点	适用范围	应用条件	优缺点
安全检查表（SCL）	危险有害因素分析、安全等级	按事先编制的有标准要求的检查表逐项检查，按规定赋分，评定安全等级	各类系统的设计、验收、运行、管理、事故调查	有事先编制的各类检查表，有赋分、评价标准	简便，易于掌握；编制检查表的难度及工作量大
预先危险性分析（PHA）	危险有害因素分析、危险性等级	讨论分析系统存在的危险有害因素、触发条件、事故类型，评定危险性等级	各类系统设计、施工、生产、维修前的概略分析和评价	分析评价人员熟悉系统，有丰富的知识和实践经验	简便易行；受分析评价人员主观因素影响
危险与可操作性分析（HAZOP）	偏离及其原因、偏离后果对系统的影响	研究结果既可用于设计评价，又可用于操作评价；既可用来编制、完善安全规程，又可作为可操作的安全教育材料	可操作性研究既适用于设计阶段，又适用于现有的生产装置	不需要有可靠性工程的专业知识，因而很容易掌握	较复杂、详尽；受分析评价人员主观因素影响
事件树分析(ETA)	事故原因、触发条件、事故概率	归纳法，由初始事件判断系统事故原因及条件内各事件概率，计算系统事故概率	事件树分析非常适合分析初始事件可能导致多个结果的情况	熟悉系统、元素间的因果关系，有各事件发生概率数据	简便、易行；受分析评价人员主观因素影响
事故树分析(FTA)	事故原因、事故概率	演绎法，由事故和基本逻辑推断事故原因，由基本事件概率计算事故概率	宇航、核电、工艺、设备等复杂系统的事故分析	熟练掌握方法和事故、基本事件间的联系，有基本事件概率数据	复杂、工作量大；精确；事故树编制有误易失真
鱼刺图法	事故原因	检查表法定性评价，基准局法定量评价，采取措施，用类比资料复评 1 级危险性装置，用 ETA、FTA 等方法再评价	化工厂和有关装置	熟悉系统，掌握有关方法，具有相关知识和经验，有类比资料	综合应用几种方法反复评价，准确性高，工作量大
作业危害分析	危险性等级	通过讨论，分析系统可能出现的偏离及原因、偏离后果及对整个系统的影响	化工系统、热力系统、水力系统的安全分析	分析评价人员熟悉系统，有丰富的知识和实践经验	简便、易行；受分析评价人员主观因素影响

（1）按评价方法特点分类

① 定性安全评价方法　定性安全评价方法主要是根据经验和直观判断能力对生产系统的工艺、设备、设施、环境、人员和管理等方面的状况进行定性的分析，安全评价的结果是一些定性的指标，如是否达到了某项安全指标、事故类别和导致事故发生的因素等。其评价过程简单，容易理解和掌握，但是主要依赖评价人员的经验，有一定的局限性。不同的评价人员的评价结果可能有较大差异，其结果可比性差。属于定性安全评价方法的有安全检查表、专家现场询问观察法、鱼刺图法、作业条件危险性评价法（格雷厄姆-金尼法或 LEC 法）、预先危险性分析、故障类型和影响分析等。

② 定量安全评价方法　定量安全评价方法是运用基于大量的实验结果和广泛的事故资料统计分析获得的指标或规律（数学模型），对生产系统的工艺、设备、设施、环境、人员和管理等方面的状况进行定量的计算，安全评价的结果是一些定量的指标，如事故发生的概率、事故的伤害（或破坏）范围、定量的危险性、事故致因因素的事故关联度或重要度等。

按照安全评价给出的定量结果的类别不同，定量安全评价方法还可以分为概率风险评价法、伤害（或破坏）范围评价法、危险指数评价法。

③ 综合评价　综合评价是定性和定量评价方法的综合运用。

（2）按研究对象的内容分类

① 工程设计的危险性评审　在设计阶段，对新建工厂和应用新技术中的不安全因素进行评价，使其消除。

② 安全管理的有效性评价　主要是对安全管理组织结构的效能、事故伤亡率、损失率、投资效益等进行评价。

③ 生产设备的可靠性评价　对机器设备、装置和部件的故障以及人机系统设计，应用系统工程方法进行安全、可靠性的评价。

④ 作业行为危险性评价　对人的不安全心理状态的发现和人体操作的可靠度，通过行为测定、评价其安全性。

⑤ 作业环境和环境质量评价　评价作业环境对人的安全与健康的影响以及工厂排放物对环境的影响。

⑥ 化学物质的物理化学危险性评价　主要是对化学物质在加工生产、运输、储存中存在的物理化学危险性，或已发生的火灾、爆炸、中毒等安全问题进行评价。

（3）按项目实施阶段分类

根据国家安全生产行业标准《安全评价通则》（AQ 8001—2007），安全评价按照实施阶段的不同分为安全预评价、安全验收评价、安全现状评价。

① 安全预评价　这是在建设项目可行性研究阶段、工业园区规划阶段或生产经营活动组织实施之前，根据相关的基础资料，辨识和分析建设项目、工业园区、生产经营活动潜在的危险有害因素，确定其与安全生产法律法规、规章、标准、规范的符合性，预测发生事故的可能性及其严重程度，提出科学、合理、可行的安全对策、措施、建议，做出安全评价结论的活动。

② 安全验收评价　这是在建设项目竣工后，正式生产运行前，或工业园区建设完成后，通过检查建设项目安全设施与主体工程同时设计、同时施工、同时投入生产和使用的

情况，或工业园区内的安全设施、设备、装置投入生产和使用的情况，检查安全生产管理措施到位的情况，检查安全生产规章制度健全情况，检查事故应急救援预案建立情况，审查确定建设项目、工业园区建设，满足安全生产法律法规、规章、标准、规范要求的符合性，从整体上确定建设项目、工业园区的运行状况和安全管理情况，做出安全验收评价结论的活动。

③ 安全现状评价　这是针对生产经营活动中、工业园区内的事故风险、安全管理等情况，辨识与分析存在的危险有害因素，审查确定其与安全生产法律法规、规章、标准、规范要求的符合性，预测发生事故或造成职业危害的可能性及其严重程度，提出科学、合理、可行的安全对策、措施、建议，做出安全现状评价结论的活动。安全现状评价既适用于对一个生产经营单位或一个工业园区进行评价，也适用于对某一特定的生产方式、生产工艺、生产装置或作业场所进行评价。

(4) 按评价的逻辑推理过程分类

① 归纳推理评价法　归纳推理评价法是从事故原因推论结果的评价方法，即从最基本的危险有害因素开始，逐渐分析导致事故发生的直接因素，最终分析到可能的事故。

② 演绎推理评价法　演绎推理评价法是从结果推论原因的评价方法，即从事故开始，推论导致事故发生的直接因素，再分析与直接因素相关的因素，最终分析和查找出致使事故发生的最基本的危险有害因素。

(5) 按安全评价要达到的目的分类

① 事故致因因素安全评价方法　事故致因因素安全评价方法是采用逻辑推理的方法，由事故推论最基本的危险有害因素或由最基本的危险有害因素推论事故的评价法。

② 危险性分级安全评价方法　危险性分级安全评价方法是通过定性或定量分析给出系统危险性的安全评价方法。

③ 事故后果安全评价方法　事故后果安全评价方法可以直接给出定量的事故后果，给出的事故后果可以是系统事故发生的概率、事故的伤害（或破坏）范围、事故的损失或定量的系统危险性等。

(6) 按针对的系统性质（评价对象）分类

按评价对象的不同，可分为设备（设施或工艺）故障率评价法、人员失误率评价法、物质系数评价法、系统危险性评价法。

5.3 作业条件危险性分析

5.3.1 定义

根据人们在具有潜在危险环境中作业的危险性，提出了以所评价的环境与某些参考环境的对比为基础，以作业条件的危险性为因变量（D），以事故或危险事件发生的可能性（L）、暴露于危险环境的频率（E）及危险严重程度（C）为自变量，确定了它们之间的函数式。根据实际经验，给出三个自变量的各种不同情况的分数值，采取对所评价的对象根据情况进行“打分”的办法，然后根据公式计算出其危险性分数值，再在按经验将危险性分数值划分的危险程度等级表或图上，查出其危险程度。

5.3.2 分析步骤

作业条件危险性分析（LEC）方法步骤如图 5-3 所示。

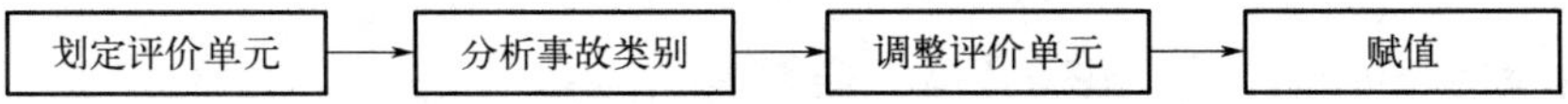

图 5-3 作业条件危险性分析方法步骤

5.3.3 所需资料

作业条件危险性分析所需的资料见表 5-3～表 5-6。

表 5-3 事故或危险事件发生的可能性（*L*）

分值	事故或危险事件发生的可能性	分值	事故或危险事件发生的可能性
10	完全会被预料到	0.5	可以设想，但高度不可能
6	相当可能	0.2	极不可能
3	不经常，但可能	0.1	实际上不可能
1	完全意外，极少可能		

表 5-4 暴露于危险环境的频率（*E*）

分值	暴露于危险环境的频率	分值	暴露于危险环境的频率
10	连续暴露于潜在危险环境中	2	每月暴露一次
6	逐日在工作时间内暴露	1	每年几次出现在潜在危险环境中
3	每周一次或偶然地暴露	0.5	非常罕见地暴露

表 5-5 发生事故或危险事件的严重程度（*C*）

分值	危险严重程度	分值	危险严重程度
100	大灾难，许多人死亡	7	严重，严重伤害
40	灾难，数人死亡	3	重大，致残
15	非常严重，一人死亡	1	引人注目，需要救护

表 5-6 作业条件的危险性（*D*）

分值	作业条件的危险性	分值	作业条件的危险性
＞320	极其危险，不能继续作业	20～70	可能危险，需要注意
160～320	高度危险，需要立即整改	＜20	稍有危险，或许可以接受
70～160	显著危险，需要整改		

5.3.4 例题

【例题 1】 假如工人每天操作一台没有安全防护装置的机器，有时不注意就会把手挤伤，以往曾经发生过这类事故，造成工人一只手伤残，没有人员死亡。对其作业条件进行安全评价。

解： 首先，确定各评价要素的分值。

事故发生的可能性属于“相当可能发生”，所以选取 $L=6$；

人员暴露情况属于“逐日暴露于危险环境”，所以选取 $E=6$；

发生事故后果的严重程度属于“致残”，所以选取 $C=3$。

于是，此种生产作业条件的危险性分值为：

$$D=L\times E\times C=6\times 6\times 3=108$$

对照危险性表可知，属于显著危险，需要整改。

【例题 2】 某评价机构对一建设项目中的子系统进行评价时，危险有害因素辨识分析全面、真实，单元划分合理，评价方法正确，用两种评价方法对该子系统进行评价。用预先危险性分析法 PHA 评价时，该子系统评价结果是危险性等级为Ⅱ级，临界的。用作业条件危险性分析法 LEC 评价时，$L=6$，$E=6$，$C=2.2$，危险度 $D=79.2$，该子系统评价结果是危险性等级为 3 级，显著危险。由于两种评价方法评价结果不同，现评价公司安排你用改进后的 LEC 评价法进行复核，请你作出正确的评价结论。

附件表 1　人员管理修正系数（M_1）

序号	管理内容	系数取值范围
1	厂长任职安全目标	0.93～1
2	安全制度	0.95～1
3	有毒有害工种作业人员健康档案	0.95～1
4	安全教育	0.95～1
5	劳保用品穿戴是否合格	0.95～1
6	各工种人员持证上岗情况	0.93～1
7	有无违章操作	0.95～1
8	事故应急预案的组织机构是否完善	0.97～1
9	事故应急预案的各级救援人员行动指南是否明确	0.95～1
10	安全机构人员配备	0.93～1
11	从业人员的保险情况是否符合要求	0.93～1
12	工房定员是否符合标准	0.93～1

附件表 2　设备管理修正系数（M_2）

序号	管理内容	系数取值范围
1	消防器材管理	0.95～1
2	机械设备保养管理	0.95～1
3	避雷设施管理	0.95～1
4	运输车辆管理	0.95～1

附件表 3　物料管理修正系数（M_3）

序号	管理内容	系数取值范围
1	危险物品安全管理	0.95～1
2	成品储运安全管理	0.95～1
3	化工原料、产品、半产品检测检验资料	0.95～1
4	危险品运输	0.93～1
5	有余药场地的清扫	0.95～1

附件表 4 作业环境修正系数（M_4）

序号	管理内容	系数取值范围
1	防静电措施	0.93～1
2	设备、管道接地情况	0.95～1
3	通道是否畅通	0.95～1
4	通风情况	0.95～1
5	工库房、设备内废药废品清理情况	0.93～1
6	地面情况	0.95～1

附件表中的各修正系数取中值。

解：∵各修正系数取中值

∴0.93～1 范围，取值为 0.965；0.95～1 范围，取值为 0.975；0.97～1 范围，取值为 0.985。$0.965^2=0.9312$；$0.965^5=0.8368$；$0.975^4=0.9037$；$0.975^6=0.8591$。

$M_1=0.965^5\times0.975^6\times0.985=0.8368\times0.8591\times0.985=0.708$

$M_2=0.975^4=0.904$

$M_3=0.975^4\times0.965=0.9037\times0.965=0.872$

$M_4=0.975^4\times0.965^2=0.9037\times0.9312=0.842$

$M=M_1M_2M_3M_4=0.708\times0.904\times0.872\times0.842=0.47$

$D=MLEC=0.47\times79.2=37.22$

根据作业条件危险性分析法 LEC 危险性等级划分规则，$D=MLEC=37.22$ 在 20～70 范围，风险等级为 2 级，一般危险，需要注意。结合用预先危险性分析法 PHA 评价时，该子系统评价结果的危险性等级为Ⅱ级，临界的，因为两者评价结果相似，所以判定该子系统评价结果的危险性等级为临界的（一般危险）。

5.4 概率评价法

5.4.1 概述

概率评价法是一种定量评价法。此法是先求出系统发生事故的概率，如用故障类型影响和致命度分析、事故树定量分析、事件树定量分析等方法，在求出事故发生概率的基础上，进一步计算风险率，以风险率大小确定系统的安全程度。系统危险性的大小取决于两个方面：一是事故发生的概率；二是造成后果的严重度。风险率综合了两个方面，它的数值等于事故发生概率（频率）与后果严重度的乘积，计算公式见式(5-2)：

$$R=SP \tag{5-2}$$

式中 R——风险率，事故损失/单位时间；

S——后果严重度，事故损失/事故次数；

P——事故发生概率（频率），事故次数/单位时间。

由此可见，风险率表示单位时间内事故造成损失的大小。单位时间可以是年、月、日、小时等；事故损失可以用人的死亡、经济损失或是工作日的损失等表示。

计算出风险率就可以与安全指标比较，从而得知危险是否降到人们可以接受的程度。要求风险率必须首先求出系统发生事故的概率。

生产装置或工艺过程发生事故是组成它的若干元件相互复杂作用的结果，总的故障概率取决于这些元件的故障概率和它们之间相互作用的性质，故要计算装置或工艺过程的事故概率，必须首先了解各个元件的故障概率。

5.4.2 元件的故障概率及其求法

构成设备或装置的元件，工作一定时间就会发生故障或失效。所谓故障就是指元件子系统或系统在运行时达不到规定的功能。对于可修复系统来说，失效就是故障。

元件在两次相邻故障间隔期内正常工作的平均时间，叫平均故障间隔期，用 τ 表示。如某元件在第一次工作时间 t_1 后出现故障，第二次工作时间 t_2 后出现故障，第 n 次工作时间 t_n 后出现故障，则平均故障间隔期的计算见式(5-3)：

$$\tau=\frac{\sum_{i=1}^{n}t_i}{n} \tag{5-3}$$

τ 一般通过实验测定几个元件的平均故障间隔时间后求平均值得到。

元件在单位时间（或周期）内发生故障的平均值称为平均故障率，用 λ 表示，单位为故障次数/时间。平均故障率是平均故障间隔期的倒数，即：

$$\lambda=\frac{1}{\tau} \tag{5-4}$$

故障率是通过实验测定出来的，实际应用时受到环境因素的不良影响，如温度、湿度、振动、腐蚀等，故应给予修正，即考虑一定的修正系数（严重系数 k）。部分环境下严重系数 k 的取值见表 5-7。

表 5-7 严重系数值举例

使用场所	实验室	普通室内	船舶	铁路车辆、牵引式公共汽车	火箭实验台	飞机	火箭
k	1	1.1～10	10～18	13～30	60	80～150	400～1000

元件在规定时间内和规定条件下完成规定功能的概率称为可靠度，用 $R(t)$ 表示。元件在时间间隔 $(0,t)$ 内的可靠度符合下列关系：

$$R(t)=e^{-\lambda t} \tag{5-5}$$

式中 t——元件运行时间。

元件在规定时间内和规定条件下没有完成规定功能（失效）的概率就是故障概率（或不可靠度），用 $P(t)$ 表示。故障概率是可靠度的补事件，用下式得到：

$$P(t)=1-R(t)=1-e^{-\lambda t} \tag{5-6}$$

式(5-5) 和式(5-6) 只适用于故障率 λ 稳定的情况。许多元件的故障率随时间而变化，如图 5-4 所示。

由图 5-4 可见，元件故障率随时间的变化可分为三个时期，即幼年故障期（早期故障期）、近似稳定故障期（偶然故障期）和老年故障期（损耗故障期）。元件在幼年故障期和

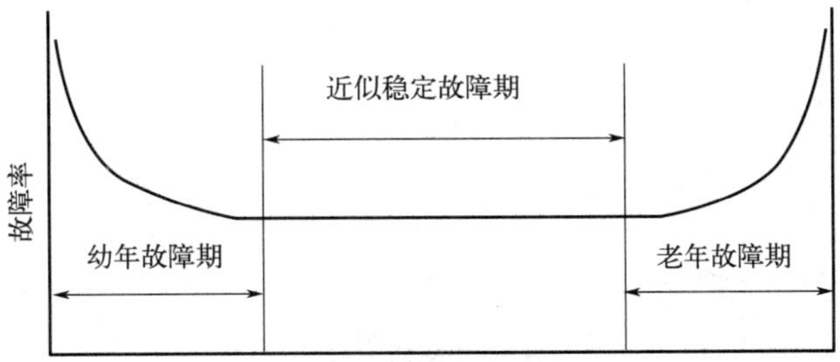

图 5-4　故障率曲线图

老年故障期的故障率都很高。这是因为元件在新的时候可能内部有缺陷或调试过程被损坏，因而开始时故障率较高，但很快就下降了。使用长时间后，由于老化、磨损，功能下降，故障率又会迅速提高。如果设备或元件在老年故障期之前，更换或修理即将失效部分，则可延长使用寿命。在幼年故障期和老年故障期两个周期之间的偶然故障期的故障率低且稳定，式(5-5) 和式(5-6) 都适用。部分元件的故障率见表 5-8。

表 5-8　部分元件的故障率

元件	故障率/(次/年)	元件	故障率/(次/年)
控制阀	0.60	压力测量	1.41
控制器	0.29	泄压阀	0.022
流量测量(液体)	1.14	压力开关	0.14
流量测量(固体)	3.75	电磁阀	0.42
流量开关	1.12	步进电动机	0.044
气液色谱	30.6	长纸条记录	0.22
手动阀	0.13	热电偶温度测量	0.52
指示灯	0.044	温度计温度测量	0.027
液位测量(液体)	1.70	阀动定位器	0.44
液位测量(固体)	6.86	氧分析仪	5.65
pH 计	5.88		

5.4.3　元件的连接及系统故障（事故）概率计算

装置或工艺过程是由许多元件连接在一起构成的，这些元件发生故障时常会导致整个系统故障或事故的发生。因此，可根据各个元件的故障概率，依照它们之间的连接关系计算出整个系统的故障概率。

元件的相互连接有串联和并联两种情况。

(1) 串联情况

串联连接的元件用逻辑或门表示，意思是任何一个元件故障都会引起系统发生故障或事故。串联元件组成的系统，其可靠度计算公式如下：

$$R=\prod_{i=1}^{n}R_i \tag{5-7}$$

式中　R_i——每个元件的可靠度；

n——元件的数量；

Π——表示连乘。

系统的故障概率 P 由下式计算：

$$P=1-\prod_{i=1}^{n}(1-P_i) \tag{5-8}$$

式中　P_i——每个元件的故障概率。

只有 A 和 B 两个元件组成的系统，上式展开为：

$$P(\text{A 或 B})=P(\text{A})+P(\text{B})-P(\text{A})P(\text{B}) \tag{5-9}$$

如果元件的故障概率很小，则 $P(\text{A})P(\text{B})$项可以忽略，此时式(5-9) 可简化为：

$$P(\text{A 或 B})=P(\text{A})+P(\text{B}) \tag{5-10}$$

则式(5-8) 可简化为：

$$P=\sum_{i=1}^{n}P_i \tag{5-11}$$

当元件的故障率不是很小时，不能用简化公式计算总的故障概率。

(2) 并联情况

并联连接的元件用逻辑与门表示，意思是并联的几个元件同时发生故障，系统才会故障。

并联元件组成的系统的故障概率 P 的计算公式是：

$$P=\prod_{i=1}^{n}P_i \tag{5-12}$$

系统的可靠度计算公式如下：

$$R=1-\prod_{i=1}^{n}(1-R_i) \tag{5-13}$$

系统的可靠度计算出来后，可由式(5-5) 求出总的故障率 λ。

5.4.4 系统故障概率的计算举例

【例题 3】 某反应器内进行的是放热反应，当温度超过一定值后，会引起反应失控而爆炸。为及时移走反应热，在反应器外面安装了夹套冷却水系统。由反应器上的热电偶温度测量仪与冷却水进口阀连接，根据温度控制冷却水流量；为防止冷却水供给失效，在冷却水进水管上安装了压力开关并与原料进口阀连接，当水压小到一定值时，原料进口阀会自动关闭，停止反应。装置组成如图 5-5 所示。试计算这一装置发生超温爆炸的故障率、故障概率、可靠度和平均故障间隔期。假设操作周期为一年。

解： 从图 5-5 中可以看出，反应器的超温防护系统由温度控制和原料关闭两部分组成。温度控制部分的温度测量仪与冷却水进口阀串联，原料关闭部分的压力开关和原料进口阀也是串联的，而温度控制和原料关闭两部分则为并联关系。

查得热电偶温度测量仪、控制阀、压力开关的故障率分别是 0.52 次/年、0.60 次/年、0.14 次/年。首先根据式(5-7) 和式(5-8) 计算各个元件的可靠度和故障概率。

① 热电偶温度测量仪：

$$R_1=e^{-0.52\times1}=0.59$$

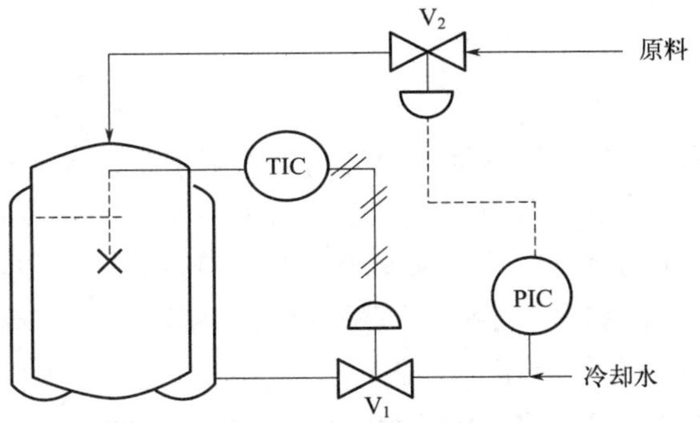

图 5-5 反应器的超温防护系统

$$P_1=1-R_1=1-0.59=0.41$$

② 控制阀：

$$R_2=\mathrm{e}^{-0.60\times1}=0.55$$

$$P_2=1-R_2=1-0.55=0.45$$

③ 压力开关：

$$R_3=\mathrm{e}^{-0.14\times1}=0.87$$

$$P_3=1-R_3=1-0.87=0.13$$

④ 温度控制部分：

$$R_A=R_1R_2=0.59\times0.55=0.32$$

$$P_A=1-R_A=1-0.32=0.68$$

$$\lambda_A=-\ln(R_A/t)=-\ln(0.32/1)=1.14\text{(次/年)}$$

$$\tau_A=1/\lambda_A=1/1.14=0.88\text{(年)}$$

⑤ 原材料部分：

$$R_B=R_2R_3=0.55\times0.87=0.48$$

$$P_B=1-R_B=1-0.48=0.52$$

$$\lambda_B=-\ln(R_B/t_B)=-\ln(0.48/1)=0.73\text{(次/年)}$$

$$\tau_B=1/\lambda_B=1/0.73=1.37\text{(年)}$$

⑥ 超温防护系统：

$$P=P_AP_B=0.68\times0.52=0.35$$

$$R=1-P=1-0.35=0.65$$

$$\lambda=-\ln(R/t)=-\ln(0.65/1)=0.43\text{(次/年)}$$

$$\tau=1/\lambda=1/0.43=2.3\text{(年)}$$

计算说明，预计温度控制部分每 0.88 年发生一次故障，原料关闭部分每 1.37 年发生一次故障。两部分并联组成的超温防护系统，预计每 2.3 年发生一次故障，防止超温的可靠性明显提高。

计算出安全防护系统的故障率，就可进一步确定反应器超压爆炸的风险率，从而可比较它的安全性。

5.5 指数评价法

危险指数评价法应用系统的事故危险指数模型，根据系统及其物质、设备（设施）和工艺的基本性质和状态，采用推算的办法，逐步给出事故的可能损失、引起事故发生或使事故扩大的设备、事故的危险性以及采取安全措施的有效性。常用的危险指数评价法有：道化学公司火灾、爆炸危险指数评价法，蒙德火灾、爆炸、毒性指数评价法（简称蒙德法），易燃、易爆、有毒重大危险源评价法。

在危险指数评价法中，指数的采用使得系统结构复杂、难以用概率计算事故可能性的问题，通过将其划分为若干个评价单元的办法得到了解决。这种评价方法，一般将有机联系的复杂系统按照一定的原则划分为相对独立的若干个评价单元，针对评价单元逐步推算事故可能损失、事故危险性以及采取安全措施的有效性，再比较不同评价单元的评价结果，确定系统最危险的设备和条件。评价指数值同时含有事故发生可能性和事故后果两方面的因素，避免了事故概率和事故后果难以确定的缺点。

该类评价方法的缺点是：采用的安全评价模型对系统安全保障设施（或设备、工艺）功能的重视不够，评价过程中的安全保障设施（或设备、工艺）的修正系数，一般只与设施（或设备、工艺）的设置条件和覆盖范围有关，而与设施（或设备、工艺）的功能多少、优劣等无关；特别是忽略了系统中的危险物质和安全保障设施（或设备、工艺）间的相互作用关系；而且，给定各因素的修正系数后，这些修正系数只是简单地相加或相乘，忽略了各因素之间的重要度的不同。因此，使得该类评价方法，只要系统中危险物质的种类和数量基本相同，系统工艺参数和空间分布基本相似，即使不同系统因服务年限有很大不同，实际安全水平已经有了很大的差异，其评价结果也是基本相同的，从而导致该类评价方法的灵活性和敏感性较差。

5.5.1 道化学公司火灾、爆炸危险指数评价法

(1) 发展过程

美国道化学公司在 1964 年根据化工生产的特点首先开发火灾、爆炸危险指数评价法，用于对化工生产装置进行安全性评价，即通常所说的道化学指数法。1966 年，进一步提出了火灾、爆炸指数的概念，表示火灾、爆炸的危险程度。1972 年，提出了以物质的闪点（或沸点）为基础，代表物质潜在能量的物质系数，结合物质的特定危险值、工艺过程及特殊工艺的危险值，计算出系统的火灾、爆炸指数，以评价该系统火灾、爆炸危险程度的方法（即第三版）。以第三版为蓝本，1976 年日本劳动省公布了“化学联合企业安全评价”六阶段评价法以及匹田法等。1979 年，英国帝国化学工业公司蒙德工厂结合道化学法第三版并加以扩充，提出了 ICIMond 火灾、爆炸、毒性指标评价法。道化学公司在引进了毒性、改进了确定物质系数的方法，提出了计算火灾、爆炸最大可能损失（MPPD）的方法后，于 1976 年发表了第四版评价法。1980 年，提出用最大可能停工日数（MPDO）计算停产损失（BI），发表了第五版评价法。1987 年，在调整了物质系数，增加了毒性补偿内容，简化了附加系数和补偿系数的计算方法后，发表了第六版评价法。在对第六版进行了修改并给出了美国国家消防协会（NFPA）的最新物质系数后，于 1993 年推出了最

新的第七版评价法。

（2）定义

美国道化学公司火灾、爆炸指数危险评价法，是美国道化学（DOW）公司开发的一种在世界范围内有广泛影响的危险物质加工处理安全评价方法。

该方法主要用于对化工工艺过程及其生产装置的火灾、爆炸危险性作出评价，并提出相应的安全措施。它以物质系数为基础，再考虑工艺过程中其他因素如操作方式、工艺条件、设备状况、物料处理、安全装置情况等的影响，来计算每个单元的危险度数值，然后按数值大小划分危险度级别。该方法分析时对管理因素的考虑较少，它主要是对化工生产过程中固有危险的度量。

（3）目的

道化学指数法以已往的事故统计资料、物质的潜在能量和现行安全措施为依据，定量地对工艺装置及所含物料的实际潜在火灾、爆炸和反应危险性进行分析评价，可以说更臻完善、更趋成熟。其目的是：

① 量化潜在火灾、爆炸和反应性事故的预期损失；

② 确定可能引起事故发生或使事故扩大的装置；

③ 向有关部门通报潜在的火灾、爆炸危险性；

④ 使有关人员及工程技术人员了解各工艺部分可能造成的损失，以此确定减轻事故严重性和总损失的有效、经济的途径。

该法最重要的目的是使工程师了解各工艺部分可能造成的损失，并帮助其确定减轻潜在事故的严重性和总损失的有效且经济的途径。

（4）评价程序

道化学指数法评价程序如图 5-6 所示。

① 确定工艺单元。

② 确定物质系数（MF）。物质系数（MF）是最基础的数值，它表示物质在燃烧或其他化学反应引起的火灾、爆炸时释放能量大小的内在特性。物质系数根据美国国家消防协会规定的物质可燃性和化学活性（或不稳定性）而定，详细内容可查阅其物质系数和特性表。

③ 确定一般工艺危险系数 F_1 和特殊工艺危险系数 F_2。表 5-9 为火灾、爆炸指数计算表，该表给出了一般工艺和特殊工艺中的危险系数范围，具体应用时参照选取。

④ 计算工艺单元危险系数 F_3。F_3 是反映所评价单元潜在危险性的指标，它等于一般工艺危险系数 F_1 和特殊工艺危险系数 F_2 的乘积。

⑤ 计算火灾、爆炸指数（F&EI）。F&EI 是反映火灾、爆炸事故可能造成的破坏情况的指标，它等于危险系数 F_3 与物质系数 MF 的乘积。道化学法第七版将火灾、爆炸划分为 5 个等级，见表 5-10。参照确定单元火灾、爆炸的严重度。

⑥ 确定破坏系数。

⑦ 确定暴露半径 R。所评价的单元内发生火灾、爆炸时往往产生立体的同心圆柱型破坏，因此，在考虑影响区域时，一般计算影响区域半径（即裸露半径）R。

⑧ 确定安全措施补偿系数 C。表 5-11 为安全措施补偿系数表，该表对工艺控制安全补偿系数 C_1、物质隔离安全补偿系数 C_2、防火设施安全补偿措施系数 C_3 的补偿范围给

出了参考值。总补偿系数是上述三者之积。

⑨ 计算最大可能财产损失。计算基本最大可能财产损失（基本 MPPD）和实际最大可能财产损失（实际 MPPD），基本最大可能财产损失表示没有任何一种安全措施时造成的损失，实际最大可能财产损失表示在采取适当的安全措施后事故造成的财产损失。

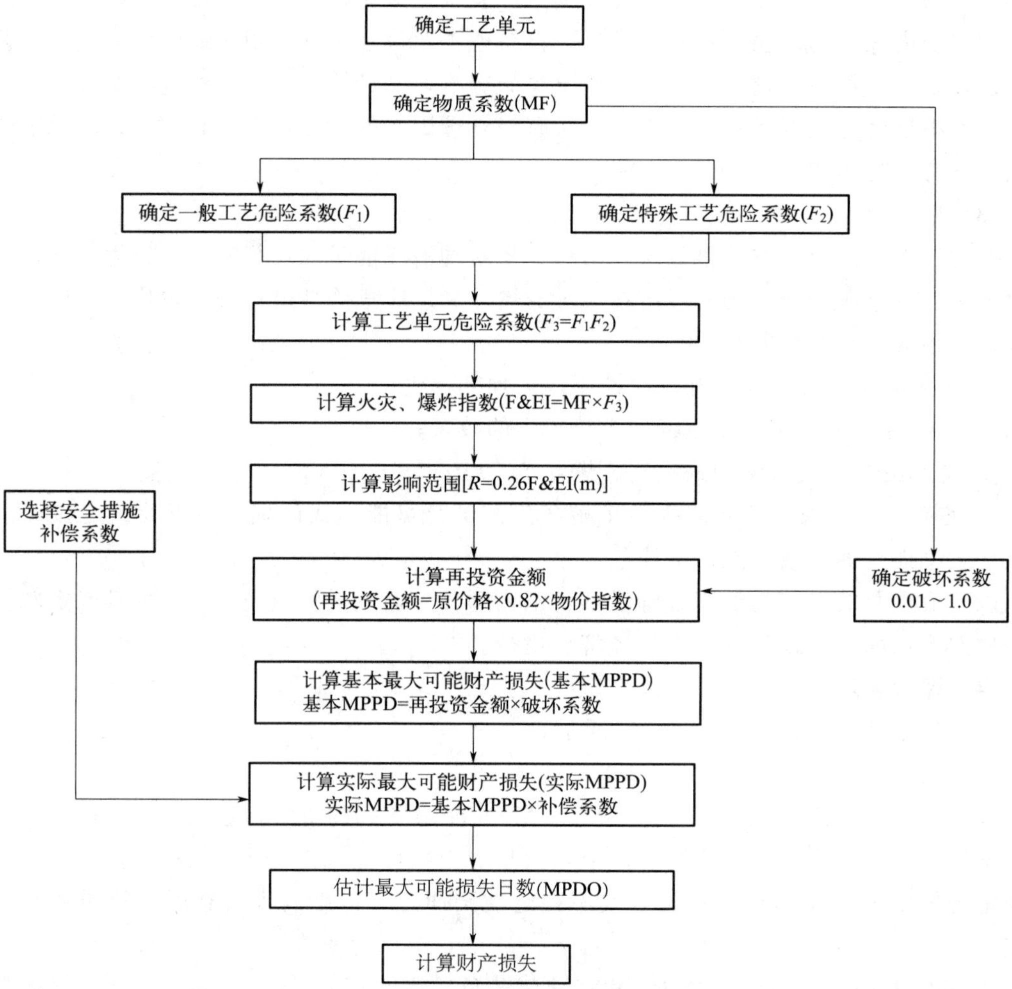

图 5-6　道化学指数法评价程序

表 5-9　火灾、爆炸指数（F&EI）计算表

地区/国家：	部门：	场所：	日期：
位置：	生产单元：	工艺单元：	
评价人：	审定人(负责人)：	建筑物：	
检查人(管理部)：	检查人(技术中心)：	检查人(工艺单元)：	
工艺设备中的物料：			
操作状态：设计—开车—正常操作—停车		确定 MF 的物质：	
操作温度：		物质系数：	
1. 一般工艺危险系数(F_1)	危险系数范围	采用危险系数	
基本系数	1.00	1.00	

续表

1. 一般工艺危险系数(F_1)	危险系数范围	采用危险系数
A. 放热化学反应	0.25～0.30	
B. 吸热反应	0.20～0.40	
C. 物料处理与输送	0.25～1.05	
D. 密闭式或室内工艺单元	0.25～0.90	
E. 通道	0.20～0.35	
F. 排放和泄漏控制	0.20～0.50	
一般工艺危险系数(F_1)		
2. 特殊工艺危险系数(F_2)		
基本系数	1.00	1.00
A. 毒性物质	0.20～0.80	
B. 负压(＜500mmHg=66661Pa)	0.50	
C. 接近易燃范围的操作:惰性化、未惰性化		
a. 罐装易燃液体	0.50	
b. 过程失常或吹扫故障	0.30	
c. 一直在燃烧范围内	0.80	
D. 粉尘爆炸	0.20～0.25	
E. 压力:操作压力/kPa(绝对);释放压力/kPa(绝对)		
F. 低温	0.20～0.30	
G. 易燃及不稳定物质量/kg,物质燃烧热 H_c/(J/kg)		
a. 工艺中的液体及气体		
b. 贮存中的液体及气体		
c. 贮存中的可燃固体及工作中的粉尘		
H. 腐蚀和磨损	0.10～0.75	
I. 泄漏——接头和填料	0.10～1.50	
J. 使用明火设备		
K. 热油、热交换系统	0.15～1.15	
L. 传动设备	0.50	
特殊工艺危险系数(F_2)		
3. 工艺单元危险系数($F_3=F_1F_2$)		
4. 火灾、爆炸指数(F&EI=F_3×MF)		

表 5-10 F&EI 值及危险等级

F&EI 值	危险等级
1～60	最轻
61～96	较轻
97～127	中等
128～158	很大
＞159	非常大

表 5-11 安全措施补偿系数表

1. 工艺控制安全补偿系数(C_1)		
项目	补偿系数范围	采用补偿系数[①]
(1)应急电源	0.98	
(2)冷却装置	0.97～0.99	
(3)抑爆装置	0.84～0.98	
(4)紧急切断装置	0.96～0.99	
(5)计算机控制	0.93～0.99	
(6)惰性气体保护	0.94～0.96	
(7)操作规程/程序	0.91～0.99	
(8)化学活泼性检查	0.91～0.98	
(9)其他工艺危险分析	0.91～0.98	
	C_1 值[②]	
2. 物质隔离安全补偿系数(C_2)		
项目	补偿系数范围	采用补偿系数[①]
(1)遥控阀	0.96～0.98	
(2)卸料/排空装置	0.96～0.98	
(3)排放系统	0.91～0.97	
(4)连锁装置	0.98	
	C_2 值[②]	
3. 防火设施安全补偿系数(C_3)		
项目	补偿系数范围	采用补偿系数[①]
(1)泄漏检验装置	0.94～0.98	
(2)钢结构	0.95～0.98	
(3)消防水供应系统	0.94～0.97	
(4)特殊灭火系统	0.91	
(5)洒水灭火系统	0.74～0.97	
(6)水幕	0.97～0.98	
(7)泡沫灭火装置	0.92～0.97	
(8)手提式灭火器和喷水枪	0.93～0.98	
(9)电缆防护	0.93～0.98	
	C_3 值[②]	
4. 安全措施补偿系数 $C=C_1C_2C_3$		

① 无安全补偿系数时填入 1.0。

② 所采用安全补偿系数的乘积。

$$实际\ MPPD=基本\ MPPD\times C$$

⑩ 确定最大可能工作日损失 MPDO。MPDO 表示事故引起的业务中断天数，其值可以从指南中查出或根据公式求出。

⑪ 计算财产损失。

(5) 适用范围

火灾、爆炸危险指数评价法主要用于评价贮存、处理以及生产易燃、可燃、活性物质的操作过程，也可用于分析污水处理设施、公用工程系统、管路、整流器、变压器、锅炉、热氧化器以及发电厂一些单元的潜在损失。该法还可用于潜在危险物质库存量较小的工艺过程的风险评价，特别适用于实验工厂的风险评价，适用易燃或活性化学物质的最小处理量为454kg左右。

(6) 优缺点

道化学指数法的优点：可以得到量化的结论；可以量化经济损失；操作简单，将实际情况对照道化学公司提供的材料进行打分和运算；不需要有经验的安全评价人员也可以操作。

道化学指数法的缺点：应用领域小，只能应用于含有易燃、可燃、活性物质的工艺单元；由于道化学方法是由经验得到的，由美国道化学公司推出，需要不断更新，且在部分评分区间可能产生误差。

5.5.2 蒙德法

(1) 发展过程

蒙德法是英国帝国化学公司蒙德工厂在道化学公司方法的基础上发展起来的英国帝国化学公司（ICIMond）评价法，于1979年正式提出。该法既肯定了道化学公司火灾、爆炸危险指数评价法，又在其定量评价的基础上作了重要的改进和补充。主要是：引进了毒性的概念和计算，推广到包括物质毒性在内的“火灾、爆炸、毒性总指标”的初步计算，再进行采取安全对策措施加以补偿后的最终评价，从而增加了评价的深度，被公认为是一种特别适用于对化工装置的火灾、爆炸、毒性危险程度进行评价的方法。

(2) 定义

在火灾、爆炸危险指数评价法基础上，英国帝国化学公司蒙德工厂进行了补充，引进了毒性的概念和计算，推广到包括物质毒性在内的“火灾、爆炸、毒性总指标”的初步计算，再进行采取安全对策措施加以补偿后的最终评价，从而增加了评价的深度，开发出了另一种火灾、爆炸、毒性指数安全评价法，简称蒙德法。

(3) 评价程序

火灾、爆炸、毒性指数评价法评价程序如图5-7所示。

火灾、爆炸、毒性指数评价法（蒙德法）所计算的指标包括：总评价指标（综合危险指数）、火灾潜在性评价指标、爆炸潜在性评价指标（包括内部单元爆炸指标、地区爆炸指标）、毒性危险性评价指标以及总危险性系数指标。各指标的评价标准见表5-12～表5-18。

表5-12 总评价指标 D 的范围及危险性

D 值范围	0～20	20～40	40～60	60～75	75～90	90～115	115～150	150～200	＞200
整体危险性	缓和的	轻度的	中等的	稍重的	重的	极端的	非常极端的	潜在灾难性	高度灾难性

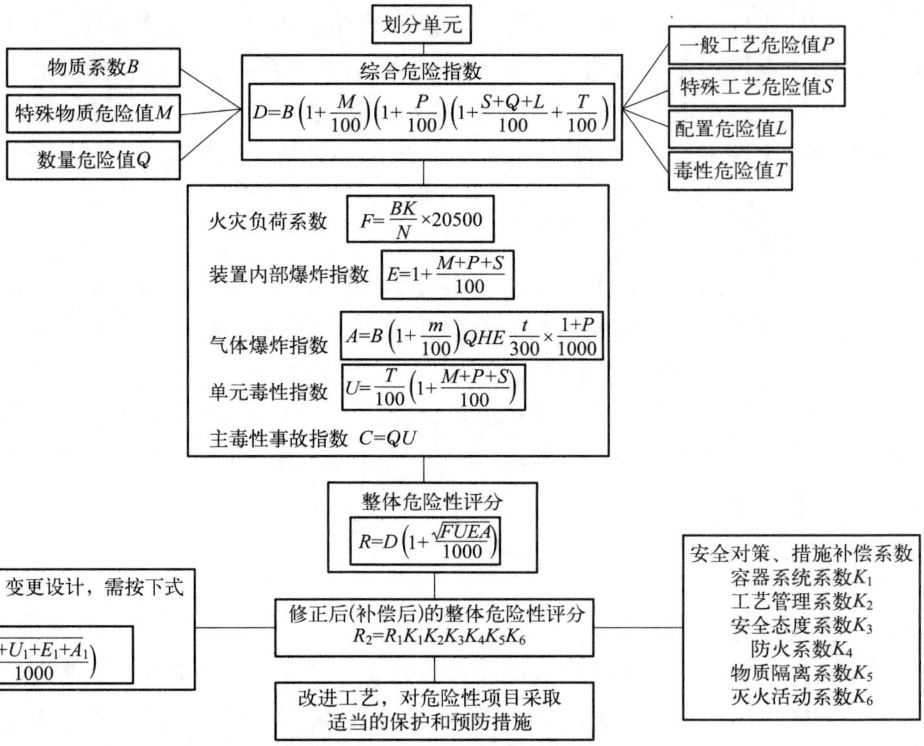

图 5-7 火灾、爆炸、毒性指数评价法评价程序

表 5-13 火灾负荷系数 F 及火灾持续时间

火灾负荷系数 $F/(\mathrm{Btu/ft^2})$	危险性程度	预计火灾持续时间/h	备注
$0\sim5\times10^4$	轻	1/4～1/2	
$5\times10^4\sim10^5$	低	1/2～1	住宅
$10^5\sim2\times10^5$	中等	1～2	工厂
$2\times10^5\sim4\times10^5$	高	2～4	

注：$1\mathrm{Btu/ft^2}=11.36\mathrm{kJ/m^2}$。

表 5-14 内部单元爆炸指数 E 及其分类

E 值	0～1	1～2.5	2.5～4	4～6	>6
程度	轻微	低	中等	高	非常高

表 5-15 气体爆炸指数 A 及其分类

A 值	0～10	10～30	30～100	100～500	>500
程度	轻	低	中等	高	非常高

表 5-16 单元毒性指数 U 及其分类

U 值	0～1	1～3	3～6	6～10	>10
程度	轻微	低	中等	高	非常高

表 5-17 主毒性事故指数 C 及其分类

C 值	0～20	20～50	50～200	200～500	＞500
程度	轻微	低	中等	高	非常高

表 5-18 整体危险性评分 R 及其分类

R 值	0～20	20～100	100～500	500～1100	1100～2500	2500～12500	12500～65000	＞65000
程度	缓和	低	中等	高 1 类	高 2 类	非常高	极端	非常极端

(4) 适用范围

适用于生产、储存和处理涉及易燃、易爆、有化学活性、有毒性的工艺过程及其有关工艺系统。

(5) 优缺点

① 优点：突出了毒性对评价单元的影响；在考虑火灾、爆炸、毒性危险方面的影响范围及安全补偿措施方面都较道化学法更全面；安全补偿措施强调了工程管理和安全态度，突出了企业管理的重要性，因而可对较广泛的范围进行更有效的评价。

② 缺点：因涉及大量参数的选取，在一定程度上影响了评价结果的准确性。

5.6 重大危险源

重大危险源是指长期地或临时地生产、加工、搬运、使用或储存危险物质，且危险物质的数量等于或超过临界量的单元。

5.6.1 重大危险源的识别

重大危险源的识别是根据危险源的三要素进行的。首先识别出危险源单元（储油区、库区、生产场所），根据储存的化学危险物品的品种和临界量以及事故灾害形势进行识别和确认。若化学危险品的品种多而数量少，可根据其加权平均数进行识别和确认。

重大危险源的识别公式：

$$\frac{q_1}{Q_1}+\frac{q_2}{Q_2}+\cdots+\frac{q_n}{Q_n}>1 \tag{5-14}$$

式中 $q_1, q_2, \cdots, q_n$——每一种危险品的实际量；

$Q_1, Q_2, \cdots, Q_n$——对应危险物品的临界量。

5.6.2 重大危险源单元定级

重大危险源单元定级的方法是用半数致死半径 $R_{0.5}$ 的长度来进行定级。即对某一个危险源单元，按照灾害形式如爆炸、火灾、毒物泄漏等计算其半数致死半径 $R_{0.5}$，从而确定该单元内所有储存物品的危险等级。

重大危险源按半数致死半径长度分级为：一级重大危险源（$R_{0.5}>200$m）；二级重大危险源（100m$<R_{0.5}\leqslant$200m）；三级重大危险源（50m$\leqslant R_{0.5}\leqslant$100m）；四级重大危险源（$R_{0.5}<$50m）。

半数致死半径 $R_{0.5}$ 根据爆炸、燃烧、中毒时主要对人体致害的因素（如爆炸的冲击波超压、燃烧的辐射热热通量和急性中毒的毒负荷）形成 50%死亡的概率所覆盖区域的半径来确定。

5.6.3 例题

【例题 4】 A 是甲企业的储罐，储存有物质 a，物质 a 的重大危险源辨识临界量为 200t，A 的设计储存容量为 250t，由于开工率不足，常年实际储量只有 150t。B、C、D 是乙企业的临时储存危险化学品的 3 个点，距离均在 500m 范围内，由于各种因素，B、C 点只在 1～7 月份储存有危险化学品；D 点只在 5～12 月份储存有危险化学品。3 个点的危险物质实际数量和临界量已经给出（见下表）。E 是丙企业的大型仓库，长 100m，宽 70m，在仓库内西北角储存有 60t 的危险物质，在仓库内，其旁边预留的场地尚可储存该物质约 60t，但需要等项目二期上马后。

运用重大危险源辨识方法，分析上面提到的甲、乙、丙企业这几个场所是否构成重大危险源。

储存点	存在量/t	临界量/t
B 点储存的危险物质	106	200
C 点储存的危险物质	90	100
D 点储存的危险物质	40	50
E 仓库储存的危险物质	60	100

答： ① 甲企业。A 储罐：实际储存量 150t＜200t（临界量），因此甲企业 A 储罐不是重大危险源。

② 乙企业。B、C、D 危险化学品储存点，距离在 500m 范围内，因此是一个单元。

1～4 月：106/200＋90/100＞1，因此是重大危险源。

5～7 月，106/200＋90/100＋40/50＞1，因此是重大危险源。

8～12 月，40t＜50t，因此不是重大危险源。

③ 丙企业。E 仓库，60t＜100t（临界量），因此不是重大危险源。

5.7 系统安全综合评价

在系统安全评价中有许多评价方法，而安全综合评价法则是从安全的角度出发，对研究对象进行的综合评价，其优越性在于使人们对整个系统或局部的安全状况有一个整体认识，使人们有目标、有重点地采取措施，掌握安全生产的主动权。在生产阶段进行安全评价的目的在于了解生产过程中的安全状况，并通过对安全状况的总体评价，指导下一时期的安全工作。这一阶段的安全性综合评价属于动态评价，是综合多因素的评价。进行安全性评价有利于区分轻重缓急，并有针对性地采取相应对策，真正落实“安全第一，预防为主”的方针。另外，进行安全性评价还有助于国家监察委员会对企业的安全生产进行宏观控制，进一步提高企业安全管理水平，使安全管理工作实现科学化和系统化。

(1) 累计加分法

这是一种多项目（因素）评价方法，是将评价各项所得的分值，采用加法累计，然后按其分值大小决定名次排序。这种评价方法简单易行，但往往忽视了主要项目的决定性作用，其结果不一定能反映客观现实。

(2) 算术平均法

这种方法是将各评价项目得的分值累加并用项目数去除，得平均分数，然后按平均分数的大小决定名次排序。此方法也比较简单，但也忽视了主要项目的决定性作用，评价结果一般和累计加分法相同。

(3) 连乘法

连乘法是将评价项目所得分数连乘，并按连乘积大小决定名次排序，值最大者为最优。这种评价方法的优点是：a. 当某评价指标得分为零时，则该评价对象的总分为零，立即被否定；b. 不同评价指标得分高低的差距大小，在该评价对象的总分中得到明显反映。因此，这种方法的实质是鼓励每个评价指标得分的差距愈小愈好，促使被评价单位（对象）全面加强管理工作。但这种评价法的缺点是仍然不突出主要项目（因素）的决定性作用。

(4) 连乘开方法

此种方法又叫化多因素为单因素法，是将 n 个项目的得分连乘后再开 n 次方，这种评价方法的缺点和连乘法一样，评价结果一般也和连乘法相同。

(5) 加权和法

这种方法是对各评价项目按其重要程度分配权数，用权数乘各项目得分并求和，而后按得分大小决定名次排序，得分最高者为最优。

5.8 安全评价的技术文件

(1) 安全评价数据采集分析处理原则

安全评价资料、数据的采集处理应遵循以下原则：首先应保证满足全面、客观、具体、准确的要求；其次应尽量避免索取不必要的资料，避免给企业带来不必要的麻烦。我国各阶段安全评价资料、数据应满足的一般要求见表 5-19。

表 5-19 安全评价所需资料、数据

资料类别	安全预评价	安全验收评价	安全现状评价	专项安全评价
有关法规、标准、规范	√	√	√	√
评价所依据的工程设计文件	√	√	√	—
厂区或装置平面布置图	√	√	√	√
工艺流程图与工艺概况	√	√	√	√
设备清单	√	√	√	√
厂区位置图及厂区周围人口分布数据	√	√	√	√
开车试验资料	—	√	√	√(有关的)
气体防护设备分布情况	√	√	√	√
强制检定仪器仪表标定资料	—	√	√	√(有关的)
特种设备检测与检验报告	—	√	√	√(有关的)

续表

资料类别	安全预评价	安全验收评价	安全现状评价	专项安全评价
近年来的职业卫生监测数据	—	√	√	√(有关的)
近年来的事故统计及事故记录	—	—	√	√(有关的)
气象条件	√	√	√	√
重大事故应急预案	√	√	√	√(有关的)
安全组织机构网络	√	√	√	√
校方组织、机构、装备	√	√	√	√
预评价报告	—	√	√	—
验收评价报告	—	—	√	—
安全现状评价报告	—	—		√
不同行业的其他资料要求	—	—		√

注：表中“√”表示该类评价需要该项资料。

(2) 安全评价数据的分析处理

① 数据收集　数据收集是进行安全评价最关键的基础工作，所收集的数据要以满足安全评价需要为前提。数据收集时要做好协调工作，尽量使收集到的数据全面、客观、具体、准确。

② 数据范围　收集数据的范围应以确定的评价边界为限，兼顾与评价项目相联系的接口。

③ 数据内容　一般分为：人力与管理数据、设备与设施数据、物料与材料数据、方法与工艺数据、环境与场所数据。

④ 数据来源　包括被评价单位提供的设计文件、生产系统实际运行状况和管理文件等其他法定单位提供的测量、检验、鉴定、检定、判定或评价的结果或结论等；评价机构或其委托的检测单位，通过对被评价项目或可类比项目实地检查、检测、检验得到的相关数据以及通过调查、取证得到的安全技术和管理数据；相关的法律法规、标准、规范、事故案例、材料或物性数据及救援知识。

⑤ 数据的真实性和有效性控制。

⑥ 数据汇总及数理统计。

⑦ 数据分类。

⑧ 数据结构（格式）。

⑨ 数据处理。

⑩“异常值”和“未检出”的处理。

5.9 安全评价的现状与发展

5.9.1 国外安全评价概况

安全评价技术起源于20世纪30年代，是随着保险业的发展需要而发展起来的。保险公司为客户承担各种风险，必然要收取一定的费用，而收取的费用多少是由所承担的风险大小决定的。因此，就产生了一个衡量风险程度的问题，这个衡量风险程度的过程就是当时的美国保险协会所从事的风险评价。

安全评价技术在20世纪60年代得到了很大的发展，首先应用于美国军事工业。1962年4月美国公布了第一个有关系统安全的说明书“空军弹道导弹系统安全工程”。1969年美国国防部批准颁布了最具有代表性的系统安全军事标准《系统安全大纲要点》（MIL-STD-822），对完成系统在安全方面的目标、计划和手段，包括设计、措施和评价，提出了具体要求和程序，此项标准于1977年修订为MIL-STD-822A，1984年又修订为MIL-STD-822B，该标准对系统整个寿命周期中的安全要求、安全工作项目都作了具体规定。MIL-STD-822系统安全标准的实施对世界安全和防火领域产生了巨大影响，迅速为日本、英国和欧洲其他国家引进使用。此后，系统安全工程方法陆续推广到航空、航天、核工业、石油、化工等领域，并不断发展、完善，成为现代系统安全工程的一种新的理论、方法体系，在当今安全科学中占有非常重要的地位。

1964年美国道（DOW）化学公司根据化工生产的特点，首先开发出“火灾、爆炸危险指数评价法”，用于对化工装置进行安全评价。1974年英国帝国化学公司（ICI）蒙德（Mond）工厂在道化学公司评价方法的基础上引进了毒性概念，并发展了某些补偿系数，提出了“蒙德火灾、爆炸、毒性指标评价法”。1974年美国原子能委员会在没有核电站事故先例的情况下，应用系统安全工程分析方法，提出了著名的《核电站风险报告》（WASH-1400），并被以后发生的核电站事故所证实。1976年日本劳动省颁布了“化工厂安全评价六阶段法”，该法采用了一整套系统安全工程的综合分析和评价方法，使化工厂的安全性在规划、设计阶段就能得到充分的保证，并陆续开发了匹田法等评价方法。由于安全评价技术不断发展，因此它已在现代生产经营单位管理中占有优先的地位。

由于安全评价在减少事故特别是重大恶性事故方面取得的巨大效益，许多国家政府和生产经营单位愿意投入巨额资金进行安全评价，美国原子能委员会1974年发表的《核电站风险报告》就用了70人·年的工作量，耗资300万美元，相当于建造一座1000兆瓦核电站投资的1%。当前，大多数工业发达国家已将安全评价作为工厂设计和选址、系统设计、工艺过程设计、事故预防措施制定及应急计划制订的重要依据。近年来，为了适应安全评价的需要，世界各国开发了包括危险辨识、事故后果模型选择、事故频率分析、综合危险定量分析等内容的商用化安全评价计算机软件包，随着信息处理技术和事故预防技术的进步，新的实用安全评价软件不断地进入市场。计算机安全评价软件包可以帮助人们找出导致事故发生的主要原因，认识潜在事故的严重程度，并确定降低危险的方法。

另外，20世纪70年代以后世界范围内发生了许多令人震惊的火灾、爆炸、有毒物质的泄漏事故。恶性事故造成的严重的人员伤亡和巨大的财产损失，促使各国政府、议会立法或颁布规定，规定工程项目、技术开发项目都必须进行安全评价，并对安全设计提出明确的要求。日本《劳动安全卫生法》规定由劳动基准监督署对建设项目实行事先审查和许可证制度；美国对重要工程项目的竣工、投产都要求进行安全评价；英国政府规定，凡未进行安全评价的新建生产经营单位不准开工；欧共体1982年颁布《关于工业活动中重大危险源的指令》，欧共体成员国陆续制定了相应的法律；国际劳工组织（ILO）也先后于1988年颁布《重大事故控制指南》，于1990年颁布《重大工业事故预防实用规程》，于1992年颁布《工作中安全使用化学品实用规程》，对安全评价提出了要求。2002年欧盟《未来化学品政策战略》白皮书中，明确危险化学品的登记及风险评价，为政府的强制性指令。

5.9.2 我国安全评价现状

20 世纪 80 年代初期，安全系统工程被引入我国，受到许多大中型生产经营单位和行业管理部门的高度重视。通过吸收、消化国外安全检查表和安全分析方法，机械、冶金、化工、航空、航天等行业的有关生产经营单位开始应用安全分析评价方法，如安全检查表（SCL）、事故树分析（FTA）、故障类型和影响分析（FMFA）、事件树分析（ETA）、预先危险性分析（PHA）、危险与可操作性分析（HAZOP）、作业条件危险性评价（LEC）等，有许多生产经营单位将安全检查表和事故树分析法应用到生产班组和操作岗位。此外，一些石油、化工等易燃、易爆危险性较大的生产经营单位，应用道化学公司火灾、爆炸危险指数评价方法进行了安全评价，许多行业和地方政府有关部门制定了安全检查表和安全评价标准。

为推动和促进安全评价方法在我国生产经营单位安全管理中的实践和应用，1986 年劳动人事部分别向有关科研单位下达了机械工厂危险程度分级、化工厂危险程度分级、冶金工厂危险程度分级等科研项目。

1987 年机械电子部首先提出了在机械行业内开展机械工厂安全评价，并于 1988 年 1 月 1 日颁布了第一个部颁安全评价标准《机械工厂安全性评价标准》，标志着我国机械工业安全管理工作进入了一个新的阶段。由原化工部劳动保护研究所提出的化工厂危险程度分级方法是在吸收道化学公司火灾、爆炸危险指数评价方法的基础上，通过计算物质指数、物量指数和工艺参数、设备系数、厂房系数、安全系数、环境系数等，得出工厂的固有危险指数，进行固有危险性分级，用工厂安全管理的等级修正工厂固有危险等级后，得出工厂的危险等级。

1991 年国家“八五”科技攻关课题中，安全评价方法研究被列为重点攻关项目。由原劳动部劳动保护科学研究所等单位完成的“易燃、易爆、有毒重大危险源识别、评价技术研究”，将重大危险源评价分为固有危险性评价和现实危险性评价。根据劳动部〔1988〕48 号文的有关规定，在借鉴国外安全性分析、评价方法的基础上，开始了建设项目安全预评价实践。经过几年的实践，在初步取得经验的基础上，1996 年 10 月劳动部颁发了第 3 号令，规定六类建设项目必须进行劳动安全卫生预评价。

2002 年 1 月 9 日中华人民共和国第 344 号国务院令发布了《危险化学品管理条例》，在规定了对危险化学品各环节管理和监督办法等的同时，提出了“生产、储存、使用剧毒化学品的单位，应当对本单位的生产、储存装置每年进行一次安全评价；生产、储存、使用其他危险化学品的单位，应当对本单位的生产、储存装置每两年进行一次安全评价”的要求。2002 年 6 月 29 日中华人民共和国第 70 号主席令颁布了《中华人民共和国安全生产法》，规定生产经营单位的建设项目必须实施“三同时”，同时还规定矿山建设项目和用于生产、储存危险物品的建设项目应进行安全条件论证和安全评价。《危险化学品管理条例》和《中华人民共和国安全生产法》的颁布，必将进一步推动安全评价工作向更广、更深的方向发展。

国务院机构改革后，国家安全生产监督管理总局重申要继续做好建设项目安全预评价、安全验收评价、安全现状综合评价及专项安全评价。国家安全生产监督管理总局陆续发布了《安全评价通则》及各类安全评价导则，对安全评价单位资质重新进行了审核登记，并通过安全评价人员培训班和专项安全评价培训班对全国安全评价从业人员进行培训和资格认定，使得安全评价更加有章可依，从业人员素质大大提高，为新形势下的安全评价工作提供了技术和质量保证。

国家安全生产监督管理总局，该机构作为安全评价行业监管的重要过渡部门，通过规范机构资质来把控安全评价行业质量，发布的关键文件为《安全评价机构管理规定》（总局令第 22 号）。此文件于 2009 年发布，后续分别在 2013 年、2015 年两次修正，是当时安全评价行业的核心监管依据。其核心内容包括：确立安全评价机构甲级、乙级两级资质许可制度，明确了甲乙级机构的固定资产、专职评价师数量及职称等不同资质条件；划定甲级机构可全国范围内开展业务，乙级机构仅限本省域内执业的业务范围边界；还规定国务院审批项目、跨省项目等必须由甲级机构承担，同时明确了资质申请、审核、审批的完整流程，为安全评价机构的规范化运营奠定了制度基础。

应急管理部承接监管职责后，在原有制度基础上进一步完善规范，发布的文件既衔接过往又适配行业新变化，核心文件及补充通知如下。

《安全评价检测检验机构管理办法》（应急管理部令第 1 号），2019 年发布，2019 年 5 月 1 日起施行。该文件不仅涵盖安全评价机构，还将安全生产检测检验机构纳入统一监管范畴。相比之前的规定，大幅提高了机构资质门槛，例如要求安全评价机构固定资产不少于 800 万元，工作场所建筑面积不少于 1000 平方米；细化了专职安全评价师的配备标准，明确不同业务范围的人员配比要求，同时新增机构需建立可公众查询的网站、法定代表人出具责任承诺书等要求，进一步强化了机构的责任意识和公开透明度。

《关于明确〈安全评价检测检验机构管理办法〉有关事项的通知》（应急〔2024〕111 号），这是 2024 年 12 月发布的补充通知。结合安全评价师退出《国家职业资格目录》的改革实际，明确“专职安全评价师”可包含取得安全评价师职业资格或中级注册安全工程师职业资格的人员，解决了改革后人员资质认定的衔接问题，同时强调资质认可机关需严格把关人员资格，确保行业监管在改革过渡阶段不脱节，保障安全评价服务质量稳定。

复习思考题

1. 什么是安全评价？它包括哪些内容？它和安全分析有何联系？

2. 安全评价原理有哪些？

3. 简述系统安全评价的程序。

4. 道化学火灾、爆炸指数评价法与蒙德法有何区别和联系？

5. 在道化学火灾、爆炸指数评价法中，某一工艺单元物质系数 MF 为 10，一般工艺危险系数 F_1 为 2.5，特殊工艺危险系数 F_2 为 4.0，请计算该工艺单元危险系数和火灾爆炸指数。

第6章

安全管理工程

安全管理是企业管理的重要组成部分，其主要任务是在国家安全生产方针的指导下分析和研究生产过程中存在的各种不安全因素，从技术上、组织上和管理上采取有效措施，解决和消除不安全因素，防止事故发生，保障职工的人身安全和健康，以及国家财产安全，保证生产顺利进行。

6.1 概述

6.1.1 安全管理概述

(1) 安全管理的定义

多年来，许多管理学家根据自己的理解给管理下了许多意义相异的定义，形成了众多的管理学流派。但多数学者认为管理就是管理者经济地、有效地运用组织的各种资源，通过计划、组织、指挥、协调和控制等一系列行为活动使组织成功达到某种目的的过程。由此得出安全管理的定义：安全管理是管理者对安全生产进行的计划、组织、监督、协调和控制的一系列活动。其目的是保护职工在生产过程中的安全与健康，保护国家和集体的财产不受损失，促进企业改善管理，提高效益，保障事业的顺利发展。具体来看，安全管理就是利用管理的活动，将事故预防、应急措施和保险补偿三种手段有机地结合在一起，以达到保障安全的目的。

(2) 安全管理的发展过程

18 世纪中叶，蒸汽机的发明引起了工业革命，传统的手工业劳动逐渐为大规模的机器生产所代替。机器的生产率和使用率大大提高，与此同时也增加了伤害的可能，加之资本主义初期，资本家为了榨取最大利润，采用提高劳动强度、延长工作时间等各种不同手段压榨剥削工人，导致工人罢工反抗，最终资本家不得不做出最基本的让步，并颁布了一些安全法规。但从 20 世纪 30 年代开始，国外企业配备专职安全人员，建立安全教育、管理和技术体系并逐渐完善。到了 20 世纪 50 年代，发达国家对工业化进程发展造成的影响进行了反思，并关注了劳动者的工作条件及安全状况。20 世纪 70 年代迎来了针对劳动安全卫生的立法高潮，美、英、日等国的劳动安全卫生法等都是在这一时期建立的。此后由于现代工业和航天技术的急速发展，全球范围内的重大事故不断发生，如苏联切尔诺贝利核电站泄漏事件、美国“挑战者”号航天飞机故障爆炸事故等，都引起了强烈的社会反响。到20世纪末，国际上提出的“可持续发展”理念，表明了劳动者是发展的创造者和受益者，他们的劳动卫生安全理应得到积极的保护。到了21世纪，安全形势仍然是一个严峻的状态，其中一个重要原因就是安全管理不科学、不到位，主要表现为事故灾害后果依然严重、人因事故比例的增加以及重大责任事故的频发。在社会化大生产的发展过程中，产品种类和生产规模不断扩大，技术不断更新，新设备、新工艺、新材料不断被采用。这些一方面提高了生产效率，但另一方面也不断地增加了新的危害和危险。随着工业的日益发展，伤亡事故日益增多，职业危害也日益严重。而生产规模越大、技术越新，一旦发生事故，其危害也就越大，所以安全的呼声越来越高。特别重大事故如2009年黑龙江龙煤集团鹤岗分公司新兴煤矿发生煤与瓦斯突出事故；2015年8月，位于天津市滨海新区天津港的瑞海国际物流有限公司危险品仓库发生火灾爆炸事故。

在社会化大生产的情况下，如果仅靠劳动者个人凭着经验和直觉就想保证生产中的安全是不可能的。必须实行有组织、有计划的安全管理，并辅以发展安全技术和劳动卫生才有可能不断提高安全生产水平，尽可能减少事故伤害和职业危害。因此，有组织的安全管理是伴随着社会化大生产产生和发展起来的。

21世纪，我国的安全管理工作应抓住这几个方面的问题：一是做好劳动安全卫生的立法工作；二是结合现代企业安全管理制度，推行职业安全健康管理体系标准；三是稳定和壮大劳动安全技术力量，逐步走向社会化服务；四是劳动安全卫生与工伤保险密切结合。

(3) 安全管理的分类

安全管理根据主体、范围和对象的不同可分为宏观安全管理、微观安全管理、狭义安全管理、广义安全管理四大类。

① 宏观安全管理　从总体上看，凡是保障和推进安全生产的一切管理措施和活动都属于安全管理的范畴，即泛指国家从政治、经济、法律、体制、组织等各方面所采取的措施和活动。安全管理工作者对国家有关安全生产的方针、政策、法规、标准、体制、组织结构以及经济措施等均应有深刻的理解和全面的掌握。

② 微观安全管理　企业作为安全管理的主体，即指经济和生产管理部门以及企事业单位所进行的具体的安全管理活动，通俗地说就是关于企业安全管理的学问。

③ 狭义安全管理　它是直接以生产为对象的安全管理。即在生产过程或与生产有直接关系的活动中防止意外伤害和财产损失的管理活动，也称为安全生产管理。

④ 广义安全管理　泛指一切保护劳动者安全健康、防止国家财产受到损失的管理活动。不仅以生产经营活动为对象，而且包括服务、消费活动等涉及的安全管理活动。从这个意义上讲，安全管理不但要防止劳动中的意外伤亡，也要与危害劳动者健康的一切因素进行斗争。

6.1.2 现代安全管理的特征和主要内容

(1) 现代安全管理的特征

现代安全管理的一个重要特征就是强调以人为中心的安全管理，把安全管理的重点放在激励职工的士气以及发挥其能动作用方面。人是生产力诸要素中最活跃和起决定性作用的因素。要把保障职工的生命安全作为安全工作的首要任务，充分调动每个职工的主观能动性和创造性，让职工人人主动参与安全管理。

现代安全管理的另一个重要特征，是强调全面安全管理。从企业的整体出发，把管理重点放在整体效应上，实行全员、全过程、全方位的安全管理，使企业达到最佳的安全状态。

① 全员安全管理　实现安全生产必须要求职工人人参加。在充分发挥专业安全管理人员骨干作用的同时，吸引全体职工参加安全管理，充分调动和发挥广大职工的安全生产积极性。其中，企业最高领导人是安全工作的第一责任人，安全生产责任制通过明确各级人员职责，为全员参加安全管理提供了制度上的保证。近年来还推广了许多动员和组织广大职工参加安全管理的新形式，如安全目标管理等。

② 全过程安全管理　在企业生产经营活动的全过程中都要进行安全管理，识别、评价和控制可能出现的危险因素。一个产品从工程计划、厂址选择、设计、施工、试车、投产、检验、销售、维修、服务到更新、报废、扩大再生产的全过程都要进行安全管理。

③ 全方位安全管理　一个企业除了生产全过程外，还有许多间接为生产服务的工作部门。各个部门本身都有安全问题，都存在不安全因素，都有发生伤亡事故的危险性。因此，在任何时候和从事任何工作，都要考虑安全问题，必须进行安全管理。安全管理不仅是专业安全管理部门的事情，党、政、工、团也必须齐抓共管。

(2) 现代安全管理的主要内容

安全管理要实现客观所赋予的任务，就需要在遵循正确的指导原则的前提下做许多工作。其主要内容大体分为四个方面：

① 管理体制和基础工作　安全管理体制包括纵向的专业管理、横向的各职能部门管理和与群众监督相结合的组织协调管理形式，以及企业安全生产责任制。基础工作包括规章制度的建设，标准化工作，生产前的安全评价和管理，工人和干部的系统培训教育，安全技术措施的制定和实施，定期或不定期的安全检查，管理方式、方法和手段的改进研究，以及有关安全情报资料的收集分析，安全生产暴露出的疑难问题的提出等。

② 生产建设过程中的动态安全　企业的生产、检修、施工等过程以及设备的安全保证问题，构成了企业动态安全管理的主要部分。安全生产过程中最核心的是工艺安全、操作安全，这是生产企业管理的重点。检修过程安全包括全厂停车大修，车间系统停车大修，单机大、中、小修，以及应急抢修等不同情况的安全问题，必须列为安全管理的重要内容。经验表明，在检修和抢修情况下发生的死亡事故占 1/3 以上。施工过程安全，特别是企业的扩建、改造工程，往往是在不停产的情况下进行施工，同检修安全一样，都要列为安全管理的重要内容。

③ 信息、预测和监督　事故管理实质上起着信息收集、整理、分析和反馈的作用。安全分析和预测，是通过分析、发现和掌握安全生产的某些规律及趋势，作出预测、预报。监督、检查安全规章制度的执行情况，发现安全生产责任制执行中的问题，为加强动态管理提供依据。

④ 安全管理要逐步实现四化　从历史经验教训看，必须处理好以下四个方面的问题：

a. 法制化。实现安全管理法制化是贯彻、执行国家法律的需要，也是保证工业生产根本利益的需要。为了保证生产劳动要素、劳动力、原材料和工具设备的安全，必须依照法律、法令、规定和生产规章制度的要求进行安全生产。国家和政府的有关法律、法令正是强制人们提高对安全生产科学性的认识，对违反科学、冒险蛮干以及不关心员工生命安全和身体健康的现象加以制约的重要方式。

b. 标准化。标准化是一项综合性的基础工作，对保证安全生产以及提高经济效益有着重要作用。安全标准是指与人身、设备、操作、生产环境和生产活动等安全方面有关的标准、规程、规范。企业标准化工作，是企业实现科学管理的基础。

c. 规范化。企业安全管理，除属于标准化内容的范围应按照专门要求进行外，其他一切行为、活动均应依照规章制度进行。企业应根据国家及行业主管部门颁布的条例、规定及其细则的要求，制定出满足上述要求并结合企业实际情况的各种规章制度。安全管理规范化以保证生产安全为目的，是企业活动的行为准则之一。

d. 系统化。企业安全管理是管理系统的一个子系统。安全管理系统化是基于安全管理的任务和内容的系统性特点提出来的。一些企业的安全管理工作远未达到系统化的要求，使许多安全问题未列入安全管理之列，这主要是因为没有从系统管理的角度考虑，而是从生产单一产品的观点来处理安全生产，必然会出现局限性和后遗症。系统化的建立必须使人们的传统观念改变，学习和掌握系统的理论知识，确立全员、全面、全过程和全方位的安全系统管理。

6.2 安全管理的基本原理

安全管理的基本原理主要有系统原理、人本原理、预防原理和强制原理。

6.2.1 系统原理

(1) 系统原理的含义

系统就是由若干相互作用且相互依赖的部分组合而成，具有特定功能，并处于一定环境中的有机整体。任何管理对象都是一个系统，它包含若干分系统或子系统，而又隶属于一个更大的系统，同时又和外界的其他系统发生着横向的联系。为了达到现代化管理的优化目标，就必须运用系统理论，对管理进行系统分析，这就是管理的系统原理。

系统原理是现代管理学中的一个最基本的原理。它是指人们在从事管理工作时，运用系统理论、观点和方法对管理活动进行充分的系统分析，以达到管理的优化目标，即用系统论的观点、理论和方法来认识和处理管理中出现的问题。

(2) 运用系统原理的原则

① 动态相关性原则　动态相关性原则告诉人们，构成管理系统的各要素是运动和发展的，它们相互联系又相互制约。显然，如果管理系统的各要素都处于静止状态，就不会发生事故。

② 整分合原则　现代高效率的管理必须在整体规划下明确分工，在分工基础上进行有效的综合，这就是整分合原则。运用该原则，要求企业管理者在制定整体目标以及进行宏观决策时必须将安全生产纳入其中，在考虑资金、人员和体系时都必须将安全生产作为一项重要内容。

③ 反馈原则　成功的高效管理，离不开灵活、准确、有力、迅速的反馈，这就是反

馈原则。现代企业管理是一项复杂的系统工程，其内部条件和外部环境都在不断变化。所以，管理系统要实现目标，必须根据反馈及时了解这些变化，从而调整系统的状态，保证目标的实现。

④ 弹性原则　管理是在系统外部环境和内部条件千变万化的形势下进行的，管理必须要有很强的适应性和灵活性，才能有效地实现动态管理，这就是弹性原则。管理有弹性就是当系统面临各种变化的情况时，管理能机动灵活地做出反应以适应变化，使系统得以生存并求得发展。

⑤ 封闭原则　任何一个系统的管理手段、管理过程等必须构成一个连续封闭的回路，才能形成有效的管理运动，这就是封闭原则。任何一个管理系统，仅具备决策指挥中心和执行机构是不足以实施有效的管理的，必须设置监督机构和反馈机构。监督机构对执行机构进行监督，反馈机构感受执行效果的信息并对信息进行处理，再返送回决策指挥中心，决策指挥中心据此发出新的指令，这样就形成一个连续封闭的回路，如图 6-1 所示。

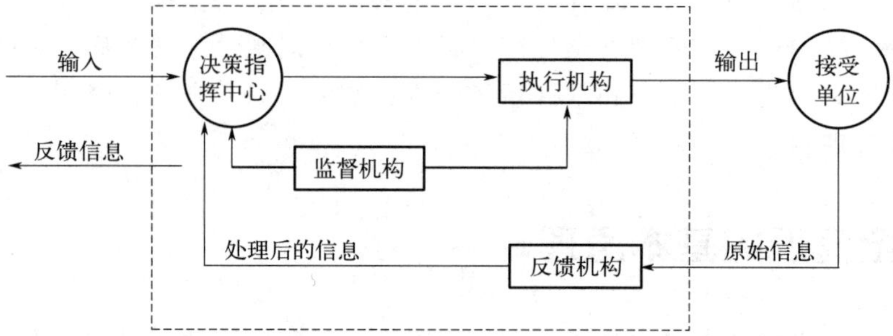

图 6-1　管理系统的基本封闭回路图

6.2.2　人本原理

（1）人本原理的含义

管理以人为主体，以调动人的积极性为根本，这就是人本原理。管理作为一种社会活动，是以人为本展开的。人既是管理的主体（管理者），同时又是管理的客体（被管理者），每个人都处在一定的管理层次上，既管理他人，又被他人管理，上下衔接形成一条以人为本的管理链，如图 6-2。离开人，就无所谓的管理。在管理活动中，作为管理对象的诸要素和管理过程的诸环节，都是需要人去掌握、动作、推动和实施的。因此，为了发挥人本原理的作用，应该根据人的思想和行为规律，运用各种激励手段，充分发挥人的积极性和创造性，挖掘人的内在潜力。

（2）运用人本原理的原则

① 能级原则　能级原则是现代物理学中的一个重要概念。处于稳定状态的原子，其中的电子分别具有一定的能量，分布在一些确定的轨道上绕核运转，这些轨道所对应的能量数值是不连续的，是按大小分级排列的，称为“能级”。一个稳定且高效的管理系统必须是由若干分别具有不同能级的不同层次有规律地组合而成的，这就是能级原则。能级原则确定了系统建立组织结构以及安排使用人才的原理。稳定的管理能级结构如图 6-3 所示，该管理三角形一般分为四个层次，即经营决策层、管理层、执行层和操作层。四个层次能级不同，使命各异，必须划分清楚，不可混淆。

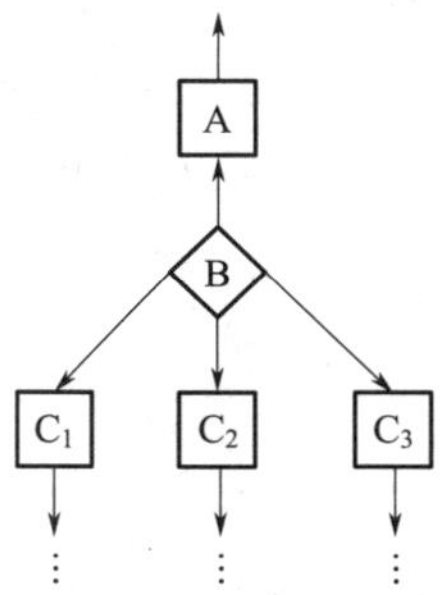

图 6-2　以人为本的管理链

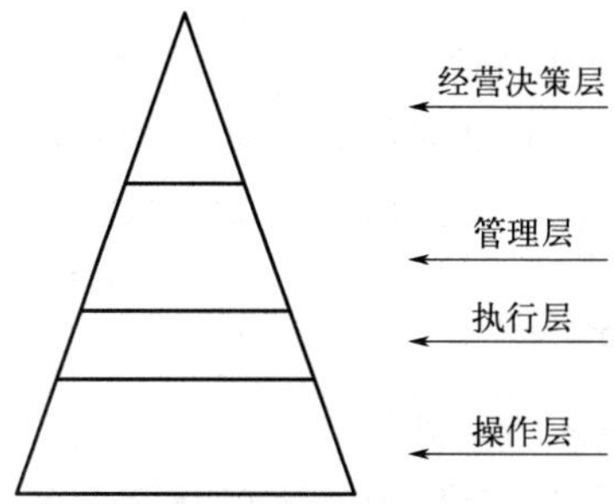

图 6-3　稳定的管理能级结构图

② 动力原则　所谓动力原则，是指管理必须有强大的动力，而且要正确地运用动力，才能使管理运动持续且有效地进行下去，即管理必须有激发人的工作能力的动力。为了充分调动人的积极性，除了一些别的条件外，还必须有强大的动力。动力原则在很大程度上决定了其他原则的效能。例如能级原则必须有充分的能源才能实现，没有强大的动力，能级就可能蜕化为封建等级。

③ 激励原则　所谓激励原则，是指以科学的手段激发人的内在潜力，充分发挥出人的积极性和创造性。为了实现激励，必须研究人的行为规律。现代管理科学的研究表明，人的行为产生于动机，而动机产生于需要。当人们的某种需要产生时，心理上就会产生一种不安和紧张状态，即激励状态，从而造成一种内在的驱动力，这就是动机。动机导致行动，行动指向目标，目标达到后，需要即得到满足，激励状态解除，然后又会产生新的需要，如此周而复始，直至无穷。这一行为规律如图 6-4 所示。

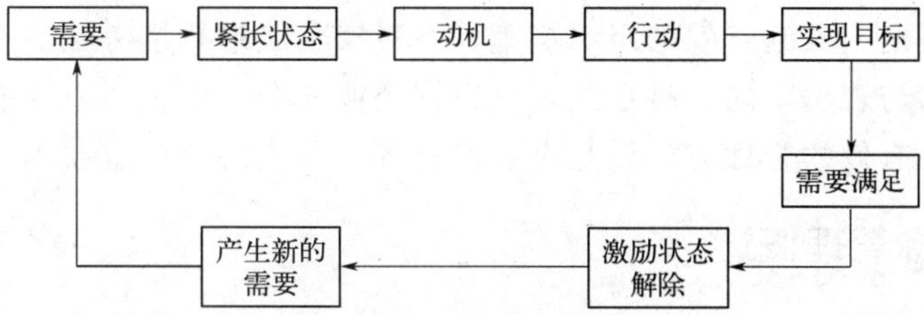

图 6-4　激励过程

6.2.3　预防原理

(1) 预防原理的含义

安全生产管理工作应该做到预防为主，通过有效的管理和技术手段防止人的不安全行为和物的不安全状态，这就是预防原理。在可能发生人身伤害、设备或设施损坏和环境破坏的场合，事先采取措施，防止事故发生。

(2) 运用预防原理的原则

① 偶然损失原则　事故后果以及后果的严重程度，都是随机的、难以预测的。反复发生的同类事故，并不一定产生完全相同的后果，这就是事故损失的偶然性。偶然损失原则告诉人们，无论事故损失大还是小，都必须做好预防工作。

② 因果关系原则　事故的发生是许多因素互为因果连续发生的最终结果。只要诱发

事故的因素存在，发生事故是必然的，只是时间或迟或早而已，这就是因果关系原则。

③ 本质安全化原则　本质安全化原则，是指从一开始和从本质上实现安全化，从根本上消除事故发生的可能性，从而达到预防事故发生的目的。本质安全化原则不仅可以应用于设备、设施，还可以应用于建设项目。

6.2.4 强制原理

（1）强制原理的含义

采取强制管理的手段控制人的意愿和行为，使个人活动、行为等受到安全生产管理要求的约束，从而实现有效的安全生产管理，这就是强制原理。所谓强制就是绝对服从，不需要管理者同意便可采取控制行动。

（2）运用强制原理的原则

① 安全第一原则　要求生产经营单位在开展生产时，把安全工作放在一切工作的首要位置。当生产和其他工作与安全发生矛盾时，要以安全为主，生产和其他工作要服从安全。

② 监督原则　在安全工作中为了使安全生产法律法规得到落实，必须设立安全生产监督管理部门，对企业生产中的守法情况进行监督。

6.3 安全目标管理

安全目标管理是目标管理在安全管理方面的应用。它是指企业内部各个部门以至每位职工，从上到下围绕企业安全生产的总目标，层层展开各自的目标，确定行动方针，安排安全工作进度，制定、实施有效的组织措施，并对安全成果严格考核的一种管理制度。安全目标管理是“参与管理”的一种形式，是根据企业安全工作目标来控制企业安全管理的一种民主、科学、有效的管理方法，是企业实行安全管理的一项重要内容。

6.3.1 安全目标管理概述

（1）目标和作用

任何一个组织都是为实现一定的目的而组成的，并在一定时期内为达到一定的目的而工作。目标正是组织构成、活动目的的具体体现。例如，企业以生产高质量的畅销产品，提供优质的服务，使顾客满意，从而赢得高利润为目标；学校以培养能满足社会需求的人才为目标。目标在企业管理中具有重要作用，主要体现在以下几个方面：

① 导向作用　管理的基本职能是为组织确定目标。组织的目标确定之后，组织内的一切活动就应围绕目标的实现而开展，一切人员均应为实现目标而努力工作，组织内各层次人员的关系也应围绕目标的实现而进行调节。

② 组织作用　管理是一种群体活动，不论组织的目的是什么，组织构成的复杂程度如何，要达到组织的目标必须把其成员组织起来，共同劳动、协作配合。共同劳动就必然要有共同的目标，否则人们就难以形成共同协作的意愿和团结奋斗的集体，组织也就失去了凝聚力。

③ 激励作用　激励是激发人的行为动机的心理过程，就是调动人的积极性，激发人

的内在动力。目标的激励作用主要表现在三个方面：一是在目标确定后，由于它能使人明确方向，看到前景，因而能起到鼓舞人心、振奋精神、激发斗志的作用；二是在目标执行过程中，由于目标的制定都具有一定的先进性和挑战性，在实际工作中必须通过一定的努力才能达到，因而有利于激发人们的积极性和创造性；三是在目标实现以后，由于人们的愿望和追求得到了实现，同时也看到了自己的预期结果和工作成绩，因而在心理上会产生一种满足感和自豪感，这样就会激励人们以更大的热情和信心去承担新的任务，达到新的目标。

④ 计划作用　计划是管理的首要职能，目标的规划和制定是计划工作的首要任务。只有组织的总目标确定之后，以总目标为中心逐级分解产生各级分目标，并制订出达到目标的具体步骤和方法，才能规范人们的行为，使各级人员按计划工作。

⑤ 控制作用　控制是管理的重要职能之一，它是通过对计划实施过程进行监督、检查、追踪、反馈和纠偏，从而保证目标圆满完成的一系列活动。目标的设置为控制指明了方向，提供了标准，使组织内部人员在工作中自觉地按目标调整自己的行为，以期圆满完成目标。

(2) 安全目标管理概念

安全目标管理就是在一定的时期（通常为一年）内，根据企业经营管理的总目标，从上到下地确定安全工作目标，并为达到这一目标制定一系列对策、措施，开展一系列的计划、组织、协调、指导、激励和控制活动。

安全目标管理的基本内容是：年初企业的安全部门在高层管理者的领导下，根据企业经营管理的总目标，制定安全管理的总目标，然后经过协商，自上而下层层分解，制定各级、各部门直到每个职工的安全目标和为达到目标的对策、措施。在制定和分解目标时，要把安全目标和经济发展指标捆在一起同时制定和分解，还要把责、权、利逐级分解，做到目标与责、权、利的统一。通过开展一系列组织、协调、指导、激励、控制活动，依靠全体职工自下而上的努力，保证各自目标的实现，最终保证企业总安全目标的实现。年末对实现目标的情况进行考核，给予相应的奖惩，并在此基础上进行总结分析，再制定新的安全目标，进入下一年度的循环。

为了有效地实行安全目标管理，必须深刻理解它的实质，为此应准确把握它的以下特点：

① 安全目标管理是重视人、激励人、充分调动人的主观能动性的管理。管理以人为本体，管理的主客体都是人，有效的管理必须充分调动人的主观能动性。传统的安全管理是命令指示型的管理，上级要求下级搞好安全生产，但没有明确的指标要求，也缺乏具体的指导帮助。

② 安全目标管理是信任指导型的管理，它在管理思想上实现了根本的变革。所谓“目标”就是想要达到的境地和指标，设定目标并使之内化就会激励人产生强大的动力，为实现既定目标而奋斗不息。实行安全目标管理，依靠目标的激励作用，就可以把消极被动地接受任务，变为积极主动地追求目标的实现。

③ 安全目标管理的激励作用不但应体现在“目标”本身，还应贯彻在管理的全部过程和所有环节中。譬如安全目标要与经济发展指标挂钩，使之提高到同等地位；要做到安全目标与责、权、利的统一，安全目标与奖惩挂钩，实现管理的封闭；要把安全指标作为

否定性的指标，达不到目标的不能晋级调档，不能评先进等。简言之，既然安全目标管理是基于激励原理的管理，只有充分利用一切激励的手段，才能充分发挥它的优越性，取得最好的效果。

6.3.2 安全目标管理分类

由于任何安全管理活动都要确定自己的安全管理目标，所以安全目标管理必然有丰富的外延，可按各种标准进行分类。以下仅列举几种主要类型：

① 按安全管理的领域分类　安全目标管理可分为安全生产目标管理、安全教育目标管理、安全检查目标管理和安全文化目标管理等。在实际安全管理过程中，以上类型还可细分，如安全生产目标管理又可分为公共安全技术目标管理、设备安全技术目标管理和电气安全技术目标管理等。

② 按安全管理的职能分类　安全目标管理可分为安全目标决策、安全目标计划、安全目标组织、安全目标协调、安全目标监督和安全目标控制等。上述各种安全目标管理职能，就一项安全管理的全过程来说，它们是一致的，但就各项安全管理职能的具体行使阶段和行使部门来说，在内容的侧重点上又有所区别。

③ 按安全管理的层次分类　安全目标管理可分为高层安全目标管理、中层安全目标管理和基层安全目标管理。上述三类目标是相对而言的。如从全国范围来说，国家安全生产监督管理总局的安全目标管理是高层安全目标管理，各企业的安全目标管理是基层安全目标管理，而就一个企业来说，企业的安全目标管理则是高层安全目标管理，车间和班组安全目标管理是中层和基层安全目标管理。

④ 按安全目标管理的实现期限分类　安全目标管理可分为长期安全目标管理、中期安全目标管理和短期安全目标管理。一般来说，期限在 5～10 年的为长期安全目标管理，期限在 2～3 年的为中期安全目标管理，期限在 1 年以内的为短期安全目标管理。

6.3.3 安全目标制定

制定目标是目标管理的第一步工作。目标是目标管理的依据，因此制定既先进又可行的安全目标是安全目标管理的关键环节。

(1) 制定安全目标的原则

安全目标的制定必须坚持正确的原则，主要原则如下：

① 科学预测原则　安全目标的制定，必须要以科学的预测为前提。只有进行科学的预测，才能准确地掌握安全管理系统内部和外部的信息，才能预见事物的未来发展趋势，从而为安全目标的确定提供科学且可靠的依据。因此，在安全目标的制定中，不仅要进行深入实际的调查研究，还要运用先进的预测手段，做到定性预测与定量预测相结合，从而保证安全目标的科学性和可行性。

② 职工参与原则　安全目标的制定，不应只是企业领导者、安全管理者的事，还应当广泛发动职工共同参与安全目标的制定。发动职工参与目标的制定，不仅可以听取职工要求与建议，集中职工智慧，增强安全目标的科学性，而且有利于安全目标的贯彻和执行。

③ 方案选优原则　安全目标的制定，必须坚持方案选优的原则。这一原则要求在安

全目标的制定过程中，首先要有多个选择方案，然后通过科学决策和可行性研究，从多个方案中选出一个满意的方案。满意主要有以下三个标准：第一，目标要有较高的效益性，其中包括有较高的安全效益、经济效益和社会效益；第二，目标要有先进性，有一定的创新，有一定的难度；第三，目标要有可行性，切合实际，通过努力能够实现。

④ 信息反馈原则　在坚持上述原则的基础上所确定的安全目标，并不能保证有足够的科学性、先进性和可行性。因此，在安全目标的制定中，必须坚持信息反馈的原则，不断收集反馈各种有关信息，及时纠正偏差。

(2) 安全目标的内容

制定安全目标包括确定企业安全目标方针、确定总体目标，以及制定实现目标的对策措施三方面内容。

① 企业安全目标方针　企业安全目标方针即用简明扼要、激励人心的文字、数字对企业安全目标进行的高度概括。它反映了企业安全工作的奋斗方向和行动纲领。企业安全目标方针应根据上级的要求和企业的主客观条件，经过科学分析和充分论证后加以确定。

② 总体目标　总体目标是目标方针的具体化。它具体规定了为实现目标方针在各主要方面应达到的要求和水平。只有目标方针而没有总体目标，目标方针就成了一句空话；也只有根据目标方针确定总体目标，总体目标才有正确的方向，才能保证目标方针的实现。目标方针与总体目标是紧密联系，不可分割的。

③ 实现目标的对策措施　为了保证安全目标的实现，在制定目标时必须制定相应的对策措施。对策措施的制定要避免面面俱到或“蜻蜓点水”，应该抓住影响全局的关键项目，针对薄弱环节，集中力量有效解决问题。对策措施应规定时限，落实责任，并尽可能有定量的指标要求。从这些意义上来说，对策措施也可以看作是为实现总体目标而确定的具体工作目标。

(3) 制定安全目标的程序

制定安全目标一般分为三步，即调查分析评价、确定目标和制定对策措施，具体内容如下。

① 调查分析评价　这是制定安全目标的基础，要应用系统安全分析与危险性评价的原理和方法对企业的安全状况进行系统、全面的调查分析和评价，重点掌握如下情况：

a. 企业的生产和技术状况。

b. 由企业发展、改革开放带来的新情况和新问题。

c. 技术装备的安全程度。

d. 人员的素质。

e. 主要的危险因素及危险程度。

f. 安全管理的薄弱环节。

g. 曾经发生过的重大事故情况以及对事故的原因分析和统计分析。

h. 历年有关安全目标指标的统计数据。

i. 通过调查分析评价。

② 确定目标　确定安全目标方针和总体目标如上所述，这里主要介绍目标值的确定。

确定目标值要根据上级下达的指标，比照同行业其他企业的情况。但不应简单地就以此作为自己企业的安全目标值，而应主要立足于对企业安全状况的分析评价，并以历年来有关目标指标的统计数据为基础，对目标值加以预测，再进行综合考虑后确定。对于不同的目标项目，目标值的确定可以有三种不同的情况。

a. 只有近几年统计数据的目标项目，可以以其平均值作为起点目标值。如经济损失率的统计近几年才开始受到重视，过去的数据很不准确，不能作为确定目标值的依据。

b. 对于统计数据比较齐全的目标项目（如千人死亡率、千人重伤率等），可以利用回归分析等数理统计方法进行定量预测。

c. 对于日常安全管理工作的目标值，可以结合对安全工作的考核评价加以确定，也就是把安全工作考核评价的指标作为安全管理工作的目标值。具体地说，就是根据企业的实际情况确定考核的项目、内容以及要达到的标准，给出达到标准值应得的分数。所有项目标准分的总和就是日常安全管理工作的最高目标值，以此为基础结合实际情况确定一个适当的低于此值的分数值作为实际目标值。这样把安全目标管理和对安全工作的考核评价有机地结合起来就能更加有效地推动安全管理工作，促进安全生产的发展。

③ 制定对策措施　如上所述，制定对策措施应该抓住重点，针对影响实现目标的关键问题，集中力量加以解决。一般来说，可以从下列各方面进行考虑：a. 组织和制度；b. 安全技术；c. 安全教育；d. 安全检查；e. 隐患整改；f. 班组建设；g. 信息管理；h. 竞赛评比和考核评价；i. 奖惩；j. 其他。

制定对策措施要重视研究新情况和新问题，如企业承包经营的安全对策，采用新技术的安全对策等；要积极开拓先进的管理方法和技术，如危险点控制管理、安全性评价等；制定出的对策措施要逐项列出规定措施内容、完成日期，并落实实施责任。

6.3.4　安全目标的展开

根据整分合原则，制定目标先要整体规划，还应该明确分工，即在企业的总安全目标制定以后，应该自上而下层层展开，将安全目标分解落实到各科室、车间、班组和个人，纵向到底，横向到边，使每个组织每位职工都确定自己的目标，明确自己的责任，形成一个人人保班组、班组保车间、车间保厂部和层层互保的目标连锁体系，如图 6-5 所示。

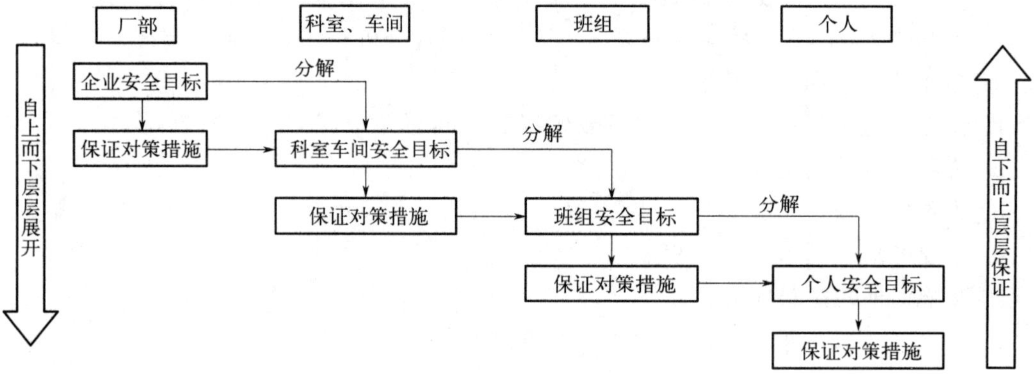

图 6-5　安全目标体系图

(1) 目标展开的过程和要求

① 上级在制定总安全目标时要发扬民主，在征求下级意见并充分协商后正式确定。与此同时，下级也应参照制定企业总安全目标的原则和方法初步酝酿本级的安全目标和对

策措施。

② 上级宣布企业安全目标和保证对策措施，并向下一级分解，提出明确要求，下一级根据上级的要求制定自己的安全目标。在制定目标时，上下级要充分协商，取得一致。上级对下级要充分信任并加以具体指导；下级要紧紧围绕上级目标来制定自己的目标，必须做到自己的目标能保证上级目标的实现，并得到上级的认可。

③ 按照同样的方法和原则将目标逐级展开，纵向到底，横向到边，不应存在任一部门和个人被遗漏的情况。

④ 目标展开要紧密结合落实安全生产责任制，在目标展开的同时要逐级签订安全生产责任状，把目标内容纳入其中，确保目标责任的落实。

(2) 目标的协调与调整

由于企业的安全目标要依靠各级领导和所有职工共同努力才能实现，因此在制定目标时，不但上下级之间要充分协商，各部门、各单位之间也必须协调一致，彼此取得平衡。如果做不到这一点，上级应该加以组织和指导，并进行适当的调整，以取得协调和平衡。譬如，在不同的车间、部门，任务不同，危险因素的程度不同，实现目标的难易程度不同，那么目标值就应有所区别，与各自的具体情况相一致。

除了安全目标要协调、平衡外，为了保证目标的对策措施，在各部门、各单位之间也要取得协调配合。因为这些对策措施往往要许多部门协调配合才能实现。譬如，为了完成某一项安全技术措施，需要设计部门设计，财务部门拨款，计划部门下达计划，工艺部门和车间实施等。

(3) 安全目标的实施

在制定和展开安全目标后就转入了目标实施阶段。安全目标的实施是指在落实保障措施，促使安全目标实现的过程中所进行的管理活动。安全目标实施的效果对安全目标管理的成效起决定性作用。在这个阶段要着重做好自我管理、自我控制、必要的监督与协调、有效的信息交流等方面的工作。

6.3.5 安全目标成果的考评

安全目标成果的考评是安全目标管理的最后一个阶段。在这个阶段要对实际取得的目标成果作出客观的评价，对达到目标的给予奖励，对未达到目标的给予惩罚，从而使先进的受到鼓舞，使后进的得到激励，进一步调动起全体职工追求更高目标的积极性。通过考评还可以总结经验和教训，发扬优势、克服缺点，明确前进的方向，为下期安全目标管理奠定基础。安全目标考评的原则如下：

① 考评要公开、公正。考评标准、考评过程、考评内容、考评结果及奖惩办法要公开，以增加考评的透明度。

② 自我评价与上级评定相结合。目标成果考评要充分体现自我激励的原则。要以自我评价为主，即在各个层次的评价中，首先进行自我评价。在自我评价的基础上还要结合上级领导的评价，而且要以领导的评定结果作为最终的结果。这是由于上级领导能够纵观全局，保证评定结果的协调平衡，防止自我评价中可能出现的偏颇与疏漏。

③ 重视成果与综合评价相结合。目标成果评价应重视成果，以目标值的实现程度作为主要的依据，要用事实和数据说话，切忌表面印象。但同时也要考虑不同组织和个人实

现目标的复杂困难程度和在达标过程中的主观努力程度，还要参考目标实施措施的有效性和单位之间的协作情况，应该对所有这些方面的内容区别主次，综合评价，力求得出客观公正的结果。

④ 考评标准简化、优化。首先，标准尽量简化，避免项目过多，导致考评工作烦琐和复杂；其次，考评标准要优化，要抓住反映目标成果的主要问题，评定等级要客观。

6.4 安全管理制度

自2002年《中华人民共和国安全生产法》颁布实施以来，国家相继出台了有关的配套法律、安全标准和规范，整个社会走上了“依法治安全之路”，企业根据各自实际情况，建立起了以安全生产责任制为基础的、比较完整且切实可行的安全生产规章制度。

6.4.1 安全管理制度概述

安全生产规章制度包括基本规章制度、安全生产责任制、综合安全管理制度、安全技术管理制度、职业卫生管理制度及其他有关管理制度，并做到定期检查。用制度管人、管事，做到安全监管有章可循，同时要求采取措施确保制度的有效落实，做到有章必循，违章必究。

(1) 建立安全生产管理制度的目的和意义

在日常的生产、经营过程中，许多单位未建立安全生产规章制度或建立不完善，并且未遵循本单位建立的安全生产规章制度，从业人员在操作过程中无章可循，出现经常性的违章行为，导致各类事故的发生。因而，生产经营单位建立安全生产规章制度具有非常重要的意义。

① 明确安全生产职责　企业通过本单位的安全生产责任制，明确本单位各岗位的从业人员的安全生产职责，使全体从业人员都知道“谁应干什么”或“什么事应该由谁干”，避免为实现安全生产应干的事没人干，有利于避免互相推诿，有利于各在其位、各司其职、各尽其责。

② 规范安全生产行为　企业的安全生产规章和操作规程明确了全体从业人员在履行安全生产管理职责或生产操作时“怎样干”，这有利于规范管理人员的管理行为，提高管理的质量，有利于规范生产操作人员的操作行为，避免因不安全行为而导致发生事故。

③ 建立和维护安全生产秩序　企业明确了贯彻执行国家安全生产法规的具体方法、生产的工艺规程和安全操作规程等安全生产规章制度，使企业能建立起安全生产的秩序。

企业制定了违章处理制度、事故处理制度和安全生产奖惩制度，建立了安全生产的制约机制，能有效地制止违章和违纪行为，激励从业人员自觉、严格地遵守国家安全生产法规和本单位安全生产规章制度，有利于企业完善安全生产条件，维护安全生产秩序。

(2) 安全生产管理制度的编制

① 安全生产管理制度的编制原则

a. 各单位安全生产管理制度的编制与国家的安全生产法规保持协调一致，应有利于国家安全生产法规的贯彻落实。

b. 广泛吸收国内外安全生产管理的经验，并密切结合自身过去和现在的实际情况，力求制定的制度具有先进性、科学性、可行性。

c. 安全生产的各个方面形成体系，不出现漏洞和死角。

d. 规章制度一经颁布，就不能随意改动，以保持其严肃性和相对的稳定性，但也要注意总结实践经验，不断地修订完善。

随着国家政治、经济形势的变化，企业的经营管理、生产技术等会不断出现新的情况，产生新的变化，要据此及时地修改、补充直到制定新的安全生产规章制度，以保持其健全和有效。但在修改安全生产管理制度时，一定要以严肃的态度对待，不要轻率地废除这些规章制度，需要改变的也要秉持慎重的态度。因为许许多多的规章制度是无数事故教训的总结，是用鲜血和生命换来的，它反映一定的客观规律，违反了它，就会发生事故，就会带来损失，甚至使员工丧失生命。

② 工程施工安全管理　结合施工的实际情况，制定下列安全规章制度。

a. 安全生产条件与许可。实践证明，缺乏明确的企业安全生产准入条件，安全生产的“门槛”过低，使得大批不具备基本安全生产条件的企业得以从事生产、经营活动，因此，要从源头上解决安全生产准入的问题，就要依法规范企业必须具备的安全生产条件。

b. 安全生产责任制。建立健全安全生产责任制是安全生产管理的首要任务，是各项安全生产规章制度的核心，责任是安全的灵魂，是搞好安全的动力。

安全生产责任制的核心任务：解决安全生产工作由谁管（责任主体，人、岗位）、管什么（内容、事）、怎么管（程序）、达到什么要求（标准）、负什么责的问题。在安全生产管理中，建立人、事、责一一对应的责任体系（事事有人管、人人有专责、办事有标准、工作有检查），旨在有效解决责任虚化和被动管理的问题。以便从管理源头上、从责任主体上、从生产过程中消除事故隐患，从制度上预防生产安全事故。责任只有明晰才能落实，而不明确的责任则导致推诿。因此，安全生产责任制必须使安全生产工作的所有内容做到按层级、按岗位、按流程责任全覆盖，即将安全生产的每一项工作、每一个环节和工艺，按决策层、管理层、执行层和操作层，责任分解和落实到部门、到人、到岗位，不留空档，不留死角，不搞责任交叉，形成完整具体的责任体系，便于操作和检查考核。

c. 安全生产投入与保证制度。安全投入是企业具备安全生产条件的重要保障。施工项目必须安排适当的资金，用于改善安全设施，更新安全技术装备、器材，发放员工劳动保护用品，开展员工安全教育培训及其他安全生产投入，以保证企业达到法律、法规、标准规定的安全生产条件。

d. 安全生产教育制度。安全教育的目的，是通过给施工人员灌输安全生产知识、安全技术业务知识、安全生产制度和法规，提高全员安全素质。工程项目应建立施工现场的安全培训教育制度和档案，明确教育岗位、教育人员、教育内容，安全教育内容必须具体，有针对性。

e. 安全生产检查制度。工程项目必须建立定期安全检查制度，明确检查方式、时间、内容以及整改、处罚措施等内容，特别要明确安全防范的重点部位以及危险岗位的检查方式和方法。

f. 劳动防护用品管理制度。工程项目应制定管理制度，加强和规范对劳动防护用品的监督管理，保障从业人员的安全与健康；按照国家有关规定为从业人员配备符合国家标准或者行业标准的劳动防护用品；从业人员在作业过程中，必须按照安全生产规章制度和劳动防护用品使用规则，正确佩戴和使用劳动防护用品；未按规定佩戴和使用劳动防护用品的人员不得上岗作业。

g. 劳动卫生安全管理制度。劳动卫生安全管理是为了改善劳动条件，保护职工的健康，防止和消除高温、粉尘、高湿、有毒气体或其他有害因素对职工健康的危害，采取预防和卫生保健措施，通过加强管理从而减轻或消除危害。

6.4.2 安全生产方针

“安全第一，预防为主，综合治理”是关系到国家经济发展和社会稳定的安全生产方针。安全是人类生存的最基本需要之一，没有安全就没有人类的生活和生产，这是“安全第一”思想的客观基础。人类为发展经济、改善生存条件而进行生产活动时，往往需要以安全为代价，导致“安全第一”的思想在实践中又受到客观现实的干扰。安全需要与利益代价的矛盾是人类社会生产和生活中客观存在的，是人们解决安全问题的难点所在。但是安全的本质是保证人类生活、生存、生产中不受伤害以及财产不受损失。

(1) 坚持安全第一

安全第一，就是在生产过程中把安全放在第一重要的位置上，切实保护劳动者的生命安全和身体健康。这是我们党长期以来一直坚持的安全生产工作方针，充分表明了我们党对安全生产工作的高度重视，对人民群众根本利益的高度重视。在新的历史条件下坚持安全第一，是贯彻落实以人为本的科学发展观、构建社会主义和谐社会的必然要求。以人为本，就必须珍爱人的生命；科学发展，就必须安全发展；构建和谐社会，就必须构建安全社会。坚持安全第一的方针，对于捍卫人的生命尊严、构建安全社会、促进社会和谐、实现安全发展具有十分重要的意义。因此，在安全生产工作中贯彻落实科学发展观，就必须始终坚持安全第一。

(2) 坚持预防为主

预防为主，就是把安全生产工作的关口前移，超前防范，建立预教、预测、预想、预报、预警、预防的递进式立体化事故隐患预防体系，改善安全状况，预防安全事故。在新时期，预防为主的方针又有了新的内涵，即通过建设安全文化、健全安全法制、提高安全科技水平、落实安全责任、加大安全投入，构筑坚固的安全防线。具体地说，就是促进安全文化建设与社会文化建设的互动，为预防安全事故打造良好的“习惯的力量”，建立健全有关的法律法规和规章制度。依靠法制的力量促进安全事故防范；大力实施“科技兴安”战略，把安全生产状况的根本好转建立在依靠科技进步以及提高劳动者素质的基础上；强化安全生产责任制和问责制，创新安全生产监管体制，严厉打击安全生产领域的腐败行为；健全和完善中央、地方、企业共同投入机制，提升安全生产投入水平，增强基础设施的安全保障能力。

(3) 坚持综合治理

综合治理，是指适应我国安全生产形势的要求，自觉遵循安全生产规律，正视安全生产工作的长期性、艰巨性和复杂性，抓住安全生产工作中的主要矛盾和关键环节，综合运用经济、法律、行政等手段，人管、法治、技防多管齐下，并充分发挥社会、职工、舆论的监督作用，有效解决安全生产领域的问题。实施综合治理，是由我国安全生产中出现的新情况和面临的新形势决定的。在社会主义市场经济条件下，利益主体多元化，不同利益主体对待安全生产的态度和行为差异很大，需要因情制宜、综合防范；安全生产涉及的领域广泛，每个领域的安全生产又各具特点，需要防治手段的多样化；实现安全生产，必须从文化、法制、科技、责任、投入入手，多管齐下，综合施治；安全生产法律政策的落实，需要各级党委和政府的领导、有关部门的合作以及全社会的参与；目前我国的安全生产既存在历史积淀的沉重包袱，又面临经济结构调整、增长方式转变带来的挑战，要从根本上解决安全生产问题，就必须实施综合治理。从近年来安全监管的实践特别是联合执法的实践来看，综合治理是落实安全生产方针政策、法律法规的最有效手段。因此，综合治理具有鲜明的时代特征和很强的针对性，是我们党在安全生产新形势下作出的重大决策，体现了安全生产方针的新发展。

“安全第一，预防为主，综合治理”的安全生产方针是一个有机统一的整体。安全第一是预防为主、综合治理的统帅和灵魂，没有安全第一的思想，预防为主就失去了思想支撑，综合治理就失去了整治依据。预防为主是实现安全第一的根本途径。只有把安全生产的重点放在建立事故隐患预防体系上，超前防范，才能有效减少事故损失，实现安全第一。综合治理是落实“安全第一、预防为主”的手段和方法。只有不断健全和完善综合治理工作机制，才能有效贯彻安全生产方针，真正把“安全第一、预防为主”落到实处，不断开创安全生产工作的新局面。

6.4.3 安全生产管理体制

完善安全管理体制，建立健全安全管理制度、安全管理机构和安全生产责任制是安全管理的重要内容，也是实现安全生产目标管理的组织保证。这四个方面按不同层次和从不同角度构成安全生产管理的宏观体制，其目的是推动“安全第一，预防为主，综合治理”这一安全生产基本方针。我国现行的安全生产管理体制为“企业负责、行业管理、国家监察、群众监督、劳动者遵章守纪”。

(1) 企业负责

把企业负责放在第一条，表明企业在安全生产中所占的重要位置。企业负责是指企业在生产经营过程中，承担着严格执行国家安全生产的法律、法规和标准，建立健全安全生产规章制度，落实安全技术措施，开展安全教育和培训，确保安全生产的责任和义务。企业对安全生产负责的关键是要做到“三个到位”，即责任到位、投入到位和措施到位。

(2) 行业管理

行业管理就是由行业主管部门，根据国家的安全生产方针、政策、法规，在实施本行业宏观管理中，帮助、指导和监督本行业企业的安全生产工作。行业归口管理部门与企业主管部门必须根据“管安全的必须管生产”的原则，在组织管理本行业、本部门经济工作中，加强对所属企业的安全管理。行业安全管理的主要职责是对行业所属企业贯彻执行国家安全生产方针、政策、法规和标准，进行计划、组织、指挥、协调、宏观控制，以提高整个行业的安全管理和技术装备水平，控制和防止伤亡事故和职业病的发生，保障职工安全健康和生产任务顺利进行。

(3) 国家监察

国家监察即国家劳动安全监察，它是由国家或政府部门依据法律对各类具有独立法人资格的企事业单位执行安全法规的情况进行监督和检查，用法律的强制力量推动安全生产方针、政策的正确实施。国家监察具有法律的权威性和特殊的行政法律地位。行使国家监察的政府部门是由法律授权的特定行政执法机构，该机构的地位、设置原则、职责权限以及该机构监察人员的任免条件和程序，审查发布强制性措施，对违反安全法规的行为提出行政处分建议和经济制裁等，都是由法律规定或授权的。因此，国家监察是由法定的监察机构，以国家的名义，运用国家赋予的权力，从国家整体利益出发来开展的。

(4) 群众监督

群众监督就是广大职工群众通过工会或职工代表大会等自己的组织，监督和协助企业各级领导贯彻执行安全生产方针、政策和法规，不断改善劳动条件和环境，切实保障职工享有生命与健康的合法权益。

(5) 劳动者遵章守纪

按照事故致因理论，80%以上的事故都是由人的因素引发的，除了不断地改善生产条件，消除、控制生产过程中的各种不安全因素外，预防事故最有效的措施是劳动者自觉地遵章守纪。因此，安全管理的一项重要内容就是教育和约束劳动者遵章守纪。

遵章守纪是遵守安全生产方面的法规、制度、规范、标准和纪律。为了使劳动者能够自觉遵章守纪，必须加强安全生产思想教育，牢固树立“安全第一”的思想。在安全管理工作中，采取有效的教育措施并建立相应的激励机制，激励职工安全生产的积极性和自觉性，变“要我安全”为“我要安全”；要采取强制措施，建立相应的约束机制，规范约束人们的行为。

复习思考题

1. 安全管理的基本原理包括哪四项？
2. 我国现行安全生产管理体制中“企业负责”的核心内容是什么？
3. 安全目标管理考评的核心原则之一是什么？
4. 系统原理中“动态相关性原则”的含义是什么？
5. 安全生产方针“安全第一，预防为主，综合治理”中，“预防为主”的核心要求是什么？

第7章

安全文化

7.1 安全文化的概念、层次结构和各种关系

7.1.1 安全文化的概念

安全文化的定义：安全文化是人类在生产、生活、生存活动中，为保护身心安全与健康所创造的有关物质财富和精神财富的总和。

文化的概念存在广义与狭义之分。广义上，文化是指人类社会历史实践过程中所创造的物质财富和精神财富的总和；狭义上，文化指社会的意识形态以及与之相适应的制度和组织机构。

安全文化的概念最先由国际核安全咨询组（INSAG）于1988年针对核电站的安全问题提出，当时其表述为“安全文化是存在于单位和个人中的种种素质和态度的总和”。随后，英国保健安全委员会核设施安全咨询委员会（HSCACSNI）提出了修正的定义：“一个单位的安全文化是个人和集体的价值观、态度、想法、能力和行为方式的综合产物。”

我国学术界对安全文化的定义涵盖价值取向、认知方式、行为习惯、管理体系等多维度，王亦虹整理出超过200种定义，其中包括《企业安全文化建设导则》《企业安全文化建设评价准则》以及徐德蜀、吴超、傅贵等学者的定义。国际原子能机构则强调安全文化为组织内部对安全重要性的共识，包括共享的安全价值观、认知模式、行为规范、技能水平及态度表现。

7.1.2 安全文化的层次结构

安全文化分为安全物质文化与安全精神文化，共包括以下四个层次。

(1) 安全器物层次

这是安全文化发展的物质基础，不同时代的安全器物代表了当时不同的安全文化水平，故而安全器物层次通常又被称为安全物质文化。在远古时期，人类用简单的石块、树

枝制作工具，用以抵御野兽、保障自身安全，这些简陋的工具便是当时安全器物层次的体现；而如今，先进的安全防护设备，如智能安全帽、防火阻燃工作服等，则是现代安全器物层次的代表。安全物态文化不仅指设备设施，还包括生产环境安全性，如杜邦公司更新老旧设备后事故率降低60%。

(2) 安全制度层次

它包含一切为了安全的社会组织形式和制度。从宏观的与安全有关的社会制度、法律制度、政策体制、经济体制以及教育科学体制，到微观的各种生产行业、各个社会组织形式中的安全规章制度，都属于安全制度层次。例如，《中华人民共和国安全生产法》从国家法律层面规范了各类生产经营活动中的安全要求；企业内部制定的安全生产责任制，明确了每个岗位在安全工作中的职责。安全制度文化需结合硬性约束与软性引导，避免教条化。

(3) 安全精神智能层次

此层次包括安全哲学思想和信仰、安全审美意识、安全文学艺术、安全科学、安全技术以及自然科学、社会科学在安全科学或安全管理方面的理论总和。从本质上看，安全文化的精神智能层次是人关于安全的思想、情感和意志的综合表现。比如，一些安全文学作品通过生动的故事、感人的情节，唤起人们对安全的重视；安全科学技术的不断进步，如先进的安全监测技术、事故预防理论等，为保障安全提供了坚实的智力支持。安全观念文化作为核心层，影响制度与行为文化。

(4) 安全价值规范层次

该层次涵盖人们对安全的价值观和行为规范。价值观念反映在人际关系上，便形成公认的价值标准。这种价值标准存在于人们的内心，制约着人们的行为，具体表现为道德、风俗、习惯等。例如，在一些社区中，形成了互相提醒注意交通安全、邻里间协助排查安全隐患的良好风俗；在企业中，员工自觉遵守安全操作规程，将安全视为自身工作的重要价值标准，这些都是安全价值规范层次的体现。安全价值规范层次处于安全文化系统深层结构之中，是其中最不易变更的成分，它对人们的安全行为起着根本性的指导和约束作用。安全行为文化受管理层示范作用影响显著。

7.1.3 安全文化与安全教育的关系

(1) 与教育相关的文化维度

安全教育的实施依托于安全文化的三大核心层面，三者相互渗透、协同作用。

① 安全物质文化　指安全教育所需的硬件基础，包括安全培训设施（如应急演练场馆、安全体验中心）、教学工具［如VR（虚拟现实技术）安全模拟设备、智能防护装备演示模型］以及传播载体（如安全科普手册、宣传视频）。例如，企业配置的消防演练专用场地与器材，或社区设置的安全知识宣传栏，均属于物质文化范畴，为安全教育提供实体支撑。

② 安全行为文化　体现为通过教育引导形成的安全行为规范，包括员工在生产中的合规操作习惯、公众在日常生活中的安全应急反应（如火灾逃生技能），以及管理层对安全制度的执行力度。例如，通过反复培训使员工养成“岗前检查设备安全”的行为惯性，或通过社区演习培养居民“遇灾有序撤离”的行为模式。

③ 安全观念文化　是安全教育的核心目标，即通过长期教育塑造全员对安全的价值认同，包括安全意识、责任感与伦理观。例如，企业通过“安全月”活动强化“生命至上”的理念，或学校通过安全教育课程培养学生“敬畏生命、防范风险”的观念。

(2) 安全教育是安全文化的重要组成部分

安全教育并非独立存在，而是安全文化体系的有机组成要素。从内容上看，它涵盖安全知识传授（如危化品操作规范）、技能培训（如心肺复苏术）、意识培育（如安全价值观），直接对应安全文化的物质、行为、观念三层结构。例如，《企业安全文化建设导则》明确将“自主学习改进”“安全事务参与”列为安全文化建设的基本要素，而这些要素的落地均需通过安全教育实现。

(3) 安全教育是发展安全文化的动力

安全教育通过“输入—内化—输出”机制推动安全文化迭代。

① 知识传播驱动认知升级　通过新技术、新法规的培训（如新能源设备安全操作培训），更新员工对安全风险的认知，促使安全物质文化与制度文化适应时代需求。

② 行为养成推动文化落地　通过反复实践（如应急演练、安全操作竞赛），将抽象的安全理念转化为具体行为习惯，例如杜邦公司通过“全员安全培训＋行为观察”模式，使员工从“被动遵守”转向“主动负责”。

③ 价值观革新引领文化演进　当社会对安全的需求提升（如公众对数据安全、生态安全的关注）时，安全教育需及时纳入新议题，推动安全观念文化向更高层次发展，如近年兴起的“大安全”理念。

7.1.4 安全文化与安全科学的关系

(1) 理论与实践的共生关系

① 安全科学为安全文化提供支撑　安全科学通过系统研究（如事故致因理论、风险评估模型）揭示安全规律，为安全文化的制度设计（如安全标准制定）、技术应用（如智能监控系统）提供理论依据。

② 安全文化是安全科学的实践载体　安全科学的成果需通过安全文化转化为社会行为。例如，安全科学提出“本质安全化”理念（从设计源头消除风险），而这一理念的落地依赖于企业在物质文化中采用本质安全型设备、在制度文化中建立预防性设计评审机制。

(2) 目标协同与领域交叉

两者均以“预防事故、保障安全”为核心目标，但侧重不同，安全科学偏重于“是什么”与“如何做”，安全文化则聚焦“为什么做”与“如何持续做”。

交叉领域包括安全心理学、安全管理学，例如傅贵等学者提出的“安全文化-安全行为-事故预防”理论模型，即通过文化干预改变人的不安全行为。

7.1.5 普及大众安全文化的重点

(1) 宣传安全防灾文化是特殊的科普内容

安全防灾知识具有专业性与紧迫性，需以通俗化方式传播。

① 内容聚焦高频风险　针对交通、消防、自然灾害（如地震、洪涝）等常见隐患，

设计图文并茂的科普材料（如《家庭应急手册》），避免过于学术化。

② 渠道多元化　利用新媒体（短视频平台、公众号）、社区活动（安全集市、亲子体验）、公共空间（地铁广告、学校宣传栏）等多场景渗透，例如“全国防灾减灾日”期间开展的线上逃生演练直播。

（2）普及公民安全启蒙及应知应会教育

① 安全教育是生命教育，决定其本质。需从儿童阶段抓起，将安全启蒙纳入基础教育（如小学开设“认识危险”课程），培养“生命优先”的底层认知，例如日本通过“食育”“防灾训练”从小塑造安全习惯。

② 安全教育是公众教育，决定其范围。覆盖全人群、全行业，尤其关注高风险群体（如农民工、老年人）。例如，针对建筑工人流动性强的特点，开展“流动课堂”式安全培训；针对老年人易受骗的问题，普及反诈与居家安全知识。

③ 安全教育是实际教育，决定其跨度。强调“做中学”，通过模拟体验（如地震小屋、火灾逃生通道）、案例分析（如真实事故复盘）提升实操能力，避免“纸上谈兵”。例如，社区组织的“灭火器实操竞赛”比单纯理论讲解更能强化技能记忆。

（3）提高全民对突发事件的应急能力

建立分层培训体系：

① 基础层　普及“黄金救援1小时”知识（如心肺复苏、止血包扎），确保公众具备自救、互救能力。

② 专业层　针对社区志愿者、企业安全员等群体，开展高阶应急培训（如危化品泄漏处置、大规模人群疏散组织）。

③ 强化预案演练　定期组织跨部门应急演练（如政府、医院、学校联合参与的地震应急演习），检验预案可行性，例如汶川地震后多地通过“实战化演练”优化应急响应流程。

（4）选择时机实时进行灾害事故“忧虑”教育

① 利用灾害“窗口期”　在事故或灾害发生后，公众对安全的关注度显著提升，此时开展教育可强化记忆。例如，某化工园区发生爆炸事故后，当地立即组织企业员工参观事故纪念馆，分析成因并推演预防措施。

② 常态化风险警示　通过定期发布安全预警（如季节性火灾风险提示）、公示典型事故案例（如交通违法导致的悲剧），维持公众对安全风险的“适度忧虑”，避免因长期无事而松懈。

7.1.6　21世纪中国安全文化建设

（1）战略起点与发展历程

1995年，国内学者向国务院递交《中国安全文化发展战略建议书》，首次系统提出安全文化建设的国家层面构想，标志着安全文化从企业自发行为上升为社会系统工程。此后，《企业安全文化建设导则》（AQ/T 9004—2008）等标准陆续出台，为各行业提供规范依据。

（2）当前重点：抓公民安全文化教育

① 教育对象全覆盖　从“企业主导”转向“全民参与”，将安全文化纳入国民素质提

升工程。例如，教育部将安全教育纳入中小学必修课程，应急管理部推动“安全宣传五进”（进企业、进农村、进社区、进学校、进家庭）。

② 教育内容现代化　结合新技术［如 AI（人工智能）、大数据］更新教育手段，例如开发“安全文化虚拟体验馆”，通过 VR 技术模拟各类风险场景；利用社交媒体开展“安全知识挑战赛”，以游戏化方式提升参与度。

③ 制度保障强化　建立“政府统筹、部门协同、社会参与”的长效机制，例如将安全文化建设纳入地方政府绩效考核中，鼓励企业、社会组织（如公益机构、行业协会）共同投入资源。

(3) 未来方向

① 从“被动应对”转向“主动预防”　通过安全文化培育，使“要我安全”转变为“我要安全、我会安全”，如杜邦“团队互助”阶段的文化境界。

② 从“单一领域”走向“全域融合”　构建涵盖生产、生活、生态、网络等领域的“大安全文化”，适应新时代风险多元化趋势。

7.2 企业安全文化

7.2.1 企业安全文化的定义

企业安全文化是指企业物质财富与精神财富的总和。

① 安全思想和意识、安全作风和态度、安全管理机制与行为规范。

② 安全生产的奋斗目标和进取精神。

③ 安全而舒适的生产、生活环境和条件。

④ 安全的价值观、审美观、心理素质和安全风貌、习俗等。

7.2.2 企业安全文化建设

① 物质安全文化建设　聚焦生产设备、设施及环境的安全性与可靠性，包括引入先进安全技术装备，优化工作场所布局以降低风险，配置符合标准的个体防护装备等，通过硬件升级为安全生产提供基础保障。

② 制度安全文化建设　建立健全覆盖全员、全流程的安全管理制度体系，如安全生产责任制、隐患排查治理制度、应急管理制度等，明确各岗位安全职责与操作规范，强化制度执行的监督与考核，确保安全管理有章可循、违规必纠，形成刚性约束。

③ 员工心态安全文化建设　通过安全理念培育、价值观引导等方式，塑造员工对安全的认同感与责任感。例如，开展安全文化宣讲、典型事故案例警示教育、“安全承诺”签名等活动，引导员工从“要我安全”向“我要安全”转变，提升主动防范风险的意识。

④ 员工行为规范安全文化建设　制定并推行员工安全行为准则，通过培训、演练、行为观察等方式，规范员工操作习惯与应急反应能力。例如，开展“手指口述”安全确认法培训、组织岗位安全技能比武、建立“安全行为积分”激励机制，促使员工养成标准化作业的良好习惯。

7.2.3 企业安全文化的形态与对象

(1) 企业安全文化的形态体系

① 安全观念文化　企业全员共同秉持的安全价值观、思维方式与意识，如“生命至上”“预防为主”的核心理念，是安全文化的核心层。

② 安全行为文化　员工在生产经营活动中表现出的安全行为模式，如合规操作、互助监督、应急处置等，是安全观念的外在体现。

③ 安全管理文化　企业为实现安全目标制定的管理制度、流程与规范，如安全会议制度、绩效考核机制等，是安全文化的制度支撑。

④ 安全物质文化　保障安全生产的硬件设施与环境条件，如安全防护设备、职业健康设施、厂区安全标识等，是安全文化的物质基础。

(2) 企业安全文化的对象体系

① 法人代表的安全文化　企业最高管理者对安全的重视程度、决策导向与承诺，直接影响企业安全文化的基调与资源投入。

② 企业生产各级领导的安全文化　中层及基层管理者在安全管理中的执行力度、示范作用与沟通能力，是推动安全文化落地的关键纽带。

③ 安全专职人员的安全文化　安全管理部门及人员的专业素养、责任意识与创新能力。安全专职人员负责具体安全制度执行、隐患排查与培训组织。

④ 职工的安全文化　一线员工的安全知识、技能水平与行为习惯。一线员工是安全文化的具体实践者与直接受益者。

⑤ 职工家属的安全文化　通过“家庭安全共建”等活动，将安全文化延伸至员工家庭，发挥家属对员工安全行为的监督与支持作用。

7.2.4 企业安全文化建设模式

9 种模式：安全宣传建设、安全教育建设、安全管理建设、安全百日竞赛活动、安全科技建设、安全日常活动、安全演练活动、安全报告活动、安全评价表彰活动。可定期组织操作或非定期组织操作。

① 定期组织模式　如“安全月”宣传活动、年度安全知识竞赛、季度应急演练、月度安全管理评审等，形成常态化建设机制。

② 非定期组织模式　如专项安全科技成果推广会、突发事故后的专题警示教育、新设备投产前的针对性培训等，根据实际需求灵活开展。

7.3 公共安全文化

7.3.1 社区安全文化

社区由四个要素构成：人口；地域；相联系的有组织的社会经济、政治生活及相适应的管理机构；维护集体生活所需的共同道德风尚。

(1) 安全观念文化的正确引导

通过社区宣传栏、文化活动等形式，普及安全常识与应急知识，培育居民“安全第一”的价值共识，如开展“防灾减灾知识讲座”“安全用药科普宣传”，强化居民对社区安全的认同感与责任感。

（2）大众安全制度文化的科学建设

建立健全社区安全管理制度，包括消防安全巡查制度、老旧设施定期检修制度、外来人员登记制度等，明确社区管理机构与居民的安全责任，如制定《社区安全公约》，规范电动车停放、烟花爆竹燃放等行为，形成制度化约束。

（3）公众的安全行为文化建设

组织社区安全演练（如火灾逃生、地震避险），引导居民养成安全行为习惯，如定期检查家庭用电用气安全、主动参与邻里安全互助。鼓励居民组建“安全志愿者队伍”，开展隐患排查与文明劝导，形成“人人参与、人人尽责”的社区安全氛围。

7.3.2 交通安全文化

聚焦交通参与者的安全意识与行为规范，通过交通法规宣传、文明出行倡导、违规行为警示教育等方式，培育“遵守规则、礼让行人、拒绝酒驾”的文化共识。例如，在交通枢纽设置安全宣传标语、开展“无车日”绿色出行活动、利用新媒体曝光交通事故典型案例，提升公众交通安全素养，减少由人为失误导致的交通事故。

7.3.3 消防安全文化

以“预防为主、防消结合”为核心，通过消防知识普及（如灭火器使用方法、逃生路线规划）、消防设施维护（如定期检查消火栓、疏散指示标志）、应急能力培养（如企业与社区联合消防演练），构建覆盖全社会的消防安全文化。重点加强对老旧小区、人员密集场所的消防隐患排查，推动“智慧消防”技术应用（如烟雾报警器联网监控），提升火灾预防与处置效率。

7.3.4 休闲娱乐安全文化

针对旅游景区、商场、影院、游乐场所等休闲娱乐场景，建立安全设施标准（如游乐设备定期检测、公共场所安全通道标识清晰）、服务规范（如景区导游安全提示职责、娱乐场所应急疏散预案）及消费者安全行为引导（如遵守景区警示标识、拒绝危险项目）。例如，在节假日期间开展“休闲安全小贴士”宣传、对高风险娱乐项目实行“安全承诺制”，保障公众休闲活动中的人身与财产安全。

7.3.5 保健安全文化

围绕公共卫生、食品安全、职业健康等领域，通过健康知识普及（如合理用药、营养膳食）、安全标准推广（如食品生产溯源制度、职业病防护规范）、监督机制完善（如食品安全抽检公示、职业健康体检强制化），培育“健康优先、科学防护”的文化理念。例如，开展“食品安全宣传周”活动、推动“健康企业”建设、加强公共卫生事件应急科普（如传染病防护知识普及），提升全民健康安全保障水平。

复习思考题

1. 安全文化的四个层次结构是什么？
2. 企业安全文化建设中“物质安全文化建设”的核心内容是什么？
3. 社区安全文化建设中“公众安全行为文化建设”的典型活动是什么？
4. 安全文化与安全教育的核心关联是什么？
5. 企业安全文化的核心形态包括哪四类？

第8章

安全经济

近年来工业生产规模的扩大及其技术的复杂化，使生产过程中发生的事故所造成的人身伤害、财产损失及环境危害难以承受；同时，人类社会文化、伦理水平的提高，使人们对生命健康保障要求越来越高，这推动了安全经济学理论建设的发展。运用安全经济的效益、利益规律理论可对实际安全经济的投入、分配进行评价分析，安全经济学的理论研究对实现安全生产的发展具有重要意义。

8.1 安全经济基本理论

8.1.1 安全活动的基本特性

在人类进行活动时，人们主观上希望用尽量多的经济投入保证人类的安全，但当前人类的科技能力和经济能力是有限的，这种有限的安全投入与高水平安全要求之间的矛盾是安全经济学生存与发展的基本动力，我们需要在了解这一基本现实的前提下发展安全经济学。根据客观实在，安全活动满足下述基本特性。

(1) 避免事故或危害的有限性

这一特性包含两层含义：其一，各种生产和生活活动过程中事故或危害事件虽可以避免，但难以完全或绝对避免；其二，各种事故或危害事件的不良作用、后果及影响可能避免，但难以完全或绝对避免。

就一般规律而言，在人类社会发展的任何阶段，生产、生活水平总是有限的。一方面，科学的发展推动技术向有益于人类的方向有序演化；另一方面，由于人类对科学认识存在局限，新技术的出现往往伴随未知的危害，使新技术出世便存在新的不安全因素，导致技术应用中的潜在风险。这种利害矛盾贯穿于社会工业、科技发展的全过程，同时推动人们对安全的要求不断提高。在人们对安全要求提高的同时，社会用于改善安全水平的技术水平及可用的经济力量是有限的，因此人们只能尽其所能去避免事故的发生，而非有意识地去制造事故，扩大事故的损害。但纵使人们竭尽全力，事故总是难以完全排除，这就是事故率可以无限趋近于零，而无法绝对为零的客观表现。

事故虽无法完全或绝对地避免，但并非完全不可预防。人类在有限的安全投入和条件下所做的努力，其意义就在于能够尽力将事故损失和危害控制在人们可接受的范围，即“合理”的水平上。

（2）安全的相对性

在谈论安全的水平时，怎样的安全才能算安全是很难确定的，因为安全具有相对性，其相对性体现在三个方面：首先，不存在绝对安全状态，系统的安全是一个相对的概念；其次，安全标准是与当下人的认识以及社会经济的承受能力对应的，抛开社会环境讨论安全并不现实；再次，人的认识是不断发展的，对安全机理及其运行机制的认识也在不断深化，即人对安全的认识是相对的。

对某一在限制条件下具体的安全性，在另一条件下可能就会被认为是不安全的，甚至是危险的，因此，只能用安全阈值（安全程度最大值与最小值的差值）来表述安全程度。绝对的安全，即100%的安全性，虽是不可能达到的目标，但人们应以此为追求，在实践中努力改善安全水平，向绝对的安全靠拢。在实际生产、生活中，对某种具体的生产活动，人们会下意识地接受某一水平的安全性，低于该水平即认为该活动存在危险，这一水平下的安全性即是相对安全的最小值，或称为安全阈值的下限。安全经济学就是要根据当前社会的科技和经济能力以及对危险的承受能力，针对不同生产、生活环境提供确认最低安全值的手段，为安全标准的制定提供依据。

（3）安全的极向性

安全的极向性共有以下三层含义：

① 安全科学的研究对象（事故、危害与安全保障）是一种“零—无穷大”事件，或称为“稀少事件”。即事故或危害事件具有如下特点：一是事故发生的可能性很小，趋近于零，而后果却非常严重，趋于无穷大；二是危害事件的作用强度很小，但危害涉及的范围或人数却广而多。

② 描述安全特征的两个参量——安全性与危害性具有互补关系。即安全性＝1－危害性，当安全性趋于极大值时，危险性趋于最小值，反之亦然。

③ 人类从事的安全活动，总是希望能够以最小的投入获得最大的安全。

上述三对极向矛盾运动，是安全经济学发展的基础和动力。换言之，安全经济学最根本的基础命题就是要使这三对矛盾达到最合理的状态。

安全经济学要从安全的角度出发，致力于研究安全与经济的相互关系。在对上述基本特性有充足认识的前提下，才能对安全的经济投入及其意义与价值、社会经济效益等安全经济学的重要研究问题进行研究。

安全经济学的建立与发展必须遵循上述几个特性，以保证安全经济学研究的客观性以及科学性。

8.1.2 安全效益及利益规律

规律是事物运动过程中本身固有的、必然的联系。在安全领域，安全效益和利益也存在着一定规律。与一般经济学研究一样，安全经济学对安全活动的经济效益及利益规律的研究，旨在实现安全生产与效率最大化。

（1）安全效益规律

安全的发展以人类的科学技术水平和经济能力为基础，而在人类社会的不同发展阶段，这些能力是有限的，因此在进行各种安全活动时，需要对安全经济效益规律进行研究。从经济学的观点看，效益是价值的实现或价值的外在表现，因此，在某种意义上，效益等同于价值。安全效益是指安全主体通过达到一定的安全水平，对社会、国家、集体或个人所产生的效益，其实质是用尽量少的安全投入换取尽可能多的社会、集体及个人安全需求的安全保障。安全活动在获得满足安全需要的基本前提下，所需投入的成本越少，安全的经济效益就越高。由于安全效益对社会和人类有不同意义和作用，在不同条件下表现出的安全效益也有着各不相同的特质，如间接性、滞后性、潜在性、复杂性等。安全效益的特性在一定程度上决定了安全效益的实现需要遵循一定规律，即安全效益规律。

从安全效益的表现形式上来说，安全经济效益分为直接经济效益和间接经济效益两部分。直接经济效益表现在人的生命安全和身体健康得到保障，财产损失减少，这是安全减轻生命与财产损失功能的体现；间接经济效益的实现体现在维护和保障系统功能得以充分发挥，这也是安全效益的增值能力。

从性质上区分，安全效益可分为经济效益和非经济效益。经济损失、无益消耗的减少，对经济生产活动的增值作用是安全经济效益的体现；生命与健康、环境、名誉价值等是其非经济效益的体现。

从层次上可将安全效益分为内部经济效益和外部经济效益，具体表现在企业自身安全生产效益以及生产结果对社会的安全作用，两者总和反映出企业安全生产的总效益。以具体例子说明：某家用电器的生产厂家拥有一套高效、合理的安全管理规章制度，在近十年的生产中，未发生任何生产事故，基本未造成事故经济损失。与同行业规模相近的企业相比，该厂的产品成本得到了间接降低，提高了净利润，产品的市场竞争力提高，这是厂家重视安全所产生的内部经济效益；而对产品的使用者而言，该厂生产的电器质量、安全性能俱佳，降低了用户的产品使用成本，这便是安全产生的外部经济效益。

安全效益规律客观存在，不因人的意志而转移。在认识规律前，我们首先要明确安全活动的目的：减少事故造成的人员伤亡、财产损失以及对环境的危害。随着安全科学研究的推进，人们不仅关心哪种方案或措施能够获得最大的安全，而且关心其中哪种方案或措施能以最少的投入获得最佳效益，实现系统的最佳安全性。因此，安全效益便成为人们关注的焦点。在一定技术水平下，安全效益＝减损效益＋增值效益＋安全的社会效益（包括政治效益）＋安全的心理效益（情绪、心理等）。安全效益的四个组成部分相互依存，只有同时达到最大，安全效益才能最大化。但在实际中，四者并不能如愿同时达到最大化，其最大值都是相对一定的技术水平而言的。安全效益规律在安全投入产出中表现为预防性的“投入产出比”远高于事故后进行整改的“产出比”，一分预防性投入的作用胜过五分事故应急或事后的整改投入。

（2）安全利益规律

安全利益规律指在实施安全对策的过程中，所发生的人与人、人与社会、个人与企业、社会与企业间的安全经济利益关系，以及不同条件下的安全经济利益规律。近年来对当代社会事故灾害的大量研究表明，仍有大量企业未意识到安全的经济利益的重要性，只追求纯粹的经济利益而忽略安全利益，这也是导致事故发生的重要原因。要减少事故的发生，就要认识安全利益的重要性，尊重安全利益规律。

从空间上分析，安全经济利益可分为以下层次：以国家或社会为代表的所有者利益；以企业为代表的经营者利益；以个人为代表的劳动者利益。

从时间上分析，安全利益周期可分为负担期Ⅰ（投资无利期）—微利期Ⅱ—持续强利期Ⅲ—利益萎缩期Ⅳ—无利期Ⅴ（失效期），并在安全活动时按此顺序反复循环，循环规律如图 8-1 所示。

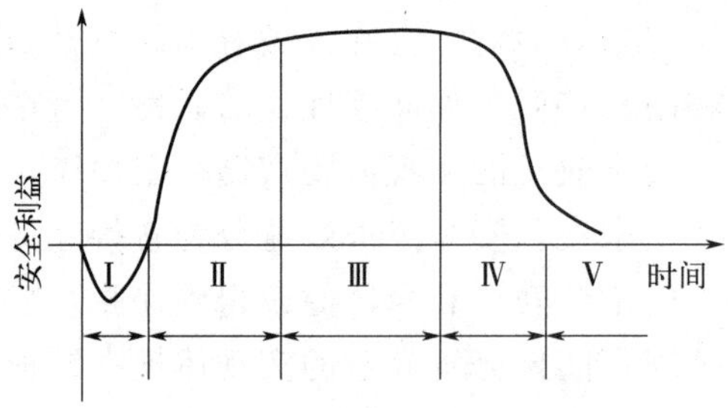

图 8-1　安全经济利益规律周期

8.1.3　安全经济学原理

(1) 安全的产出效益分析

普遍认为安全具有两大效益功能：

① 减损功能。安全能直接减轻或免除事故或危害事件，减少对人、社会、企业和自然造成的损害，实现保护人类财富，减少无益消耗和损失的功能。

② 安全能保障劳动条件以及维护经济增值过程，实现间接为社会增值的功能。

第一种功能可称为“拾遗补阙”，并可用损失函数 $L(S)$ 来表达：

$$L(S)=L\exp(1/S)+L_0 \tag{8-1}$$

其中，$1/S>0$，$L>0$，$L_0<0$。其曲线见图 8-2。

第二种功能称为“本质增益”，可用增值函数 I 来表达：

$$I(S)=I\exp(-i/S) \tag{8-2}$$

其中，$I>0$，$i>0$。

式(8-1)、式(8-2) 中，L、$1/S$、I、i、L_0 均为统计常数。

从图 8-2 中可以看出，增值函数 $I(S)$ 曲线向右上方递增，随着安全性的增加，曲线逐渐趋于平缓，其最大值取决于技术系统本身的安全功能。损失函数 $L(S)$ 曲线向右下方递减，其函数值与系统的安全性成反比，当系统无任何安全性时，系统的损失趋于无穷大；当安全性趋近于 100％时，曲线几乎与零坐标相交，损失几乎为零。

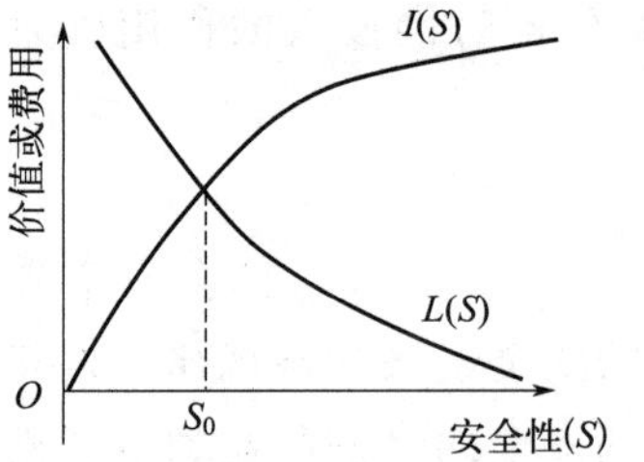

图 8-2　安全增值、损失函数曲线

两条曲线在安全性为 S_0 时相交，此时安全增值与事故损失值相等，安全增值产出与由事故造成的损失相抵消。当安全性小于 S_0 时，事故损失大于安全增值产出；当安全性大于 S_0 时，安全增值产出大于事故损失，系统获得正效益，安全性越高，系统的安全效益越高。

通常用安全功能函数来增强系统安全性，安全功能函数曲线如图 8-3 所示，对该函数进行分析，可知：

① 当安全性趋近于零，即技术系统无安全保障时，系统无法获得利益，且将出现趋于无穷大的负利益（损失）。

② 当安全性到达 S_L 点时，由于正负功能相抵消，系统收益动能为零，因此该点是安全性的基本下限。

③ 当安全性 S 达到某一接近 100%的值后，功能增加速率逐渐降低，受技术系统本身功能水平限制达到当下的极大值。此现象说明安全不能改变系统本身创造安全价值的水平，但可以保障、维护系统创造安全价值的功能，体现了安全自身的价值。

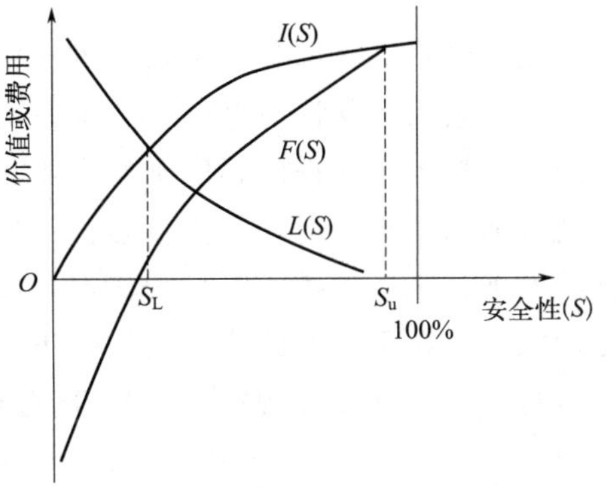

图 8-3　安全功能函数曲线

(2) 企业安全生产效益分析

研究者在关于安全生产投入的一般理论分析中，经常将安全生产投入的效益（下文简称安全效益）表示为一定量的安全产出需要通过多少的安全生产投入才能实现，一定的安全生产投入能够带来多少的安全产出，安全效益是安全生产投入和安全产出间的比较关系。根据这种方法定义的安全效益，可以采取以下两种方法进行计算。

一是用“比值法”公式：企业安全效益＝（企业安全增值产出＋企业安全减损产出）/安全生产投入量。

二是用“差值法”公式：企业安全效益＝(企业安全增值产出＋企业安全减损产出)－安全生产投入量。

但是，上述方法定义的安全效益仅仅是安全生产投入在会计意义上的效益。事实上，企业在进行安全生产投入时，不仅要考虑安全生产投入本身所带来的效益，而且要均衡考虑生产经营活动所带来的经济收益。因此，理性的企业在考虑安全生产投入时还要考虑安全生产投入的机会成本，即同样的安全生产投入用于生产经营活动所带来的收益。因此，为了更好地反映企业的安全生产投入的决策活动，将安全生产投入的效益分为两种：一种是安全生产投入的会计收益，即上面所表述的安全效益概念；另一种是安全生产投入的经济效益，即考虑了机会成本以后的安全生产投入的效益。通常，我们同样可以采用“比值法”和“差值法”来计算安全生产投入的经济效益，其“比值法”公式为：企业安全生产投入的经济效益＝（企业安全增值产出＋企业安全减损产出－企业安全生产投入的机会成本）/安全生产投入量。

由于最优的安全投入量是根据社会边际安全产出等于边际生产活动产出的原则得出的，而社会的安全边际产出大于企业的安全边际产出，因此，得出的社会最优安全生产投入大于企业最优的安全生产投入量。这说明，在存在外部性的情况，企业的安全生产投入量往往是不足的，不能达到社会最优水平。

8.1.4 安全供求分析

安全供求关系即安全供给和安全需求之间的相互关系，是指企业生产必需的安全需求与企业和政府为保证安全生产所提供的安全投入之间的相互关系。一定的安全水平是以一定的安全投入为保证的，安全投入不仅包括资金、设备等物质资源的投入，还包括人员等劳动方面的消耗，对安全需求与供给关系的判断是确定安全投资决策的重要依据。随着经济的发展，工业规模不断扩大，产业结构不断调整，在整个经济生产链条中也处于不断的变动状态，在不同的经济发展结构下，安全资源的需求必然会随之改变。准确判断安全的供给与需求发展变化规律，有助于调整安全生产战略，适应经济社会对安全生产工作的要求。

在微观经济学中，供给量是指厂商在某一时期、某种价格水平时，计划出售的劳务的数量。供给规律所表现的是某物品的价格与供给量之间的关系。需求指消费者在某一时期、某种价格水平时，计划购买的产品与劳务的数量。需求表现的是某种物品价格与需求量之间的关系，需求价格弹性就是衡量需求量对价格反应的尺度。下面将介绍安全经济学中的安全需求分析、安全供给分析。

（1）安全需求分析

在一定技术水平和安全期望预期下，企业生产活动所需要的安全状态总量称为安全需求量，即安全产品的需求量。安全需求量与危险程度有关。危险程度是生产要素（如自然安全条件、安全管理水平、安全设备配置等）对安全生产构成的威胁程度。当危险程度较小时，人员遭受伤害，财产遭受损失的可能性很小，安全的需求量很低；当危险程度不断提高时，人员遭受伤害、财产遭受损失的可能性不断增加，安全的需求量不断增加。

（2）安全供给分析

在一定的技术条件下，安全系统能够实现的安全状态总量称为安全供给，即安全产品的供应量。安全供给由安全投资所决定，包括企业自身对安全生产的预算和国家法律法规规定的必要的安全投入。安全供给量也与危险程度有关。当危险程度很小时，危险源单一且容易辨别，不安全因素容易控制，安全活动的规模很小，安全的供给量很低；当危险不断提高时，危险源多元化、复杂化且越来越难以辨别，不安全因素越来越不容易控制，解决安全的技术性、组织性要求越来越高，需要专门的技术、设施、人员和知识，安全活动规模越来越大，安全的供给量不断增加。

8.2 安全经济统计指标

在安全经济指标体系中，常用的基本概念有指标、指数、安全生产指标体系等，下面对几个基本概念进行简要介绍。

（1）指标（target）

指标是客观定量描述事物状态或属性的参数，通常作为工作计划中规定达到的目标。不同的事物或领域，具有不同的指标定义。如安全生产领域，事故指标指描述事故发生状态或水平的参数或单位，例如事故发生起数、死亡人数、万人死亡率、百万吨煤死亡率等。指标是具有特定物理意义的参数。

(2) 安全生产指标体系

安全生产指标体系是描述安全生产状况的客观量的综合体系。安全生产指标大致可划分为事故发生状况指标和事故预防指标。事故发生状况指标为记录安全事故情况的各种绝对量和相对量，如死亡人数、事故起数、千人死亡率、百万工时伤害频率等；事故预防指标指反映预防事故措施方面水平的指标，如安全生产达标率、安全投资比例、安全生产专业人员配备率等。

安全生产指标体系划分为事故发生指标和事故预防指标，或称为事故指标体系和安全生产发展指标体系，其构成如图 8-4 所示。

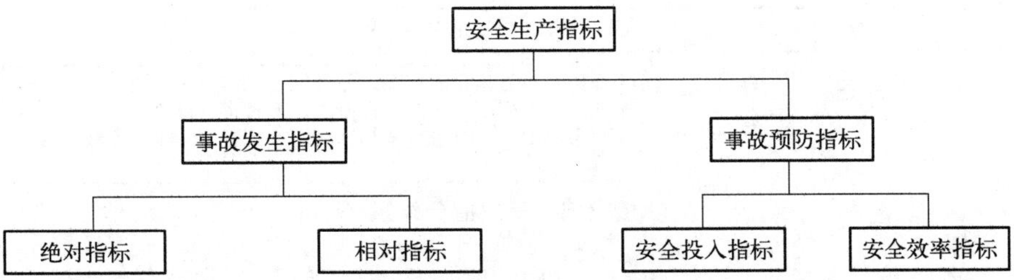

图 8-4 安全生产指标体系

过去建立指标体系时对安全生产的发展指标考虑较少，但近年随着安全科学研究的发展，需要建立安全生产发展指标体系对事故预防以及安全生产发展工作进行定量、科学的管理。按照安全生产保障的“3E”对策理论，可将事故预防指标分为安全科技发展指标、安全管理发展指标和安全文化发展指标三个方面，详见图 8-5。

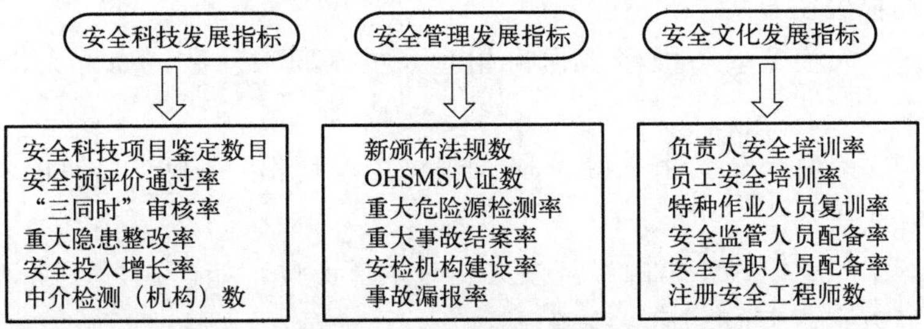

图 8-5 安全生产发展及事故预防指标体系

(3) 事故指标体系

事故指标体系包括五大绝对指标和四大相对指标，如图 8-6 所示。

事故绝对指标包含事故起数、死亡人数、重轻伤人数、损失工日（时）数（指被伤者失能的工作时间）、经济损失量（指在劳动生产中发生事故所引起的一切经济损失，包括直接经济损失和间接经济损失）。

事故相对指标是表示事故伤亡、损失等情况的有关数值与基准总量的比例。在国际劳工组织（ILO）主持召开的第六次国际劳动统计会议上通过了两个统一的指标：伤亡事故频率和伤亡事故严重率。

理论上，事故相对指标具有如下相对模式：

① 人/人模式：伤亡人数相对人员（职工）数，如千人（万人）死亡（重伤、轻伤）率等。

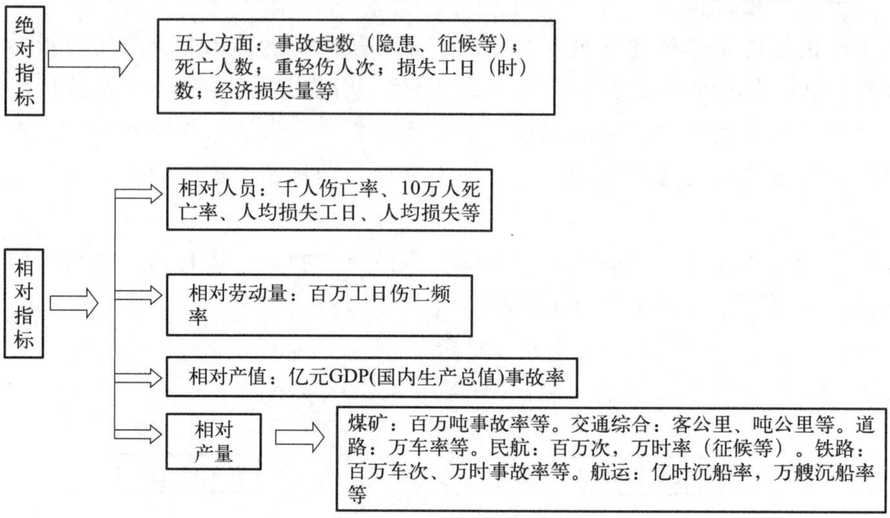

图 8-6　事故指标体系

② 人/产值模式：伤亡人数相对生产产值（GDP），如亿元 GDP（产值）死亡（重伤、轻伤）率等。

③ 人/产量模式：伤亡人数相对生产产量，如矿业百万吨（煤、矿石）死亡（重伤、轻伤）率、道路交通万车死亡（重伤、轻伤）率、航运万艘（船）死亡（重伤、轻伤）率等。

④ 损失日/人模式：事故损失工日相对人员、劳动投入量（工日），如百万工日（时）伤害频率、人均损失工日等。

⑤ 经济损失/人模式：事故经济损失相对人员（职工）数，如万人损失率、人均损失等。

⑥ 经济损失/产值模式：事故经济损失相对生产产值（GDP），如亿元 GDP（产值）损失率等。

⑦ 经济损失/产量模式：事故经济损失相对生产产量，如矿业百万吨（煤、矿石）损失率、道路交通万车（万时）损失率等。

（4）国外重要的事故统计指标

千人负伤率是许多国家常用的事故频率统计指标，如罗马尼亚、加拿大、英国、法国、墨西哥、埃及、印度、约旦、奥地利、肯尼亚、利比亚、赞比亚、巴拿马、危地马拉、巴基斯坦、捷克、芬兰、匈牙利、新西兰、叙利亚、坦桑尼亚、摩洛哥、挪威等许多国家都采用这一指标。意大利、瑞士、荷兰等国按 300 个工作日为一个工人数计算。

除了用“人/人模式”作为事故的最基本统计指标外，一些国家还常用如下指标：

① 百万工时伤害频率（失时工伤率），表示某时期（年、季、月）内，平均每百万工时内，由工伤事故造成的伤害导致的损失工时数。百万工时伤害频率＝工伤损失工日(时)数/实际总工作日(时)$\times 10^6$；实际总工时＝统计时期内平均职工人数×该时期内实际工作天数×8。

② FAFR（亿时死亡率），指每年 10^8 工时（一亿工时）发生的事故死亡人数。它相当于每人每年工作 300 天，每天工作 8 小时，每年 4000 人中有一人死亡。

③ 亿客公里死亡率，反映各类交通工具（道路、铁路、航运、民航）单位人员交通效率的事故死亡代价。亿客公里死亡率＝死亡人数/客公里数$\times 10^8$。

8.3 事故经济损失计算方法

8.3.1 事故损失的概念与分类

在安全经济学的研究中，事故经济损失的计算或评估是重要的内容。评估事故和灾害对社会经济的影响，是分析安全效益、指导安全定量决策的重要基础性工作。为了能对事故对社会的危害和造成的后果做出科学、合理的评价，首先要解决事故经济损失的计算问题。

在事故损失计算中存在以下概念：

① 事故损失　指意外事件造成的生命与健康的丧失、物质或财产的毁坏、时间的损失和环境的破坏。

② 事故直接损失　指与事故事件直接相联系的能用货币直接或间接定价的损失，包括事故直接经济损失和事故直接非经济损失。

③ 事故直接经济损失　指与事故事件直接相联系的能用货币直接估价的损失，如事故导致的资源、设备、设施、材料、产品等物质或财产的损失。

④ 事故直接非经济损失　指与事故事件直接相联系的不能用货币直接定价的损失，如事故导致的人的生命与健康的丧失或损害、环境的毁坏等无直接价值（只能间接定价）的损失。

⑤ 事故间接损失　指与事故事件间接相联系的能用货币直接或间接定价的损失，包括事故间接经济损失和事故间接非经济损失。

⑥ 事故间接经济损失　指与事故事件间接相联系的能用货币直接估价的损失，如事故导致的处理费用、赔偿费、罚款、劳动时间损失、停工或停产损失等非当时的间接经济损失。

⑦ 事故间接非经济损失　指与事故事件间接相联系的不能用货币直接定价的损失，如事故导致的工效影响、声誉损失、政治安定影响等。

8.3.2 事故损失的计算方法

国际上有关事故经济损失计算的权威、重要、有代表性、被认可的研究成果及政府或其他权威机构所倡导、实行的，且在一定范围内被广泛使用的方法主要包括海因里希法、美国西蒙兹计算法、国际劳工组织（ILO）安德烈奥尼法等。

海因里希法由海因里希在1926年提出，该法针对的是由工伤事故造成的事故损失费用，把一起事故的损失划分为两类：由生产公司申请、保险公司支付的金额划为“直接损失”；把除此以外的财产损失和停工使公司受到损失的部分作为“间接损失”。并对一些事故的损失情况进行了调查研究，得出直接损失与间接损失的比例为1∶4。由此说明，事故造成的间接损失比直接损失大得多。根据这种理论，事故的总损失可用时间比的规律来进行估算。即先计算出事故直接损失，再按1∶4（或其他比值）的规律，以5倍（或其他比值的倍数）的直接损失数量作为事故总损失的估算值。

美国的西蒙兹教授对海因里希的事故损失计算方法提出了不同的看法，他采取了从企业经济角度出发的观点来对事故损失进行判断。首先，他把“由保险公司支付的金额”定为直接损失，把“不由保险公司补偿的金额”定为间接损失。西蒙兹的事故损失计算方法得到了美国 NSC（美国国际安全委员会）等权威机构的支持，在美国得到广泛应用。这种损失计算方法具有较好的可靠性。由于美国保险体制相对完善，使用西蒙兹法计算事故损失准确、便捷，具有良好的可靠性，事故的直接损失和间接损失更贴近实际，故西蒙兹法在美国得到广泛应用。

国际劳工组织（ILO）安德烈奥尼法把事故损失费用分为生产计划阶段的费用、企业运营期间的费用、与生产损失相关联的财政损失费用三类。日本野口三郎提出把法定补偿费用、法定补偿以外的费用支出、事故造成的人的损失、事故造成的物的损失、生产损失、特殊损失费用等各项有关的费用综合起来，估算事故的总损失。

8.3.3 企业职工伤亡事故经济损失计算方法

(1)《企业职工伤亡事故经济损失统计标准》(GB 6721—86) 的计算方法

根据事故损失管理的需要，结合实际情况，我国制定了《企业职工伤亡事故经济损失统计标准》。该标准将伤亡事故的经济损失分为直接经济损失和间接经济损失两部分。

① 直接经济损失的统计范围见表 8-1。

表 8-1 直接经济损失的统计范围

人身伤亡所支出的费用	医疗费用(含护理费用)
	丧葬及抚恤费用
	补助及救济费用
	歇工工资
善后处理费用	处理事故的事务性费用
	现场抢救费用
	清理现场费用
	事故罚款和赔偿费用
财产损失价值	固定资产损失价值
	流动资产损失费用

② 事故间接经济损失的统计范围包括停产和减产损失价值、工作损失价值、资源损失价值、处理环境污染的费用、补充新职工的培训费用、其他损失费用等。

其中工作损失价值的计算公式为：

$$V_w = D_1 \frac{M}{SD} \tag{8-3}$$

式中 V_w——工作损失价值，万元；

D_1——一起事故的总损失工作日数，死亡一名职工按 6000 个工作日计算，受伤职工视伤害情况按《企业职工伤亡事故分类》(GB 6441—86) 的附表确定，天；

M——企业上年税利（税金加利润），万元；

S——企业上年平均职工人数，人；

D——企业上年法定工作日数，天。

该标准的“编制说明”对“工作损失价值”有以下说明：职工受伤或死亡而不能继续工作或改为从事较轻的简单工作，就经济效果讲，被伤害职工就不能继续为国家和社会创造物质财富或者少创造物质财富，企业的经济效益也会受到一定的影响；税金和利润之和是劳动者超出必要劳动时间所创造的那部分价值，是职工在一定时期内为国家和社会所提供的纯收入，具体表现为企业销售收入扣除成本后的余额。因而用税金加利润进行计算，就如实地反映了被伤害职工因工作损失少为国家和社会创造的价值。

【例题 1】 某化工企业发生爆炸事故，爆炸引发的火灾导致车间内装有甲醇等易燃易爆物品的储罐发生爆炸。事故造成 21 人遇难。该企业 2007 年在职员工 1800 人，2007 年毛利润约 200 万元。试计算本次事故的工作损失价值。

解：企业上年法定工作日数为 250～300 天，本次计算采用 250 天，故工作损失价值为

$$V_{\mathrm{w}}=D_1\frac{M}{SD}=6000\times21\times200/(1800\times250)=56(\text{万元})$$

（2）事故经济损失理论计算方法

《企业职工伤亡事故经济损失统计标准》仅仅考虑了“有价损失”（可用货币直接计算的损失），未考虑“无价损失”，具有实际应用中可操作性强的特点。但为了对事故损失进行全面计算和反映，对效益进行全面评价，以及有助于安全活动的经济决策，这样的计算范畴是不够的。为此，根据我们提出的“理论计算法”，事故的总损失应该按以下公式进行计算：

$$L=A+B+C+D \tag{8-4}$$

式中 L——事故总损失；

A——事故直接经济损失；

B——事故间接经济损失；

C——事故直接非经济损失；

D——事故间接非经济损失。

8.3.4 事故经济损失估算

事故经济损失估算的基本思想是：首先计算出事故的直接经济损失以及间接经济损失，然后根据各类事故的非经济损失估价技术（系数比例法），估算出事故非经济损失，两者之和即事故的总损失。计算公式：

$$L=\sum L_{1i}+\sum L_{2i} \tag{8-5}$$

式中 L——事故经济损失；

L_{1i}——i 类事故的直接经济损失；

L_{2i}——i 类事故的间接经济损失。

常用的事故损失估算技术是伤害分级比例系数法。

① 先把人员伤亡分级，并研究分析其严重度关系，从而确定各级伤害程度的比重关系系数。根据国外和我国按休工日数对事故伤害分级的方法，采用“休工日规模权重法”，

作为确定伤害级别的经济损失系数的依据，即把伤害类型分为14级，以死亡作为最严重级，并作为基准级，取系数为1。再根据休工日的规模比例，确定各级的经济损失比例系数。考虑到伤害的休工日数与经济损失程度并非线性关系，因此比例系数的确定按非线性关系处理，这样可得如表8-2所列的系数表。

表8-2 各类伤亡情况直接经济损失系数表

项目	1	2	3	4	5	6	7	8	9	10	11	12	13	14
休工日	死亡	7500	5500	4000	3000	2200	1500	1000	600	400	200	100	50	<50
系数	1	1	0.9	0.75	0.55	0.4	0.25	0.15	0.1	0.08	0.05	0.03	0.02	0.01

② 实际损失的估算。参考表8-2的比例系数，估算一起事故由人员伤亡造成的损失，可用下式进行：

$$HL=V_m\sum_{i}^{14}K_iN_i \tag{8-6}$$

式中 HL——伤亡损失；

K_i——第 i 级伤亡类型的系数值；

N_i——第 i 级伤亡类型的人数；

V_m——死亡伤害的基本经济消费，即人员生命的经济价值。

如果是对一年或一段时期的事故伤亡损失进行估算，则可把 N_i 的数值用全年或整个时期的伤害人数代替。

【例题2】 某企业在过去的一年里发生伤亡事故12起，共造成1人死亡；1人重伤致残，估计休工日7500天（终身残疾）；3人重伤，估计休工日分别为3500天、3000天、3000天；8人轻伤住院，分别估计休工日为200天2人、150天4人、50天2人；10人轻伤未住院，休工日均在10天左右。试估算12起事故造成的损失。

伤亡损失＝84万×(1×2＋0.65×1＋0.55×2＋0.05×2＋0.04×4＋0.02×2＋0.01×10)＝348.6万元。

应当说明的是，V_m 的取值至关重要，不同的地区或时期，由于损失一个劳动力对社会和企业的经济影响是不一样的，因此实际的损失值应随地区或时期的改变而变动。

由于没有给出人均日成本，故一般假设间接损失为直接损失的四倍，即348.6万×4＝1394.4万元。

复习思考题

1. 安全活动的三个基本特性是什么？
2. 依据《企业职工伤亡事故经济损失统计标准》，事故直接经济损失的统计范围包括哪几类？
3. 安全效益“减损功能”的内涵是什么？
4. 事故“工作损失价值”的计算公式是什么？
5. 安全需求与危险程度的关系是什么？

第9章

我国安全生产法律法规

9.1 安全生产法律法规的基本内涵

9.1.1 安全生产法律法规的概念

安全生产法律法规是指调整在生产过程中产生的与劳动者或生产人员的安全和健康、生产资料和社会财富安全保障有关的各种社会关系的法律规范的总和，它是国家法律法规体系的重要组成部分。安全生产法规通过规定相关主体之间的权利和义务的方式来调整社会关系，以保障社会的稳定和发展，维护国家和人民的根本利益。

安全生产法律法规有广义和狭义两种解释，广义的安全生产法律法规是指保护劳动者、生产者，保障生产资料及财产安全的全部法律、法令、条例、规则、章程等。这些法律规范都是为了保护国家、社会利益和劳动者、生产者的利益而制定的，例如，关于安全生产技术、安全工程、工业卫生工程、生产合同、工伤保险、职业技术培训、工会组织和民主管理等方面的法律法规。狭义的安全生产法律法规是指国家为了改善劳动条件，保护劳动者在生产过程中的安全和健康，以及为保障生产安全所采取的各种措施与相关的法律、法令、条例、规则、章程等。例如，劳动安全卫生规程，对女工和未成年工劳动保护的特别规定，关于工作时间、休息时间和休假制度的规定，关于劳动保护的组织和管理制度的规定等。安全生产法律法规的表现形式是国家制定的关于安全生产的各种规范性文件，它可以表现为国家立法机关制定的法律，也可以表现为国务院及其所属的部、委员会发布的行政法规、条例、规章以及地方性法规等，还可表现为劳动安全卫生技术规程、规范和标准。

安全生产法律法规规定了人们在生产过程中的行为准则，用国家强制性的权力来维护企业安全生产的正常秩序。因此，有了各种安全生产法律法规，就可以使安全管理工作做到“有法可依、有法必依、执法必严、违法必究”。违反法律法规要求就要承担一定的法律责任，依法受到制裁。

9.1.2　安全生产法律法规的特征

安全生产法律法规是国家法律法规体系的一部分，因此，它具有法的一般特征。

① 保护的对象是人的生命与财产。安全生产法律法规以法律、法规文件来规范生产经营单位与政府之间、人员与生产经营单位之间、人员与人员之间、生产过程与自然界之间的关系。把国家保护人员的生命安全与健康，保护生产经营单位的生产利益与效益，以及保障社会资源和财产的需要、方针、政策具体化和条文化。通过制定法律、法规，建立起一套完整的、具有普遍约束力的安全生产法律规范，以使企业的生产经营行为及过程有法可依、有章可循。

② 安全生产法律法规具有强制性的特征。法制包括制定法律和制度以及对法律和制度的执行与遵守两个方面。两者密切联系，互为条件。法制健全与否的标志，不仅取决于是否有完备的法律和制度，从根本上说，还取决于这些法律和制度在现实生活中是否真正被遵守和执行。

多年来，安全生产工作实践表明，切实维护人员安全与健康的合法权益，仅靠思想政治教育和行政管理手段是不够的，不仅要制定保证安全生产的措施，而且要强制人人都必须遵守规章，要用国家强制力来迫使人们按照科学办事，尊重自然规律、经济规律和生产规律，尊重群众，保证人员得到符合安全与健康要求的条件。

③ 安全生产法律法规涉及自然科学领域和社会科学领域，既具有政策性特点，又具有科学技术性特点。安全生产法律法规中包含大量的技术规范，这类技术规范也可以说是调整在生产经营活动中同安全生产有关的人和自然的关系的一种规范。它是人们为了有效、安全地从事生产经营活动，根据自然规律、科学技术研究成果而制定的，规定在生产经营活动中人的行为和物的状态（包括环境因素）的一种规范。违反这些法律规范就有可能造成不堪设想的后果，不仅会危及劳动者的人身安全，而且会造成经济损失，甚至还会对周围生活环境、社会环境造成危害。因此，为了维护生产秩序和社会秩序，国家就有必要通过立法，把有关人员遵守的技术规范规定为必须履行的法律义务。

9.1.3　安全生产法律法规的作用

安全生产法律法规的作用主要表现在以下几个方面。

① 为保护劳动者的安全与健康提供法律保障。安全生产法律法规是从保障人员的安全和健康出发制定的，它不仅从管理上规定了人们的安全行为规范，也从生产技术上、设备上规定了实现安全生产以及保障职工安全与健康所需的物质条件。通过不断改善劳动条件，消除不安全、不卫生的因素，逐步把事故伤亡率和职业病发病率降到最低限度，实现安全生产。

② 有利于安全管理中法制化管理。作为安全管理方法来讲的法律方法，它不仅包括安全法规的制定和实施，同时还包括各管理系统制定和实施的各种类似法律性质的安全行为规范。

安全管理中的法制化管理具有概括性、规范性的特点，因此，它易于处理安全管理工作中共性的一般问题，便于统一领导，推进安全生产的顺利进行。另外，它还具有稳定性、可预测性的优点，使安全管理有一种自动调节功能，不必经常进行大量的调整工作。有了安全法规就使安全管理中的法律方法有了保证，安全法规越健全，法律方法越易推进，也越有效。

③ 指导和推动企业搞好安全生产工作，保障企业安全生产。安全生产法律法规反映了保障生产正常进行、保护劳动者在生产过程中的安全与健康所必须遵循的客观规律，对企业搞好安全生产工作提出了明确要求。特别是很多重要的安全生产法律法规都明确规定了各个方面要加强安全生产、安全生产管理的职责，推动了各级领导特别是企业领导对劳动保护工作的重视，把安全工作摆在领导和管理的重要议事日程。

同时，由于它是一种法律规范，具有法律约束力，要求人人都要遵守。这样，它对企业整个安全生产工作的开展具有用国家强制力推行的作用。

④ 增强劳动者的积极性和创造性，提高劳动生产力，保证企业效益的实现和国家经济建设的顺利发展。安全生产是关系到企业切身利益的大事，通过安全生产立法，使劳动者的安全与健康得到保障，职工能够在符合安全与卫生要求的条件下从事劳动生产，这样必然会激发其劳动积极性和创造性，从而促使生产效率的大大提高。同时，安全生产技术法规和标准的遵守和执行，必然提高生产过程的安全性，使生产效率的实现得到保障，从而提高企业的效益，推动了国家经济建设的顺利发展。

⑤ 对保持社会稳定、建立和谐社会起促进作用。保持社会稳定是推进经济、政治发展以及社会全面进步的前提。安全生产法律法规通过协调用人单位与员工之间、人与人之间、人与自然之间的关系，为劳动者提供安全、健康的劳动条件和工作环境，为生产经营者提供可行、安全可靠的生产技术和条件，避免并减少了伤亡事故和职业病的发生，对维护经济发展的正常秩序、保持社会稳定、建立和谐社会起促进作用。

9.2 安全生产法律法规体系

我国的安全生产法律法规体系按法律地位及效力同等原则，可以分为以下七个门类。

(1) 宪法

《宪法》是我国安全生产法律体系框架的最高层级。

(2) 安全生产方面的法律法规

① 基础法　我国有关安全生产方面的法律包括《安全生产法》和与它平行的专门安全生产法律，以及与安全生产有关的法律。

② 专门法律　专门安全生产法律是规范某一专业领域安全生产法律制度的法律。我国在专业领域的法律主要有《中华人民共和国矿山安全法》《中华人民共和国海上交通安全法》《中华人民共和国消防法》《中华人民共和国道路交通安全法》等。

③ 相关法律　与安全生产相关的法律是指安全生产专门法律以外的其他法律中涵盖有安全生产内容的法律，如《中华人民共和国劳动法》《中华人民共和国建筑法》《中华人民共和国煤炭法》《中华人民共和国铁路法》《中华人民共和国民用航空法》《中华人民共和国工会法》《中华人民共和国全民所有制企业法》《中华人民共和国乡镇企业法》《中华人民共和国矿产资源法》等。还有一些与安全生产监督执法工作有关的法律，如《中华人民共和国刑法》《中华人民共和国刑事诉讼法》《中华人民共和国行政处罚法》《中华

人民共和国行政复议法》《中华人民共和国国家赔偿法》和《中华人民共和国标准化法》等。

(3) 安全生产行政法规

由国务院组织制定并批准公布，为实施安全生产法律或规范安全生产监督管理制度而制定并颁布的一系列具体规定，是实施安全生产监督管理和监察工作的重要依据。我国已颁布了多部安全生产行政法规，如《国务院关于特大安全事故行政责任追究的规定》和《煤矿安全监察条例》等。

(4) 地方性安全生产法规

地方性安全生产法规是指有立法权的地方权力机关——人民代表大会及其常务委员会和地方政府制定的安全生产规范性文件，是由法律授权制定的，是对国家安全生产法律、法规的补充和完善，它以解决本地区某一特定的安全生产问题为目标，具有较强的针对性和可操作性。如目前我国有 27 个省、自治区、直辖市人大制定了《劳动保护条例》或《劳动安全卫生条例》；有 26 个省、自治区、直辖市人大制定了实施《矿山安全法》的办法。

(5) 部门安全生产规章、地方政府安全生产规章

根据《中华人民共和国立法法》的有关规定，部门规章之间、部门规章与地方政府规章之间具有同等效力，在各自的权限范围内施行。国务院部门安全生产规章是由有关部门为加强安全生产工作而颁布的安全生产规范性文件组成，内容涉及交通运输业、化学工业、石油工业、机械工业、电子工业、冶金工业、电力工业、建筑业、建材工业、航空航天业、船舶工业、轻纺工业、煤炭工业、地质勘探业、农村和乡镇工业、技术装备与统计工作、安全评价与竣工验收、劳动保护用品、培训教育、事故调查与处理、职业危害、特种设备、防火防爆和其他部门等。部门安全生产规章作为安全生产法律法规的重要补充，在我国安全生产监督管理工作中有重要的作用。

(6) 安全生产标准

安全生产标准是我国安全生产法律法规体系中的一个重要组成部分，也是安全生产管理的基础和监督执法工作的重要技术依据。安全生产技术标准大致分为设计规范类标准，安全生产设备、工具类标准，生产工艺安全卫生标准，防护用品类标准四类。如我国目前有关工程设计规范、电气安全、机械安全、锅炉压力容器安全、防火防爆、职业健康、劳动防护用品等方面的国家标准就有 200 余项，有关煤矿安全方面的行业标准有 400 余项。

(7) 我国批准的国际劳工安全公约

自 1919 年国际劳工组织创立以来，该组织一共通过 185 个国际公约和为数较多的建议书，这些公约和建议书统称为国际劳工标准。其中 70% 的公约和建议书涉及职业安全卫生问题。我国政府为国际性安全生产工作而签订了国际性公约，当我国安全生产法律与国际公约的规定不同时，应优先采用国际公约的规定（除我国保留条件的条款外）。目前，我国政府批准的公约有 23 个，其中 4 个是与职业安全卫生相关的。当前，国际上将贸易与劳工标准挂钩是发展趋势，随着我国加入 WTO，参与世界贸易必须遵守国际通行的规则。

9.3 我国主要安全生产法律法规简介

9.3.1 《宪法》中与安全生产相关的条款

《中华人民共和国宪法》（简称《宪法》）是国家的根本大法，其中多项条款确立了安全生产的基本原则。与安全生产相关的核心条款如下。

第四十二条规定了公民的劳动权利与义务，并明确："国家通过各种途径，创造劳动就业条件，加强劳动保护，改善劳动条件，并在发展生产的基础上，提高劳动报酬和福利待遇。"

第四十三条规定了劳动者的休息权利："中华人民共和国劳动者有休息的权利。国家发展劳动者休息和休养的设施，规定职工的工作时间和休假制度。"

这些条款从国家根本大法的层面，确立了保障劳动者安全与健康的根本原则，是所有安全生产立法的最高法律依据。

9.3.2 《安全生产法》

《中华人民共和国安全生产法》（简称《安全生产法》）于 2021 年 6 月 10 日经第三次修订，自 2021 年 9 月 1 日起施行。本次修订被称为"史上最严"的修订，共七章一百一十九条。

主要修订亮点：

① 坚持党的领导：总则中明确规定"安全生产工作坚持中国共产党的领导"。

②"三管三必须"原则：明确"管行业必须管安全、管业务必须管安全、管生产经营必须管安全"，厘清了综合监管与行业监管的关系。

③ 全员安全责任制：要求生产经营单位建立健全并落实全员安全生产责任制。

④ 高危行业领域强制保险：明确国家鼓励生产经营单位投保安全生产责任保险；属于国家规定的高危行业、领域的生产经营单位，应当投保。

⑤ 加大违法处罚力度：普遍提高了罚款数额，对特别重大事故的罚款最高可达一亿元。引入了按日连续处罚、终身行业禁入等惩戒措施。

⑥ 关注新风险：增加了对餐饮等行业使用燃气、危险物品废弃、新兴业态（如平台经济）的安全管理规定。

⑦ 强化从业人员权利：明确了从业人员对所在单位安全生产工作的知情权、建议权，对存在的隐患有举报权，在紧急情况下有停止作业和撤离权。

9.3.3 《刑法》中与安全生产相关的条款

《中华人民共和国刑法》（简称《刑法》）中与安全生产相关的罪名主要分布在"危害公共安全罪"和"渎职罪"中，并经过《刑法修正案（十一）》（2021 年 3 月 1 日起施行）等重要修订。

主要罪名包括：

① 重大责任事故罪（第一百三十四条第一款）：在生产、作业中违反有关安全管理的

规定，因而发生重大伤亡事故或者造成其他严重后果的。

② 强令、组织他人违章冒险作业罪（第一百三十四条第二款）：强令他人违章冒险作业，或者明知存在重大事故隐患而不排除，仍组织他人冒险作业，因而发生重大伤亡事故或者造成其他严重后果的。此罪刑罚极重，最高可处十五年有期徒刑

③ 危险作业罪（第一百三十四条之一）：这是《刑法修正案（十一）》新增的罪名，涵盖了关闭、破坏安全设备、数据，拒不整改重大隐患，未经批准擅自从事高危生产作业等行为，即使未发生重大事故，只要具有发生重大伤亡事故的现实危险，即可入刑，体现了从“事后惩处”向“事前预防”的转变。

④ 重大劳动安全事故罪（第一百三十五条）：安全生产设施或者安全生产条件不符合国家规定，因而发生重大伤亡事故或者造成其他严重后果的。

⑤ 不报、谎报安全事故罪（第一百三十九条之一）：在安全事故发生后，负有报告职责的人员不报或者谎报事故情况，贻误事故抢救，情节严重的。

⑥ 渎职罪（第三百九十七条）：国家机关工作人员滥用职权或者玩忽职守，致使公共财产、国家和人民利益遭受重大损失的，构成渎职罪。

9.3.4 《中华人民共和国突发事件应对法》

本法于 2007 年 11 月 1 日起施行，是目前应对自然灾害、事故灾难、公共卫生事件和社会安全事件等各类突发事件的综合性法律。其核心是建立一个“预防与应急准备、监测与预警、应急处置与救援、事后恢复与重建”的全过程管理机制。

9.3.5 《劳动法》中有关劳动安全卫生的内容

《中华人民共和国劳动法》（简称《劳动法》）于 2018 年 12 月 29 日最新修订。其中与劳动安全卫生相关的主要内容有：

① 劳动者权利：明确规定劳动者享有“获得劳动安全卫生保护的权利”“休息休假的权利”。

② 用人单位职责：要求用人单位必须建立健全劳动安全卫生制度，严格执行国家劳动安全卫生规程和标准，对劳动者进行劳动安全卫生教育，防止劳动过程中的事故，减少职业危害。

③ 劳动者义务：劳动者在劳动过程中必须严格遵守安全操作规程。

9.3.6 《职业病防治法》

《中华人民共和国职业病防治法》（简称《职业病防治法》）于 2018 年 12 月 29 日最新修订。其核心是建立“前期预防、劳动过程中的防护与管理、职业病诊断与保障”三位一体的制度体系，强化了用人单位的职业病防治主体责任和政府的监管职责。

9.3.7 《中华人民共和国道路交通安全法》

本法于 2021 年 4 月 29 日最新修订。旨在维护道路交通秩序，预防和减少交通事故，保护人身安全。它对车辆和驾驶人、道路通行条件、通行规则、交通事故处理以及法律责任作出了全面规定。

9.3.8 《中华人民共和国消防法》

《中华人民共和国消防法》于 2021 年 4 月 29 日最新修订。确立了“政府统一领导、部门依法监管、单位全面负责、公民积极参与”的消防工作原则，强调了单位的消防安全主体责任，并推行“双随机、一公开”等监管模式。

9.3.9 《中华人民共和国矿山安全法》

本法于 2009 年 8 月 27 日最新修订，是矿业领域最高层级的专业安全法律。它规定了矿山建设、开采、安全管理、监督及事故处理等方面的安全要求。

9.3.10 《生产安全事故报告和调查处理条例》

此条例于 2007 年 6 月 1 日起施行，是《安全生产法》的重要配套行政法规。它明确了生产安全事故的等级划分（特别重大、重大、较大、一般），并规范了事故报告、调查和处理的程序与要求。

9.3.11 《危险化学品安全管理条例》

本条例于 2013 年 12 月 7 日最新修订。它对危险化学品的生产、储存、使用、经营、运输和废弃处置等全生命周期环节的安全管理作出了详细规定，涉及应急管理、公安、交通、生态环境等多个监管部门的职责。

9.3.12 《特种设备安全法》与《特种设备安全监察条例》

《中华人民共和国特种设备安全法》（简称《特种设备安全法》）自 2014 年 1 月 1 日起施行，是特种设备安全领域的最高位阶法律。它对特种设备的生产（含设计、制造、安装、改造、修理）、经营、使用、检验、检测和监督管理作出了全面规定。

《特种设备安全监察条例》是行政法规，其部分内容已被《特种设备安全法》所吸收和取代，但在具体执行层面仍有补充作用。

9.3.13 《工伤保险条例》

本条例于 2011 年 1 月 1 日修订后施行。其核心目的是保障因工作遭受事故伤害或患职业病的职工获得医疗救治和经济补偿，并通过工伤保险费率的浮动机制，促进工伤预防和分散用人单位的工伤风险。

9.3.14 《生产安全事故应急条例》

此条例于 2019 年 4 月 1 日起施行，是《安全生产法》和《突发事件应对法》的重要配套法规。它重点规范了生产安全事故的应急准备、应急救援等工作，明确了应急预案的制定与演练、应急救援队伍的建设、应急值班等要求。

复习思考题

1.《宪法》中与安全生产直接相关的核心条款是哪一条？
2.《安全生产法》的核心章节包括哪三个？
3.《刑法修正案（六）》中，对“强令他人违章冒险作业”的量刑规定是什么？
4.《职业病防治法》中“三同时”制度的具体内容是什么？
5.《工伤保险条例》的适用范围是什么？

第10章

职业健康安全管理体系

10.1 职业健康安全管理体系基本情况

10.1.1 职业健康安全管理体系制定的背景

职业健康安全管理体系（OHSMS）是20世纪80年代后期在国际上兴起的现代安全管理模式，它与国际贸易壁垒之间存在一定的关系。一方面，一些国家可能会将职业健康安全管理体系的要求纳入其贸易政策，作为进口产品或服务的准入门槛的非关税贸易壁垒，不符合相关要求的产品可能会被限制或禁止进入该国市场，相关企业也可能面临相应限制。另一方面，实施职业健康安全管理体系也可以帮助企业提高自身的安全管理水平和竞争力，从而更容易满足国际市场的要求，减少国际贸易壁垒的影响。此外，一些国际组织和行业协会也制定了相关的标准和指南，促进了职业健康安全管理体系在全球范围内的推广和应用。职业健康安全管理体系的制定背景主要可以概括为以下五点：

① 工人健康与安全意识的提高：随着社会的发展，人们对工人的健康和安全问题越来越关注，要求企业采取更加有效的措施来保障工人的权益。

② 企业社会责任的增强：许多企业意识到，除了追求经济效益外，还需要承担社会责任，其中包括保障员工的职业健康和安全。

③ 国际贸易的需求：在全球化的背景下，企业需要满足不同国家和地区的职业健康安全标准，以确保产品或服务能够进入国际市场。

④ 法律法规的要求：许多国家和地区都制定了相关的法律法规，要求企业建立职业健康安全管理体系，以减少工作场所事故和职业病的发生。

⑤ 持续改进的管理理念：职业健康安全管理体系强调预防为主、持续改进的管理理念，有助于企业提高管理水平和竞争力。

10.1.2 职业健康安全管理体系制定的意义

通过建立和实施职业健康安全管理体系，企业可以更好地管理职业健康和安全风险，提高员工的工作满意度和生产力，同时也有助于提升企业的形象和声誉。

① 保障员工健康安全：通过识别和控制工作场所中的危险源，预防事故和职业病的发生，保护员工的身体健康。

② 提高企业管理水平：体系的建立和运行需要企业进行系统的管理和规划，有助于提高企业的整体管理水平。

③ 增强企业竞争力：满足客户和社会对企业的期望，提升企业在市场中的形象和竞争力。

④ 符合法律法规要求：确保企业遵守国家和地方的相关法律法规，避免因违法而面临处罚。

⑤ 促进企业可持续发展：关注员工的健康和安全，有助于营造良好的企业文化，促进企业的长期可持续发展。

总之，建立职业健康安全管理体系对企业、员工和社会都具有积极的意义。

10.1.3 职业健康安全管理体系的作用

职业健康安全管理体系的作用：一是确保企业全体员工的身体健康、企业的财产安全，降本增效；二是改进与员工、所在社区、行业主管部门等的多方关系，树立企业良好的社会形象；三是有利于提高企业的综合竞争力和全民安全意识；四是遏制因安全管理不到位而产生的失误、漏洞，消除组织失误和人的不安全行为。

10.1.4 职业健康安全管理体系的发展历程

（1）国际发展过程

早在20世纪80年代末90年代初，一些跨国公司和大型的现代化联合企业为强化自己的社会关注力以及满足控制损失的需要，开始建立自律性的职业健康安全与环境保护的管理制度并逐步形成了比较完善的体系。关税及贸易总协定（GATT）乌拉圭回合谈判协议中提出：各国不应因法规和标准差异而造成非关税贸易壁垒和不公平贸易，应尽量采用国际标准。考虑到质量管理、环境管理与职业健康安全管理的相关性，20世纪90年代中后期，国际标准化组织（ISO）一直在努力使职业健康安全标准化管理体系（Occupational Safety and Health Standard Management System，OSHSMS）发展成与ISO 9000和ISO 14000类似的规模。1996年9月5～6日，ISO组织召开了职业健康安全管理体系（OHSMS）标准国际研讨会，会中未制定职业健康安全管理体系国际标准。但许多国家和国际组织继续在本国或所在地区发展这一标准，如澳大利亚、挪威、丹麦、西班牙等国。

1996年英国颁布了BS 8800《职业健康安全管理体系指南》国家标准；美国工业卫生协会制定了关于《职业健康安全管理体系》的指导性文件。

1997年澳大利亚和新西兰提出了《职业健康安全管理体系原则、体系和支持技术通用指南》草案；日本工业安全卫生协会（JISHA）提出了《职业健康安全管理体系导则》；

挪威船级社（DNV）制定了《职业健康安全管理体系认证标准》。

1999年英国标准协会（BSI）、挪威船级社（DNV）等13个组织联合提出了职业健康安全评价系列（OHSAS）标准，即OHSAS 18001《职业健康安全管理体系规范》、OHSAS 18002《职业健康安全管理体系——OHSA 518001实施指南》和OHSAS 18003《职业健康安全管理体系审核》。

在跨入21世纪之际，职业健康安全管理体系引起国际上更广泛的注意。ILO从1998年开始制定国际化的职业健康安全管理体系文件，专门召开了两次会议并形成了一个ILO的OHSMS指南。2001年6月在第281次理事会会议上，ILO理事会审议、批准印发《职业健康安全管理体系导则》（ILO-OSH 2001），使得职业健康安全管理体系的实施成为以后安全生产领域最主要的工作内容之一。国际OHSMS主要发展历程如表10-1所示。

表10-1　国际职业健康安全管理体系主要发展历程

时间	事件
1985年	壳牌石油公司首次在石油勘探开发领域提出了强化安全管理(Ehance Safety Management)、基本安全管理构想
1987年	壳牌石油公司发布了环境管理指南(Environment Management Guideline)
1989年	壳牌石油公司颁布了职业健康管理准则(Occupational Healty Managemeng Guideline)
1990年	通过借鉴ISO 9000管理体系的理念及标准，壳牌石油公司制定了安全管理体系(Safety Management System)
1991年	壳牌石油公司对健康、安全及环境的管理体系进行了整合并以文件的形式提出了HSE(健康、安全、环境)管理体系
1996年	英国标准协会BSI颁布了BS 8800《职业健康安全管理体系指南》。该标准主要是为企业提供关于如何建立职业健康安全体系的指导性文件，以达到提高企业的职业健康安全管理水平的目的
1997年	澳大利亚/新西兰提出了《职业健康安全管理体系原则、体系和支持技术通用指南》草案，同年挪威船级社制定了《职业健康安全管理体系认证标准》
1999年	英国标准协会(BSI)、国际质量保证局、挪威船级社(DNV)、国际安全管理组织等13个组织联合提出了OHSAS 1800系列标准，即OHSAS 18001《职业健康安全管理体系规范》、OHSAS 18002《职业健康安全管理体系——OHSAS 18001实施指南》和OHSAS 18003《职业健康安全管理体系审核》
2007年	OHSAS 18001:2007标准对原版标准进行了重大技术改进，以适应职业健康安全管理的新情况
2018年	ISO 45001是国际标准化组织(ISO)发布的全球性职业健康安全管理体系标准，它旨在提供一个框架，帮助组织管理以及改进职业健康安全

（2）国内发展过程

1995年4月我国劳动部派代表参加了ISO/OHS特别工作组，并分别派员参加了1995年6月15日和1996年1月19日ISO组织召开的两次OHS特别工作小组会。1996年3月8日我国成立了“职业健康安全管理标准化协调小组”。1996年6月3日召开了第一次协调小组会议，会中决定召开一次国内OHSMS研讨会。

1996年9月我国派出由劳动部等单位组成的8人代表团，参加了ISO组织的OHSMS国际研讨会，参与了其中的小组讨论，并在政府组中做了小组发言，阐述了我国的观点。随后，中国劳动保护科学技术学会、劳动部劳动保护科学研究所等单位开展了职业健康安全管理体系标准研究工作。1998年中国劳动保护科学技术学会提出了《职业健康安全管理体系规范及使用指南》（CSSTLP1001：1998）。

1999年10月国家经贸委颁布了《职业安全卫生管理体系试行标准》并下发了在国内

开展 OHSMS 试点工作的通知。我国开展职业健康安全管理体系认证试点工作以来，很多企业对建立和实施职业健康安全管理体系表现出很高的热情。

2000 年 7 月国家经贸委发文成立了全国职业安全卫生管理体系认证指导委员会、全国职业安全卫生管理体系认证机构认可委员会及全国职业安全卫生管理体系审核员注册委员会，为推动我国职业健康安全管理体系工作的开展提供了组织和机制上的保证。

2001 年 12 月国家经贸委依据我国职业健康安全法律法规，结合国家经贸委颁布并实施《职业安全卫生管理体系试行标准》所取得的经验，参考国际劳工组织《职业健康安全管理体系导则》，制定并发布了《职业健康安全管理体系指导意见》和《职业健康安全管理体系审核规范》，进一步推动了我国职业健康安全管理工作向科学化、规范化方向发展。

随着国际标准的变化，2012 年实施了《职业健康安全管理体系 要求》(GB/T 28001—2011) 和《职业健康安全管理体系 实施指南》(GB/T 28002—2011)。

参照 ISO 组织 2018 年发布的 ISO 45001，2020 年发布了《职业健康安全管理体系 要求及使用指南》(GB/T 45001—2020)。国内 OHSMS 主要发展历程如表 10-2 所示。

表 10-2 国内职业健康安全管理体系发展历程

时间	事件
1995 年	国家技术监督局针对有关职业健康安全管理体系开始向国内有关部门征求意见，并多次组织国内有关部门、大型国有企业、相关专家参加了国际相关组织的一系列有关 OHSMS 的技术活动
1996 年	我国开始参与 OHSMS 的工作，派职业安全健康代表参加了 ISO/OHS 特别工作组及 ISO 组织的职业健康安全国际研讨会，随后在国内开展了此项活动
1998 年	中国劳动保护科学技术学会提出了《职业安全卫生管理体系规范及使用指南》CSSTLP 1001：1998
1999 年	国家经贸委颁布了《职业安全卫生管理体系试行标准》并下发了在国内开展 OHSMS 试点工作的通知
2000 年	国家经贸委发文成立了全国职业健康安全管理体系认证指导委员会、认证机构认可委员会及审核员注册委员会，为推动我国职业健康安全管理体系工作的开展提供了组织和机制上的保障
2001 年	国家经贸委参照国际劳工组织《职业健康管理体系导则》，制定并颁布了《职业健康安全管理体系指导意见》和《职业健康安全管理体系审核规范》。随后，国家质量监督检验检疫总局发布了 GB/T 28001—2001《职业健康安全管理体系规范》
2010 年	国家标准化管理委员会发布并开始实施 2010 年版 GB/T 28001《职业健康安全管理体系规范》
2012 年	2011 年 12 月 30 日中华人民共和国国家质量监督检验检疫总局和中国国家标准化管理委员会共同修订 2010 年版 GB/T 28001 并发布了《职业健康安全管理体系 要求》(GB/T 28001—2011)。2012 年 2 月 1 日同时实施了 GB/T 28001—2011 和《职业健康安全管理体系 实施指南》(GB/T 28002—2011)
2020 年	参照 ISO 组织 2018 年发布的(ISO 45001)，2020 年发布了《职业健康安全管理体系 要求及使用指南》(GB/T 45001—2020)

10.1.5 ISO 45001 的优势

ISO 45001 相比之前的职业健康安全管理体系，更加强调灵活性、领导作用、员工参与、风险管理、持续改进以及与其他管理体系的兼容性，这些优势有助于组织更好地实现职业健康安全管理目标，提升员工满意度，降低风险，提高职业健康安全绩效。

(1) 采用了 ISO 管理体系的高级结构

ISO/IEC 导则规定的标准框架，是国际标准化组织从 2006 年开始组织所有相关技术委员会（TC）共同参与制定的，提升了管理体系标准的合理性和科学性。

（2）增加了“组织所处的环境”要求

增加此项条款的意图是要求组织从生存和发展的高度，分析组织与职业健康安全管理相关的内部和外部问题，从而全面认识组织的风险和机遇。通过建立和实施职业健康安全管理体系应对这些风险和机遇，并实现职业健康安全管理体系的预期结果。

（3）采用了基于风险的思维

强化了对风险的系统化管理。这里包括三方面的内容：理解组织及其所处的环境，确定组织需要应对的风险和机遇；策划应对风险和机遇的措施；对风险进行系统化管理。

（4）强调将OHSAS管理体系融入组织的业务过程

职业健康安全管理体系的建立实施必须与组织的业务相融合，不能使管理体系的实施和组织的业务管理脱节。将职业健康安全管理体系融入组织的业务过程中更加利于职业健康安全管理体系成功实施。

（5）强化了领导作用

领导作用在职业健康安全管理体系的建立和实施中起着决定性作用，领导的承诺和参与是一个组织职业健康安全管理体系成功实施的关键。组织的最高管理者应带领各级管理人员和全体员工，认真履行职业健康安全管理体系标准的各项要求，以确保本组织的职业健康安全管理体系实现预期结果。

（6）强调了员工协商和参与

组织建立实施职业健康安全管理体系的目的是防止对员工造成与工作相关的伤害和健康损害，并提供安全和健康的工作场所。所以组织在建立和实施职业健康安全管理体系的过程中，应与各层次和职能的员工充分协商；一些有关工作场所职业健康安全方面的重要事务还要请他们参与。“员工的协商和参与”也是职业健康安全管理体系成功实施的关键因素。

（7）细化了危险源辨识和风险评价的要求

ISO 45001—2018《职业健康安全管理体系》标准对“危险源辨识及风险和机遇的评价”设置了三个子条款，即：6.1.2.1危险源辨识，6.1.2.2职业健康安全风险和对职业健康安全管理体系的其他风险的评价，以及6.1.2.3职业健康安全机遇和对职业健康安全管理体系的其他机遇的评价。

（8）细化了运行控制

ISO 45001—2018《职业健康安全管理体系》标准更加详细地规定了运行策划和控制的要求。将运行策划和控制分成了几个子条款，包括：8.1.1总则，8.1.2消除危险源和降低职业健康安全风险，8.1.3变更管理，以及8.1.4采购。

10.1.6 GB/T 45001与ISO 45001的区别和优势

（1）GB/T 45001与ISO 45001的区别

ISO 45001是国际标准，而GB/T 45001是中国国家标准，GB/T 45001是在ISO 45001基础上进行修改的符合我国国家的职业健康安全标准，它们在要求和细节上可能存在一些差异。此外，ISO 45001是自愿性标准，而GB/T 45001在中国是强制性标准。

① 结构调整　相较于ISO 45001，GB/T 45001在结构上进行了调整，使其更符合中国法律法规和标准的要求，更符合中国国情和实际需求。

② 术语和定义　GB/T 45001 在术语和定义上与 ISO 45001 保持一致，但可能会根据中国国情进行适当调整，更贴近中国用户的实际需求。

③ 强调战略性的职业健康安全管理　相较于 ISO 45001，GB/T 45001 更强调员工的参与和沟通，要求组织建立有效的沟通机制，鼓励员工积极参与职业健康安全管理体系的建立、实施和改进过程。改善员工的工作环境和职业健康安全条件，增强员工的忠诚度和满意度。

④ 强调危险源辨识和风险评价　GB/T 45001 在危险源辨识和风险评价方面提出了更具体的要求，以帮助组织更好地识别和控制危险源，降低职业健康安全风险。

⑤ 强调员工参与和沟通　相较于 ISO 45001，GB/T 45001 更强调员工的参与和沟通，要求组织建立有效的沟通机制，鼓励员工积极参与职业健康安全管理体系的建立、实施和改进过程，可以增强员工的忠诚度和满意度。

⑥ 强调持续改进　GB/T 45001 在持续改进方面提出了更具体的要求，包括定期评审职业健康安全管理体系的适宜性、充分性和有效性，以实现持续改进。

(2) GB/T 45001 相较于 ISO 45001 的优势

GB/T 45001 更符合中国国情和法律法规的要求，符合中国组织的语言和文化习惯，易于理解和应用。在制定过程中，中国国内的组织和专家可以更直接地参与，并能更好地反映中国组织的实际需求和情况。符合中国国家的政策和法规要求，更好地与国内的法律法规相衔接，便于组织在中国的合规管理。更容易融入中国本土的实践经验和管理模式，贴近中国组织的实际情况，有利于实施和推广。

10.2 职业健康安全管理体系的要素

为了预防职业病危害，保护劳动者健康，增强员工安全生产意识，确保生产安全，以充分发挥职业健康安全管理体系的作用，须充分理解并践行职业健康安全管理体系的 17 个要素。

(1) 职业健康安全方针

组织应有一个经最高管理者批准的职业健康安全方针，该方针应清楚阐明职业健康安全总目标和改进职业健康安全绩效的承诺。

(2) 对危险源辨识、风险评价和风险控制的策划

组织应建立并保持程序，以持续进行危险源辨识、风险评价，以及实施必要的控制措施。

(3) 法规和其他要求

组织应建立并保持程序，以识别和获得适用法规和其他职业健康安全要求。组织应及时更新有关法规和其他要求的信息，并将这些信息传达给员工和其他相关方。

(4) 建立职业健康安全目标

组织应针对其内部各有关职能和层次，建立并保持形成文件的职业健康安全目标，如目标宜予以量化。

(5) 制定职业健康安全管理方案

组织应制定并保持职业健康安全管理方案，以实现其目标。方案应包含：

① 为实现目标所赋予组织有关职能和层次的职责和权限；

② 实现目标的方法和时间表。

(6) 文件说明各人员的作用、职责和权限

机构和对组织的活动、设施和过程的职业健康安全风险有影响的从事管理、执行和验证工作的人员，应确定其作用、职责和权限，形成文件，并予以沟通，以便于职业健康安全管理。职业健康安全的最终责任由最高管理者承担。组织应在最高管理者中指定一名成员作为管理者代表承担特定职责，以确保职业健康安全管理体系正确实施，并在组织内所有岗位和运行范围执行各项要求。

(7) 培训、意识和能力

对于其工作可能影响工作场所内职业健康安全的人员，应有相应的工作能力。在教育、培训和经历方面，组织应对其能力作出适当的规定。

(8) 建立协商和沟通组织程序

应建立协商和沟通组织程序，确保与员工和其他相关职业健康安全信息进行相互沟通。组织应将员工参与和协商的安排形成文件，并通报相关方。

(9) 作用和途径

① 描述管理体系核心要素及其相互作用；

② 提供查询相关文件的途径。

(10) 整合文件和资料

文件和资料控制组织应建立并保持程序，控制标准所要求的所有文件和资料。

(11) 风险控制

运行控制组织应识别与所认定的、需要采取控制措施的风险有关的运行和活动。

(12) 建立并保持应急准备和响应组织的计划和程序

以识别潜在的事件或紧急情况，并作出响应，以便预防和减少可能随之引发的疾病和伤害。组织应评审其应急准备和响应的计划和程序，尤其是在事件或紧急情况发生后。如果可行，组织还应定期测试这些程序。

(13) 监视和测量

绩效测量和监视组织应建立并保持程序，对职业健康安全绩效进行常规监视和测量。

(14) 确定有关的职责和权限

事故、事件、不符合、纠正和预防措施组织应建立并保持程序，确定有关的职责和权限，以便：

① 处理和调查事故、事件、不符合；

② 采取措施减小因事故、事件或不符合而产生的影响；

③ 采取纠正和预防措施，并予以完成；

④ 确认所采取的纠正和预防措施的有效性。

(15) 建立记录和记录管理的程序并保持

记录和记录管理组织应建立并保持程序，以标识、保存和处置职业健康安全记录以及审核和评审结果。职业健康安全记录应字迹清楚、标识明确，并可追溯相关的活动。职业健康安全记录的保存和管理应便于查阅，避免损坏、变质或遗失。应规定并记录保存期限。

（16）审核

组织应建立并保持审核方案和程序，定期开展职业健康安全管理登记审核，以便：

① 确定职业健康安全管理体系是否符合职业健康安全管理的策划安排，包括满足标准的要求；是否得到了正确实施和保持；是否有效地满足组织的方针和目标。

② 评审以往审核的结果。

③ 向管理者提供审核结果的信息。

（17）评审

管理评审组织的最高管理者应按规定的时间间隔对职业健康安全管理体系进行评审，以确保体系的持续适宜性、充分性和有效性。管理评审过程应确保收集到必要的信息以供管理者进行评价，管理评审应形成文件。管理评审应根据职业健康安全管理体系审核的结果、环境的变化和对持续改进的承诺，指出可能需要修改的职业健康安全管理体系方针、目标和其他要素。

10.3 职业健康安全管理体系的特点

10.3.1 “策划—实施—检查—改进”循环

职业健康安全管理体系的方法是基于“策划—实施—检查—改进（PDCA）”的概念（如图 10-1 所示）。PDCA 概念是一个迭代过程，可被组织用于实现持续改进。它可应用于管理体系及其每个单独的要素，基本做法是按照既定的计划去开展某项阶段性工作，通过核查该阶段工作的成果，总结相应经验，稳固成绩，改进欠缺的工作，把该周期未处理的问题汇总，传递到下次 PDCA 循环中去解决。具体如下：

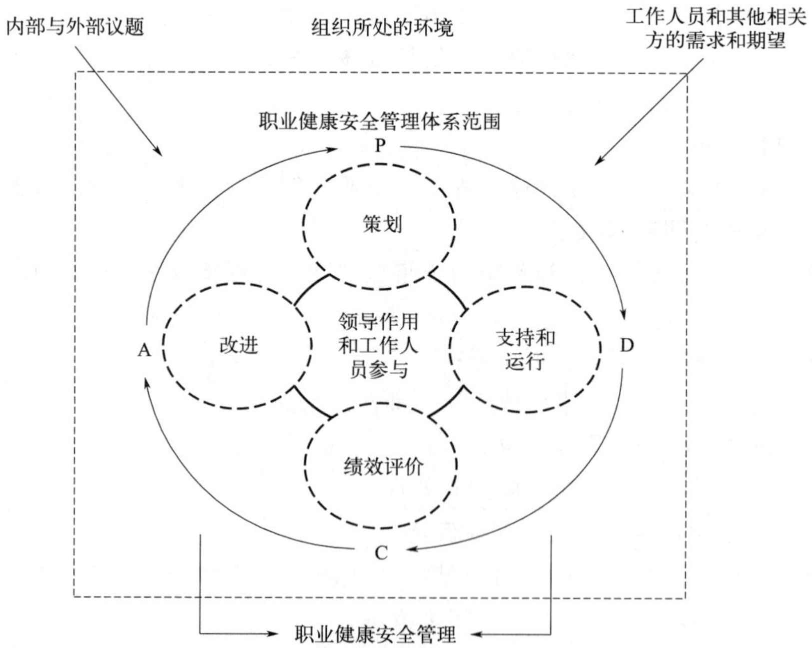

图 10-1 PDCA

① 策划 P（plan） 确定和评价职业健康安全风险、职业健康安全机遇以及其他风险和其他机遇，制定职业健康安全目标并建立所需的过程，以实现与组织职业健康安全方针相一致的结果。

② 实施 D（do） 实施所策划的过程。

③ 检查 C（check） 依据职业健康安全方针和目标，对活动和过程进行监视和测量，并报告结果。

④ 改进 A（act） 采取措施持续改进职业健康安全绩效，以实现预期结果。

10.3.2 事件、不符合和纠正措施

组织应建立、实施和保持包括报告、调查以及采取措施在内的过程，以确定和管理事件、不符合。当事件或不符合发生时组织应：

① 及时对事件和不符合做出反应，并在适当的时候采取措施予以控制和纠正，以及处置后果。

② 在工作人员的参与和其他相关方的参加下，通过下列活动，评价是否采取纠正措施，以消除导致事件或不符合的根本原因，防止事件或不符合再次发生或在其他场合发生：

a. 调查事件或评审不符合；

b. 确定导致事件或不符合的原因；

c. 确定类似事件是否曾经发生过，不符合是否存在或它们是否可能会发生。

③ 在适当时对现有的职业健康安全风险和其他风险的评价进行评审。

④ 按照控制层级和变更管理，确定并实施任何所需的措施，包括纠正措施。

⑤ 在采取措施前，评价与新的或变化的危险源相关的职业健康安全风险。

⑥ 评审任何所采取措施的有效性，包括纠正措施。

⑦ 在必要时变更职业健康安全管理体系。

10.3.3 持续改进

组织应通过下列方式持续改进职业健康安全管理体系的适宜性、充分性与有效性：

① 提升职业健康安全绩效；

② 促进支持职业健康安全管理体系的文化；

③ 促进工作人员参与职业健康安全管理体系持续改进措施的实施；

④ 就有关持续改进的结果与工作人员及其代表（若有）进行沟通；

⑤ 保持和保留文件化信息作为持续改进的证据。

10.4 职业健康安全管理体系的成功因素

对组织而言，实施职业健康安全管理体系是一项战略和经营决策。职业健康安全管理体系的成功取决于领导作用、承诺以及组织各层次和职能的参与。

职业健康安全管理体系的实施和保持，以及其有效性和实现预期结果的能力取决于诸多关键因素。这些关键因素可能包括：

① 最高管理者的领导作用、承诺、职责和担当；

② 最高管理者在组织内建立、引导和促进支持实现职业健康安全管理体系预期结果的文化；

③ 沟通；

④ 工作人员及其代表（若有）的协商和参与；

⑤ 为保持职业健康安全管理体系所需的资源配置；

⑥ 符合组织总体战略目标和方向的职业健康安全方针；

⑦ 辨识危险源、控制职业健康安全风险以及利用职业健康安全机遇的有效过程；

⑧ 为提升职业健康安全绩效而对职业健康安全管理体系绩效的持续监视和评价；

⑨ 将职业健康安全管理体系融入组织的业务过程中；

⑩ 符合职业健康安全方针并必须考虑组织的危险源、职业健康安全风险和职业健康安全机遇的职业健康安全目标；

⑪ 符合法律法规要求和其他要求。

复习思考题

1. 职业健康安全管理体系（OHSMS）制定的背景之一是什么？
2. ISO 45001 相比传统 OHSMS 的核心优势之一是什么？
3. 职业健康安全管理体系“PDCA”循环中，“策划（P）”阶段的核心任务是什么？
4. 职业健康安全管理体系中“危险源辨识”的核心要求是什么？
5. 最高管理者对职业健康安全管理体系的核心职责之一是什么？

第11章

安全生理和心理

11.1 安全生理和心理概述

人的生理特性、心理特性和人的能力限度是进行人-机-环境系统设计与优化的基础，因此，在进行人-机-环境系统研究中搞清楚人的生理与心理特性至关重要。人的生理特性主要包括人的感觉特性、适应性和生理节律性，人体的兴奋性和反应性也反映在上述特性中。

在生产活动过程中，人需要借助感觉、知觉和记忆等认知活动辨识生产过程中的不安全因素，同时根据自身安全生理与安全心理的状况针对不安全因素做出对应行为。安全生理与安全心理条件共同决定人在生产活动中是否能够做出安全行为。安全行为则是指人们在安全心理支配下，为了确保生产安全而采取的各种行动；不安全行为往往会导致事故的发生，轻则造成财产损失，重则导致人员伤亡。例如，接受良好安全教育且具有安全认知的人群在高空作业时会有危险意识，工作时会做好安全防护；而没有接受安全教育或有“侥幸心理”“逞能心理”等心理特点的人群事故率相对而言大得多。安全心理过程不仅贯穿整个生产活动，也始终离不开具有不同个性特征的人。因此，针对劳动者在需要、动机、能力、气质与性格等方面的个体差异，开展相应的安全教育与培训，有效激发其对安全生产的主动性和兴趣，对于预防由不安全因素引发的工伤事故至关重要。

11.1.1 安全生理基础

感知是生理分析器的工作结果，由感受器、传递神经、大脑皮层三部分组成。感知特征是一个动态的过程，由感觉器官接触感受，传输至神经中枢，再由神经中枢传递至运动器官做出回应。人的感知是感觉和知觉的统称，二者紧密关联但本质不同：感觉是对事物个别属性的直接接收，知觉则是对感觉信息的整合与解释。感知信息传递如图 11-1 所示。

11.1.1.1 人的感觉

感觉是指人脑对直接作用于感觉器官的客观事物个别属性的反映；还反映人体本身的

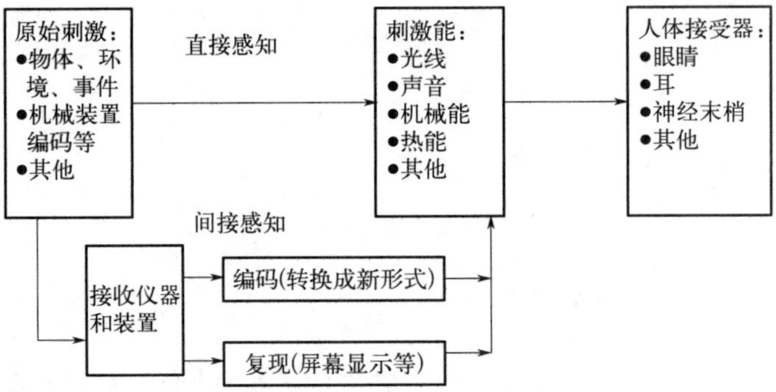

图 11-1 感知信息传递

活动状况。感觉又可以细分为三大类：a. 接受外部刺激的外感受器，它可以反映外界事物属性的外部感觉，如视觉、听觉、嗅觉、味觉和皮肤感觉等；b. 接受人体内部刺激的内感受器，它反映内脏器官在不同状态时的内部感觉，如饥、渴等内脏感觉等；c. 在身体外表面和内表面之间的本体感受器，它反映身体各部分的运动和位置情况的本体感觉，如运动感觉（动觉）、平衡感觉（静觉）等。感觉的基本特性可归纳为以下 3 点：

① 感受性以及感觉阈限　人体的各种感觉器官都有各自最敏感的刺激形式，这种刺激形式可称为对应于该感觉器的适宜刺激。当适宜刺激作用于该感受器时，只需要很小的刺激能量就能引起感受器的兴奋。感受性是感觉器官对适宜刺激的感觉能力，可以用感觉阈限的大小来度量（表 11-1）。

表 11-1 适宜刺激与感觉反应

感觉类型	感觉器官	适宜刺激	刺激起源	识别外界的特征	作用
视觉	眼	可见光	外部	色彩、明暗、形状、大小、位置、远近、运动方向等	鉴别
听觉	耳	一定频率范围的声波	外部	声音的强弱和高低，声源的方向和位置等	报警 联络
嗅觉	鼻腔顶部嗅细胞	挥发的和飞散的物质	外部	香气、臭气、辣气等挥发物的性质	报警 鉴别
味觉	舌面上的味蕾	被唾液溶解的物质	接触表面	甜、酸、苦、咸、辣等	鉴别
皮肤感觉	皮肤及皮下组织	物理和化学物质对皮肤的作用	直接和间接接触	触觉、痛觉、温度觉和压力等	报警
深部感觉	机体神经和关节	物质对机体的作用	外部、内部	撞击、重力和姿势等	调整
平衡感觉	半规管	运动刺激和位置变化	内部和外部	旋转运动、直线运动和摆动等	调整

② 感觉的适应　在同一刺激的持续作用下，人的感受性发生变化的过程称为感觉的适应。例如，对香味的适应——“入芝兰之室，久而不闻其香”；触觉适应——“忽略贴身物品的存在”；对咸味/辣味的适应——“越吃越淡/越吃越不怕辣”等。

③ 余觉　刺激取消之后，感觉可以存在一段极短的时间，这种现象称为余觉。例如，味觉余觉——“嘴里的味道没散”；痛觉余觉——“刺痛感延续”等。

11.1.1.2 人的知觉

知觉是指人脑对直接作用于感觉器官的客观事物和主观状况整体的反应。知觉是一个主动的反应过程，它比感觉更加依赖于人的主观态度和已有的知识经验。知觉大体上可分为空间知觉、时间知觉和运动知觉三大类。

知觉的基本特性可归纳为以下 4 点：

① 知觉的整体性　大脑会将事物的"个别部分"整合为"完整整体"，即使部分信息缺失，也会根据经验、规律（如形状、颜色、位置的关联性）补全，而非孤立地看待每个部分。核心是"缺啥补啥，见部分知整体"。例如，未拼完的拼图，能猜到整体图案；"断句错误"仍能读懂句子等。

② 知觉的理解性　大脑会根据"已有经验"和"当前语境"，对感知到的事物进行"解读以及赋予意义"。同样的事物，因经验、语境不同，理解可能不同。核心是"没有经验，就难理解；语境不同，理解不同"。例如，看同一事物，专业人员和非专业人员的理解深度就不同；"看云识物"，不同的人看同一片云，理解不同等。

③ 知觉的恒定性　当知觉的条件在一定的范围变化时，知觉的印象却保持相对不变的特性，就叫知觉的恒定性。核心是"条件波动，认知不波动"，常见于大小恒定性、形状恒定性、颜色恒定性、亮度恒定性。例如，大小恒定性，"远小近大，但知道实际一样大"等。

④ 错觉　大脑对感觉信息的解读出现偏差，导致"感知到的内容"与"客观事实"不符。不是感觉器官出问题，而是大脑的"加工逻辑"出了错，且错觉具有"普遍性"（多数人都会产生）。

11.1.1.3 感觉与知觉的相互关联

这里应指出的是，在生活或生产活动中，感觉与知觉往往是密切关联的，人们往往都是以知觉的形式直接反映事物，而感觉只作为知觉的组成部分存在于知觉之中，很少有孤立的感觉存在。正是由于感觉与知觉如此密切，所以在心理学中就将感觉与知觉统称为感知觉。

（1）感觉与知觉的区别

① 反映的属性与层级不同　感觉是人脑对刺激的个别属性的直接反映，如光线的明暗、声音的频率、温度的高低，属于认知的"初级编码阶段"。知觉是人脑对刺激整体属性的综合判断，如识别"红色警示灯在闪烁""机器运转的异常噪声"，属于认知的"高级整合阶段"。

人机界面的"感觉设计"需匹配感官的适宜刺激，如视觉显示器的亮度范围要落在人眼的感觉阈限内；而"知觉设计"需考虑人对整体信息的解读习惯，如将不同仪表的异常信号整合为"设备故障"的知觉判断。

② 生理机制与影响因素不同　感觉的产生依赖单一感觉器官的神经传导，如视网膜的视锥细胞处理颜色、耳蜗的毛细胞处理声音，其敏感性主要由刺激物的物理特性决定（如光线强度、声波频率）。知觉的产生依赖大脑皮质联合区对多感官信号的整合，受个体经验、情绪、知识的显著影响，如经验丰富的操作者能从复杂噪声中"听出"机器的潜在故障。

(2) 感觉与知觉的联系

① 感觉是知觉的基础，知觉是感觉的整合。没有感觉对“个别属性”的捕捉，知觉无法形成对事物的整体认知。如无法通过视觉捕捉“仪表指针偏移”“设备振动”等个别信号，就无法知觉“设备故障”。

人机系统的“感知链”设计需保证感觉信号的准确性，如传感器的精度要满足感觉器官的分辨能力，否则知觉判断会失真，如模糊的仪表刻度会导致误读。

② 共同服务于人机交互的“环境适应-风险预判”。感觉和知觉共同构成“从物理刺激到行为决策”的桥梁。感觉负责“捕捉环境变化的原始信号”，如有毒气体的气味、传送带的速度变化。知觉负责“解读信号的意义并触发应对”，如识别“气味是泄漏警报”“速度变化是故障前兆”，进而启动停机操作。

正如许多人体生理学教科书所指出的那样，对于一个完整的人体来讲，从形态和功能上可划分为运动系统、消化系统、呼吸系统、泌尿系统、生殖系统、循环系统、内分泌系统、感觉系统和神经系统这九个系统。各个系统的功能活动相互联系、相互制约，在神经、体液的支配与调节下构成了一个完整的有机整体并进行着正常的功能活动。而对于人体的感觉来讲，根据感受器和感觉器官的不同，感觉内容和属性又可分为视觉、听觉、触觉、痛觉、嗅觉、冷热觉和平衡觉等。其中在人-机-环境系统工程中，视觉、听觉、触觉和平衡觉最为重要。为此下面对人的视觉、听觉略做介绍。

① 人的视觉　视觉是人体接受环境信息的最主要感觉。在输入人脑的全部感觉信息中约 80%以上来自视觉。人体的视觉系统由视觉器官、视神经和视皮层组成。人的视觉器官主要由眼球及其附属结构（如眼睑、泪腺和眼肌等）组成。人眼视网膜上共有 600 万～700 万个视锥细胞和 1.1 亿～1.3 亿个视杆细胞。视锥细胞主要感受强光和颜色的刺激，而视杆细胞主要感受弱光的刺激。在光线的刺激下，视网膜上的视锥细胞与视杆细胞中的感光物质发生光化学反应，将光能转化为生物电能，引起视觉细胞的兴奋，经双极细胞使视神经节细胞产生冲动，将携带物像信息的神经冲动序列传递到大脑视皮层。视杆细胞内只有一种感光色素，它无色觉；视锥细胞有红、绿、蓝三种感光色素，这三种感光色素分别对波长为 440nm、535nm 和 565nm 的光线最为敏感。很显然，视杆细胞与视锥细胞在感光功能上是互补的。视觉的形成过程见图 11-2。

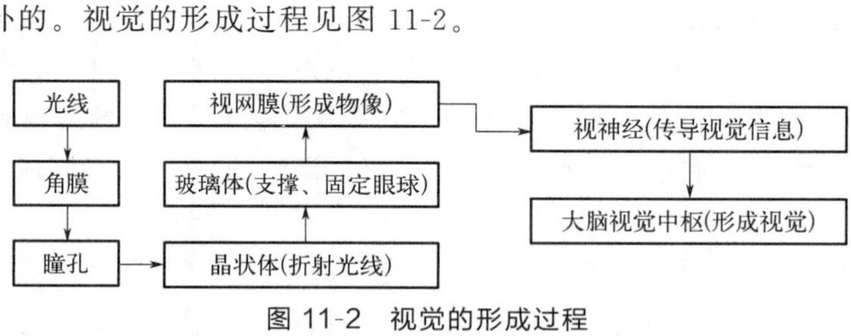

图 11-2　视觉的形成过程

② 人的听觉　听觉是人体对环境声波振动信息的感觉。听觉信息在输入人脑的全部感觉信息中占第二位，仅次于视觉信息。听觉系统由听觉器官、听觉神经和听觉中枢组成。听觉器官由外耳、中耳和内耳组成。外耳和中耳为听觉器官的导声部分，起着声音的传导作用；内耳为听觉器官的感声部分，起着声音的感受作用。内耳由前庭器官和耳蜗组成。人的每侧耳蜗有外毛细胞 12000 个，内毛细胞约 3000 个。毛细胞的顶端有纤毛，在

声波作用下，纤毛以根部为基点对盖膜做相对运动，将机械能转化为生物电能。应该指出，听觉过程是一个经历了机械、电、化学、神经冲动的转换与传递过程。大体上包括在中耳的传声、内耳的声电转换、听觉信息编码及听觉中枢信息的处理过程。对此，本节因篇幅所限不做详细介绍。人耳能听到的声音的频率范围为 20～20000Hz，低于 20Hz 的声音为次声，高于 20000Hz 的声音为超声。次声和超声均可刺激人耳，但不能诱发听觉。人耳最灵敏的频率范围是 500～4000Hz。听觉的形成过程见图 11-3。

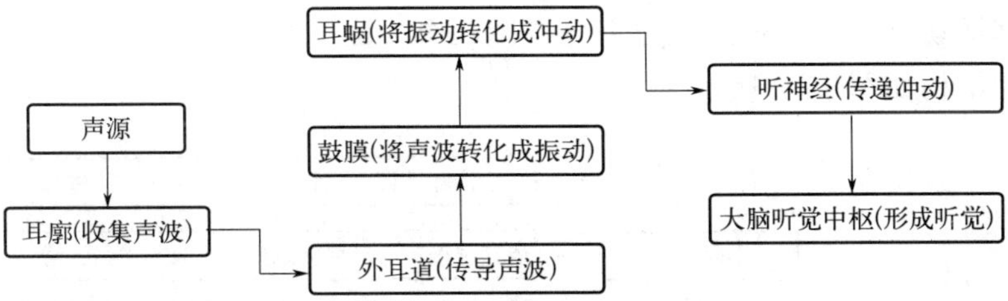

图 11-3　听觉的形成过程

11.1.2　人的生理适应性

人体的内部细胞、组织和器官所处的环境称为内环境，并以此去区别人体本身所处的外部环境。外部环境的条件一般不同于人体生命运动所需要的温度，为了保证体内生命活动的正常进行，必须使人体内环境保持一定的稳定性。例如，外环境的温度可由零下几十摄氏度变化到零上几十摄氏度，而人体内的温度始终在 37℃左右。同样，内环境的压力、酸碱度等其他理化参数也保持相对稳定，不随外环境变化。这种体内环境相对稳定不随外环境变化的机制称为生理稳态。人体的生理稳态是通过一系列生理调节过程来实现的。生理调节方式主要有神经调节、体液调节和自身调节。以下对这三种调节方式略做介绍。

① 神经调节　是人体生理调节的最主要手段，其基本方式是神经反射。神经反射是在中枢神经系统的参与下，机体对内外环境刺激所做的规律性反应。神经反射的基本结构单元是反射弧。它由感受器、传入神经纤维、中枢、传出神经纤维和效应器组成。中枢神经系统又包括脑和脊髓，周围神经系统包括脑神经和脊神经，如图 11-4。感受器是将外界刺激能量转化为神经脉冲，神经冲动经传入神经纤维到达中枢神经系统，在中枢神经系统经过加工处理之后再以神经脉冲方式经特定的传出神经纤维传至效应器，最后由效应器做出适当的反应（例如引起肌肉的收缩或体液的分泌等）。

② 体液调节　是指人体通过某一器官或组织分泌某种化学物质达到调节的功能。这类具有生理调节功能的化学物质统称为激素，分泌激素的器官或组织称为内分泌腺。各内分泌腺组成内分泌系统，调节全身许多重要器官的功能活动（如甲状腺分泌甲状腺素调节全身的能量代谢）。

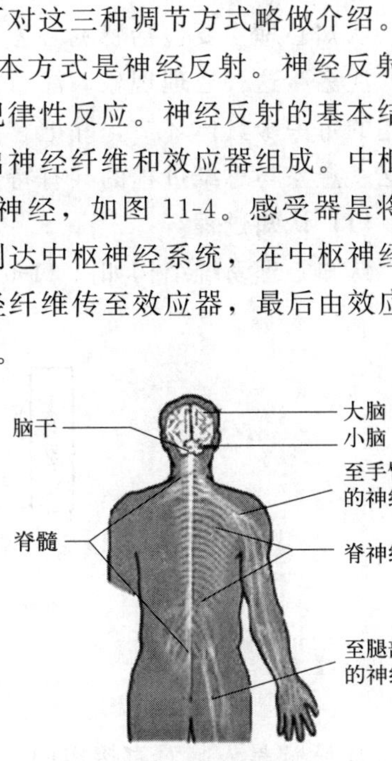

图 11-4　神经系统

③ 自身调节　人体组织器官的有些调节并不依赖于神经调节与体液调节，而是通过自身固有的机制进行调节，这种调节在一定情况下起着保护作用（例如当回

流到心脏的血流量突然增加时，心肌被拉长，心肌的收缩力会自动加大，排出更多的血液，使心脏不至于过度扩张）。

11.1.3 安全心理基础

人的心理活动具有普遍性和复杂性。普遍性是因为它始终存在于人的日常生活与完成工作任务的全过程中。复杂性则体现在它既有有意识的自觉反映形式，又有无意识的自发反映形式；既有个体感觉与行为水平上的反映，又有群体社会水平上的反映。总的概括起来，人的心理活动可分为心理过程与个性心理两个方面。

心理活动结构如图 11-5 所示。

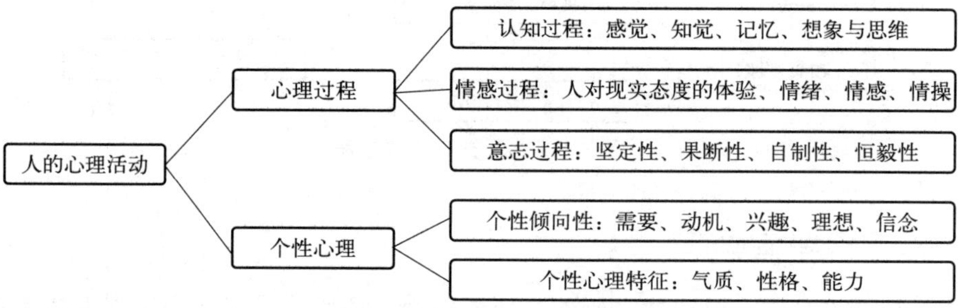

图 11-5 心理活动结构图

11.1.3.1 人的心理过程

人的心理过程可以分为认知过程、情感过程和意志过程。在这三个过程中，认知过程是最基本的心理过程，情感过程与意志过程均是在认知过程的基础上产生的。认知过程由各个相互联系影响的环节构成，主要包括感觉、知觉、记忆、想象与思维过程。与此相应，认知心理主要包括感觉心理、知觉心理、记忆心理、想象心理与思维心理等，其中包括“注意”这种心理现象。注意是使人的意识集中指向对象的一种特殊心理状态，它参与上述的每一个具体环节，并把它们紧密联结为一个统一的认知过程。注意是感觉、知觉、记忆、想象与思维过程的共有特性，是认识事物的必要条件。

(1) 认知过程

认知心理系统结构如图 11-6 所示。

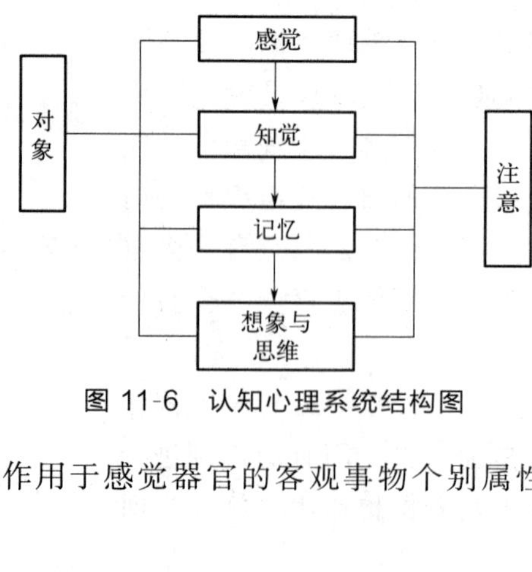

图 11-6 认知心理系统结构图

① 感觉是人脑对直接作用于感觉器官的客观事物个别属性的反映。感觉按其刺激的

来源可分为外部感觉与内部感觉两种。外部感觉是人对外界环境刺激源的反映，主要包括视觉（眼）、听觉（耳）、嗅觉（鼻）、味觉（舌）和触觉（皮肤）接受外界的光、声、化学成分和压力等理化因素的刺激；内部感觉是人对自身内部环境刺激的反映，主要包括运动感、平衡感和机体感（又称内脏感觉）。所谓运动感，是对人体各部位的位置、张力和相对运动状况的反映；而平衡感是人体整体做直线变速运动或者旋转运动时的反映；机体感是指人体对内部脏器状态的感觉，这些感受器或神经末梢通常分布于脏器的壁上，将内脏的状态信息传递给中枢神经系统。

② 知觉是人脑对直接作用于感觉器官的客观事物整体属性的反映。知觉过程是建立在感觉过程的基础上的，是对多个或多种感觉信息的整合。知觉又可分为三种，即空间知觉、时间知觉和运动知觉。

③ 记忆是一个复杂的心理过程，它由识记、保持和重现三个环节构成。另外，按照记忆过程的时间特征，记忆又可分为感觉记忆、短时记忆和长时记忆。外界信息和人自身行为的多样性决定了人的记忆形式也是多样的，如形象记忆、情景记忆、情绪记忆、运动记忆和语义记忆等。

④ 想象与思维是人脑对现实事物间接的和概括的加工形式。想象与思维过程的主要特征是间接性和概括性，这与感觉和知觉有本质的不同。思维又可分为动作思维、形象思维、抽象思维三种类型；根据概括思维的创新程度不同，又可将思维分为常规性思维和创造性思维。当然，还可以有其他的分类方法，这里不予赘述。

（2）情感过程

情感过程是人对外界事物所持态度的体验。情感与情绪是情感过程的两个层面：情感是与人的高级社会性需要相联系的体验方式，具有情境性和稳固性；情绪是较低层次的情感过程，是情感产生的基础。人的情绪、情感的变化会引起相应的生理变化，影响人的认知态度、认知水平，进而对操作行为产生影响。如果由情绪、情感所引发的生理变化降低了人对客观事物的认知水平和效果，或者它直接干扰了正确的操作行为，导致误操作发生，那么事故就在所难免。情绪、情感对安全生产的影响过程如图 11-7。

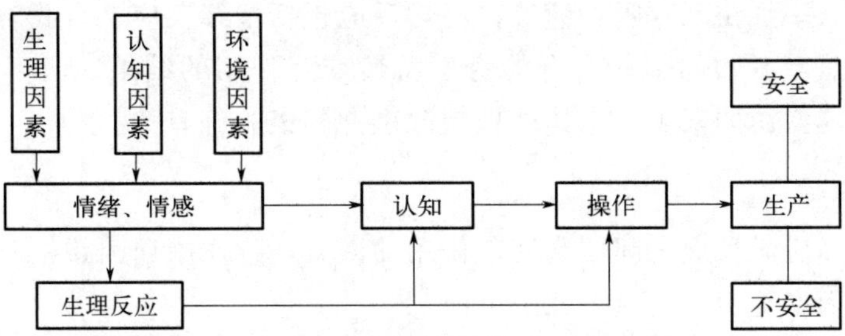

图 11-7　情绪、情感对安全生产的影响过程

（3）意志过程

意志是大脑的机能，表现于人的行动中。人的意志活动的实质，不仅在于意志行动是自觉地确定行动的目的，而且在于积极调节行动以实现目的。意志对行动的调节作用表现在激动与抑制两个方面，而意志的行动过程主要体现在决策阶段与执行阶段。另外，意志具有自觉性、坚韧性、果断性和自制力等基本品质。意志在保证达成生产目标、减少生产

过程中非安全行为等方面具有重要作用。

11.1.3.2　人的个性心理

个性是人所具有的个人意识倾向性和比较稳定的心理特点的总称。人的个性是受家庭、社会潜移默化的影响，并在长时间过程中逐渐形成的。个性主要包括个性倾向和个体心理特征两大方面。个性心理倾向包括需要、动机、兴趣、理想、信念与价值观等，而个性的心理特性主要包括气质、能力与性格三个方面。另外，自我意识也是人个性的重要组成部分之一，是个性结构中的自我调节系统。自我意识的发展又主要表现为自我评价、自我体验和自我调控这三种重要形式。

11.2　人体的人机学参数

11.2.1　人体的反应时间

人体的反应时间是从获得信息到发出指令至运动器官执行动作完毕所需的时间。影响人体反应时间的因素有以下六点：

① 感觉通道的种类。

② 效应器官的特点。

③ 刺激的强度和刺激的性质。

④ 刺激出现时间的不确定性。

⑤ 反应的复杂性。

⑥ 人的生理和心理需求。

11.2.2　人体的应激反应

人体的应激反应是指各种紧张性刺激物引起的个体非特异性反应。包括生理反应和心理反应两大类。生理反应表现为交感神经兴奋、垂体和肾上腺皮质激素分泌增多、血糖升高、血压上升、心率加快和呼吸加速等；心理反应包括情绪反应、自我防御反应及应对反应等。应激反应是刺激物同个体自身的身心特性交互作用的结果，而不仅仅由刺激物引起，还与个体对应激源的认识、个体处理应激事件的经验等有关。

11.2.2.1　中介因素

介于应激源和应激反应之间的起调节作用的因素，称作中介因素。对于心理社会性应激源，这些中介因素至少包括以下几个方面：

① 刺激物或心理社会性事件对当事者的意义，这又取决于个体对它的认识与评价，影响认识和评价的主观因素又有个体以往的生活经历和经验、他的信念、受教育的程度和性格等。

② 个体处理事件和它所造成的心理应激的应对能力。这依赖于他的应对经验、手段、心理防御，以及他对应对效果的估计和预期等。

③ 环境因素，包括社会文化环境和自然环境，前者如社会或情绪支持，后者如特殊的致病物质等。

④ 个体的身心组成特点，如身体素质、遗传倾向、潜在的疾病、觉醒水平和个性等。

适当强度的应激反应对人有积极意义，它们可以提高人的警觉性、增强身体的抵抗和适应能力，也可以增进工作和学习的效果。然而，如果应激反应过于强烈、过于持久，那么不管这些反应是生理性的还是心理性的，都将是有害的。所谓的“心身疾病”，便是一类与过强过久的心理应激反应有关的躯体性疾病。常见的有原发性高血压、支气管哮喘、溃疡性结肠炎、肥胖、原发性性功能障碍、月经失调等。

11.2.2.2 应激反应的分类

① 应激引起的心理反应　可分为两类：一种是积极的心理反应；另一种是消极的心理反应。积极的心理反应是指适度的皮层唤醒水平和情绪唤起；注意力集中；积极的思维和动机的调整。这种反应有利于机体对传入信息的正确认知评价、应对策略的抉择和应对能力的发挥。消极的心理反应是指过度唤醒（焦虑）、紧张；过分的情绪唤起（激动）或低落（抑郁）；认知能力降低；自我概念不清等。这种反应妨碍个体正确地评价现实情境、选择应对策略以及发挥应急应对能力。

② 应激引起的生理反应　Cannon 从动物在紧急事例面前表现出的“搏斗或逃跑（fight or flight）”反应中发现，这种机制涉及同化（副交感，胆碱能）功能的抑制和异化（交感，肾上腺能）功能的激活。这两个过程的结合保证了动物在遭遇紧急情况时能量的需要，从而提出了交感-肾上腺髓质系统在应付剧变时“移缓济急”的生理原则，与此有关的各种内脏及躯体活动变化都遵循这一原则。

塞里（Seyle）的一般适应综合征学说则偏重于垂体-肾上腺皮质轴的作用。心理应激的神经、内分泌后果是因人而异的（与所处情境、社会角色、群体中的地位相关），因害怕失控产生的“战斗-逃跑”的启动与杏仁核有关；而受制于群体隔离或行动受挫而致抑郁时，可能与海马体及肾上腺皮质机能有关。

生理性应激反应及其恢复过程称为生理应激，它包括三个阶段：第一阶段对刺激产生直接反应及代偿反应，比如运动中呼吸加快、血压升高等；第二阶段是对刺激部分出现全适应，如身体适应了训练，细胞活动加强，抵抗力增强；第三阶段是刺激停止后的恢复过程，应激反应逐渐消失，体内环境恢复到刺激前的情况（由于适应机制的存在，因此这时体内环境可能有所改善）。运动训练的目的就在于使运动员对增大的负荷适应，应激反应可视为训练过程的一种生理学机制。

11.2.3 人体测量学

人体尺寸是人体测量学工作者辛勤劳动的结晶，对工业产品设计、作业空间设计以及各类机具设计都具有重要意义。

我国于 2023 年 8 月 6 日发布了《中国成年人人体尺寸》（GB/T 10000—2023）。由于我国幅员辽阔、人口众多，人体尺寸的地域差异也较大，因此，该标准又分为“全国统一人体尺寸标准”和“分区人体尺寸标准”两个系列。其中，分区标准根据地理区域划分为东北华北区、中西部区、长江下游区、长江中游区、两广福建区、云贵川区六个自然区域，分别提供各区域成年人身高和体重的均值及标准差。

主要的人体尺寸为：身高、体重、上臂长、前臂长、大腿长、小腿长、上臂围、大腿围、瞳孔间距、掌围、足围。

立姿尺寸为：眼高、肩高、肘高、手功能高、会阴高、胫骨点高。此外，还包含上臂长、前臂长、大腿长、小腿长等肢体长度数据。

坐姿尺寸为：坐高、坐姿颈椎点高、坐姿眼高、坐姿肩高、坐姿肘高、坐姿大腿高、坐姿膝高、小腿加足高、坐深、臀膝距、坐姿下肢长、坐姿大腿厚、坐姿腘高、坐姿臀-腘距。

水平尺寸为：胸宽、胸厚、肩宽、最大肩宽、臀宽、坐姿臀宽、坐姿两肘宽、胸围、腰围、臀围、上臂围、大腿围。

常用的功能尺寸为：站姿尺寸、坐姿尺寸、卧姿尺寸、跪姿尺寸。

功能尺寸涵盖肢体活动范围（如坐姿中指指尖点上举高）、操作空间（如跪姿体长、俯卧姿体长）等动态数据，适用于工作空间设计及设备交互界面优化。

人体的测量基准轴和基准面以及基准点如图 11-8～图 11-10 所示。

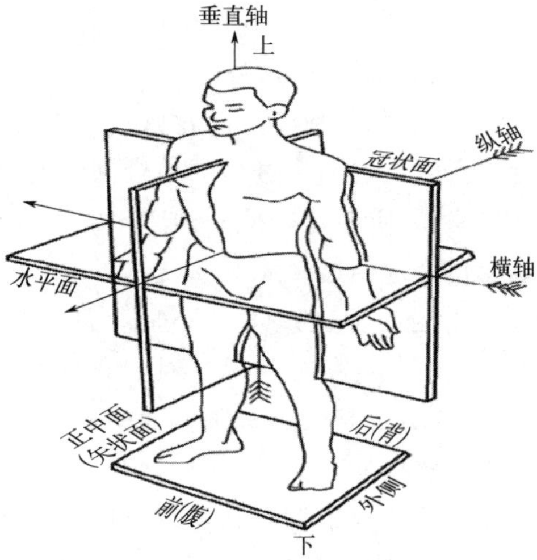

图 11-8 人体的测量基准轴和基准面

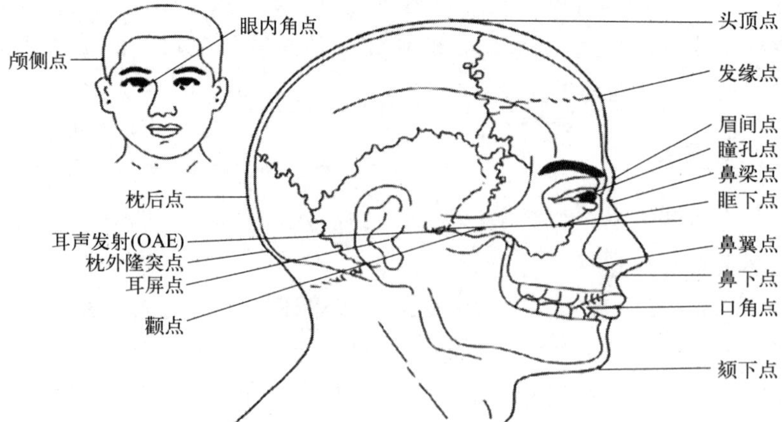

图 11-9 人体测量头部基准点

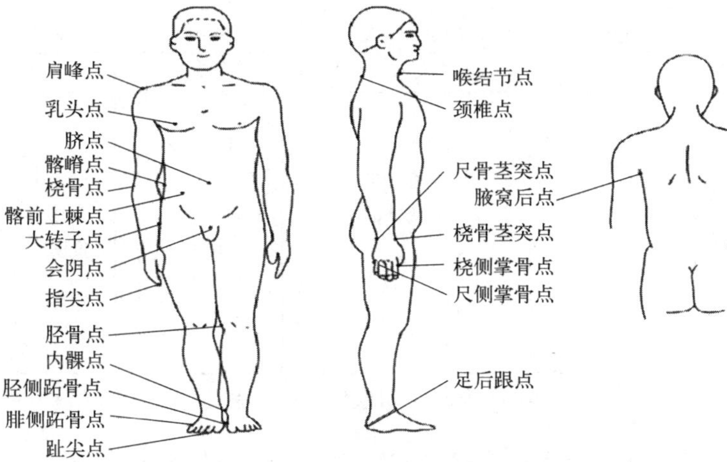

图 11-10　人体测量躯干部与四肢部基准点

11.3　安全人机功能匹配

对于一个复杂的人-机-环境系统来讲，一方面要注意对人的功能进行适当开发与利用，注意对操作人员进行必要的系统训练；另一方面又要在机、环方面在技术上采取有效的措施，以保证相应人员的能力得以充分发挥。此外，更重要的是在人-机-环境系统的开始研究与设计阶段，就应该采用系统分析的方法，从该系统的任务出发提出系统的功能要求；再以功能要求为基础，根据当时的技术条件，对机器的功能和人的能力做详细的分析和研究，合理地进行人与机之间任务的科学分配，因此详细了解人和机的功能特点，了解两者各自的长处和短处，这对实现整个人机系统高效、可靠、安全以及操纵方便是十分必要的。

11.3.1　人的主要功能

人在人机系统操纵过程中所起的作用可以用图 11-11 作概括性说明。该图给出了人在操作活动中的基本功能示意图，它集中体现在信息输入即感受刺激（S）、信息处理即意识或称大脑信息加工（O）以及行为输出即做出反应（R）这三个过程中。心理学家将上述过程称为行为反应的 S—O—R 模式。事实上，对于人的子系统，又可分为 S—O 系统和 O—R 系统。S—O 系统由各种感觉器官（即视觉器官、听觉器官、触觉器官等）与大脑中枢组成，由传入神经作为联络纽带。这个系统的任务是收集信息、发现问题，并传递到大脑进行加工整理，即判断和决策。对输入的信息，有的只需要存储记忆或分析判断，没有必要启动 O—R 系统做出直接反应；有的则要求动用 O—R 系统做出相应的反应。O—R 系统由大脑中枢与运动器官（即手、脚、肢体、声带等）组成，由传出神经作为联络纽带。这个系统的任务是执行大脑发出的指令，改变客体的状态。

① 人的第一种功能——感受器（或称传感器，也称信息发现器）。人在人机系统中首先具有感觉功能。通过感觉器官接收信息，也就是说用感觉器官作为联系渠道，去感知机的工作情况与使用情况，因此这时感觉器官便成了联系人与机之间的枢纽和信息接收者。

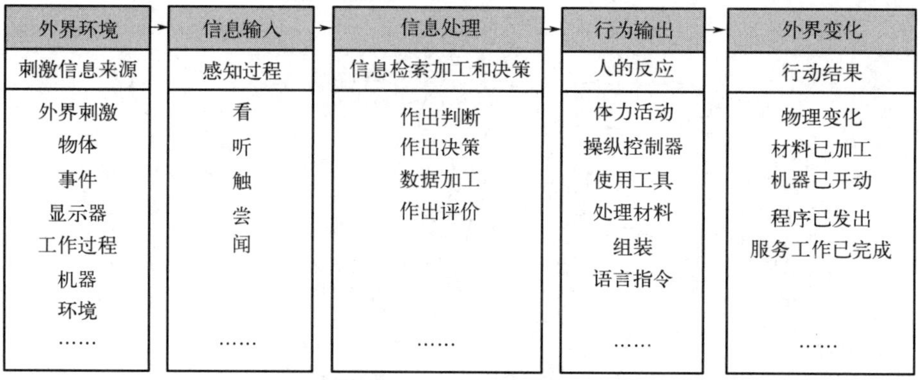

图 11-11 人机系统操纵过程

② 人的第二种功能——信息处理器。实际上，人的中枢神经系统、脑和脊髓是接受外界刺激以及做出相应反应的指挥中心。

③ 人的第三种功能——控制器，即通过机的控制器进行操纵。

11.3.2 人的主要功能与人体尺寸适配要求

人的核心功能仍遵循 S—O—R 模式，即刺激接收—信息处理—行为输出。人的功能发挥高度依赖“人体尺寸与作业场景的适配性”，不同行业的作业姿势（立姿、坐姿、特殊姿势）与空间条件差异显著，设计需遵循第 95 百分位原则（适配绝大多数操作者，避免由仅按平均尺寸设计导致的不适），通用参数与行业特殊要求见表 11-2。

表 11-2 人体尺寸适配

作业姿势	关键人体尺寸	行业场景设计要求
立姿（如矿山支护、制造业装配、零售收银）	（1）立姿肘高：1050～1150mm/950～1050mm。 （2）手臂最大前伸距：700～800mm/650～750mm。 （3）立姿视野：水平 120°、垂直 90°	（1）操作台高度：肘高±50mm（矿山支护手柄、零售收银台均需满足，避免抬手/弯腰）。 （2）常用控制器：布置在手臂前伸距内（如装配线按钮，无须踮脚/跨步）。 （3）显示屏：水平视线下方 15°～30°（减少颈部疲劳，适用于各类立姿监控场景）
坐姿（如矿车驾驶、办公室办公、公交车驾驶）	（1）坐姿膝部高度：500～550mm/450～500mm。 （2）臀部至头顶距：900～950mm/850～900mm。 （3）坐姿手操作范围：前方 300～500mm	（1）座椅高度：与膝部高度一致（办公室座椅、公交车驾驶座需满足，确保脚平放在地面上）。 （2）作业空间净高：≥臀部至头顶距+100mm（如矿车驾驶室、办公室隔间，防碰头）。 （3）操作手柄/键盘：布置在手部操作范围内（如机床控制台、电脑键盘，无须侧身）
特殊姿势（如井下检修、制造业设备维护、餐饮备餐）	（1）弯腰腰椎弯曲角：≤30°（超过则腰椎受力>3000N）。 （2）匍匐时肩高：≤550mm。 （3）手握力：200～500N/150～400N	（1）检修空间：弯腰时头部至顶板距≥300mm（矿山井下检修、机床内部维护均需满足）。 （2）狭窄空间高度：≥600mm（如管道检修、餐饮后厨通道，避免压迫胸腔）。 （3）工具手柄：握力≤最大握力 30%（如检修扳手、餐饮刀具，防止手疲劳）

11.3.3 人体尺寸不适配的危害

尺寸不适配的危害具有累积性（长期健康损伤）与突发性（即时事故风险），不同行业场景下的具体表现如下：

① 健康危害　职业性肌肉骨骼疾病高发。例如，当操作台过高（超立姿肘高 100mm 以上）时，矿山支护工、装配线工人等作业人员在这样的工位上长期作业肩袖肌群会持续紧张，工作 6 个月内肩周炎发生率达 28%；当座椅过低（低于坐姿膝高 50mm）时，办公室文员、公交车司机等作业人员长期作业下肢静脉回流会受阻，工作 1 年以上静脉曲张发生率达 35%；当弯腰空间不足（腰椎弯曲角＞45°）时，矿山检修工、餐饮备餐员腰椎间盘突出风险比适配场景高 2.3 倍等。

② 事故风险　操作失误率剧增。例如，紧急停止按钮超出手臂前伸距（如机床、矿车），突发故障时操作响应延迟≥1s，易导致设备卡钻、碰撞；坐姿显示屏角度过高（如办公室电脑、矿车监控屏），操作者抬头看数据时忽略前方风险（如行人、障碍物），引发事故。

③ 可靠性下降　效率与注意力双降。尺寸不适配导致操作者每小时需调整姿势 5～8 次，如办公室座椅不适、矿山操作台过高，工作效率下降 15%～20%；同时，身体不适引发注意力分散，安全警示信号（如设备异响、报警灯）识别率下降 30%以上。

11.3.4 机的主要功能

机的子系统分为 C—M 和 M—D 系统。C—M 系统由控制器和机器的转换机构（或计算机主板）组成，该系统的任务是反映机器的输入转换为输出。M—D 系统由机器的转换机构和显示器组成，该系统的任务是反映机器的运行过程和状态的信息。并不是所有的机器子系统同时具备 C—M 系统和 M—D 系统。有的只有 C—M 系统，如自行车等；有的则只有 M—D 系统，如某种信息显示仪表等。当然，机器是按照人的某种目的与要求进行设计的，尤其是自动化程度较高的机器更是如此，也具有接收信息、储存信息、处理信息和执行命令等主要功能。人机系统的功能如图 11-12 所示。

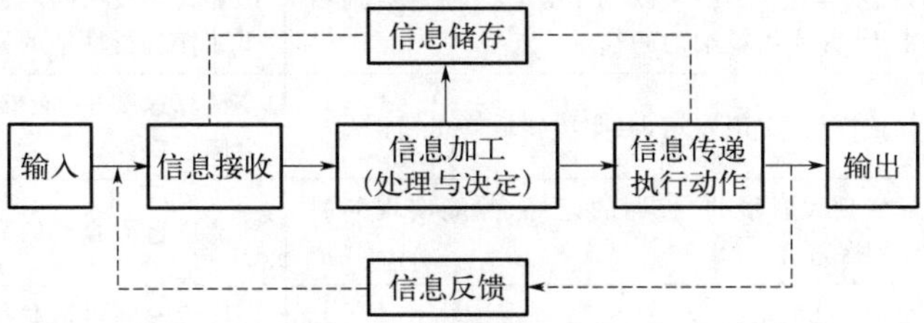

图 11-12　人机系统的功能图

11.3.5 机的主要功能与人机适配要求

不同行业的机器（如矿山设备、制造业机床、交通运输车辆、服务业收银机）需结合操作者特性与场景风险，满足通用适配标准与行业特殊要求，具体参数如表 11-3 所示。

表 11-3　人机适配

设备组件	通用适配要求(针对操作者特性)	行业特殊要求
控制器	(1)操作力:按钮 5～15N、手柄 50～100N(≤人手最大握力 30%,防疲劳)。 (2)间距:相邻按钮≥25mm(防误触)。 (3)布局:常用控制器在"最佳操作区"(坐姿前方 300～500mm)	(1)矿山设备:紧急停止按钮为红色,突出布置,高度与坐姿手高一致(无须寻找)。 (2)制造业机床:手柄带减振套(减少振动传递)。 (3)办公室键盘:键程 3～5mm(符合手指按压习惯)
显示屏	(1)视距:1.0～1.5m(避免过近/过远导致视力疲劳)。 (2)视角:水平视线下方 15°～30°。 (3)字符:高度≥5mm(5m 内看清,防误读)	(1)矿山设备:防眩光(井下强光/粉尘环境下对比度≥30∶1);防爆(符合 ExdI 标准)。 (2)公交车仪表盘:夜间亮度可调(避免眩光)。 (3)办公室显示器:蓝光过滤功能(减少眼部损伤)
振动/噪声控制	(1)振动:加速度≤$5m/s^2$(8 小时等效值,防肌肉、骨骼损伤)。 (2)噪声:作业点≤85dB(A)	(1)矿山凿岩机:加装减振手柄(振动加速度从 $12m/s^2$ 降至 $4m/s^2$)。 (2)工厂风机:隔声罩+消声器[噪声从 105dB(A)降至 80dB(A)]。 (3)办公室打印机:静音设计[运行噪声≤50dB(A)]
安全防护装置	(1)防护栏高度≥1050mm(防坠落)。 (2)急停响应时间≤0.5s(减少事故损失)	(1)矿山矿车:防护栏间距≤150mm(防肢体伸入)。 (2)制造业冲床:红外感应(靠近人体自动停止)。 (3)餐饮设备(如烤箱):防烫手柄与门体(避免烫伤)

11.3.6 人与机特性的比较

在进行人机系统的设计时，首先必须考虑人和机器各自的特性，根据两者的长处和弱点确定最优的人机功能分配，以便从设计开始就尽量防止产生人的不安全行为和机器的不安全状态，使整个人机系统保持安全可靠、效果最佳。表 11-4 给出了人与机器特性的比较，显然，表中的比较仅仅体现工程技术方面，并不是全部。

表 11-4　人与机器特性比较表

能力种类	人的特性	机器的特性
物理方面的功率	10s 内能输出 1.5kW,以 0.15kW 的输出能连续工作 1 天,并能做精细的调整	能输出极大的和极小的功率,但不能像人手那样进行精细的调整
计算能力	计算速度慢,常出差错,但能巧妙地修正错误	计算速度快,能够正确地进行计算,但不会修正错误
记忆容量	能够实现大容量的、长期的记忆,并能实现同时和几个对象联系	能进行大容量的数据记忆和取出
反应时间	最小值为 200ms	反应时间可达微秒级
通道	只能单通道	能够进行多通道的复杂动作
监控	难以监控偶然发生的事件	监控能力很强
操作内容	超精密重复操作时易出差错,可靠性较低	能够连续进行超精密的重复操作以及按程序常规操作,可靠性较高
手指的能力	能够进行非常细致且灵活快速的动作	只能进行特定的工作
图形识别	图形识别能力强	图形识别能力弱
预测能力	对事物的发展能做出相应的预测	预测能力有很大的局限性

续表

能力种类	人的特性	机器的特性
经验性	能够从经验中发现规律性的东西,并能根据经验进行修正总结	不能自动归纳经验

11.3.7 人机匹配的优点

11.3.7.1 人优于机器的方面

① 在感觉与知觉方面，人的某些感官的感受能力比机器优越。例如，人的视觉器官可以发现仅有几个光量子的微光，听觉器官对声音的分辨力以及嗅觉器官对某些化学物质的感受性等都优于机器。人对图像的识别能力远胜过机器。

② 人能运用多种通道接收信息，当一种信息通道有障碍时可用其他通道补偿。而机器只能按设计的固定结构和方法输入信息。

③ 人具有高度的灵活性和可塑性，能随机应变，能应对意外事故以及排除故障。而机器应付偶然事件的程序往往是非常复杂的。

④ 人能长期大量储存信息，并且能随时综合与利用记忆信息进行分析与判断。

⑤ 人具有总结和学习功能，而机器无论多么复杂，都只能按照人预先编好的程序工作。

⑥ 人能进行归纳推理，在获得实际观察资料的基础上归纳出一般结论，形成概念并能创造发明。

⑦ 人是有感情、意识和个性的，人具有能动性，人在社会活动中具有明显的社会性。

11.3.7.2 机器优于人的方面

① 机器能平稳且准确地运用巨大动力，其功率、强度和负荷的大小可以随需要而定。而人要受到人体结构和生理特性的限制。

② 机器动作速度快，信息传递、加工和反应的速度快。对于人的操作活动来讲，反应频率最快也只能达到每秒 1～2 次，显然远不及机械与计算机。

③ 在感受外界的作用方面，机器的精度高。而人的操作精度不如机器。

④ 机器的稳定性好，可终日不停地重复工作而效率不会降低，而人就存在疲劳问题。

⑤ 机器的感受和反应能力一般比人的高。

⑥ 机器可同时完成多种操作，而人一般只能同时完成 1～2 项操作，并且难以持久。

⑦ 机器能在恶劣环境（如高压、低压、高温、低温、超重、缺氧、辐射、振动等）下工作，而人则无法耐受。

11.4 人机系统的安全设计

人机系统设计贯穿我们生活与工作的方方面面，小到家中的洗衣机、办公用的打印机，大到工厂的生产线、医院的手术设备，其核心是通过科学设计让“人、机器”二者协调配合，既要保证任务高效完成，更要避免安全事故（图 11-13）。

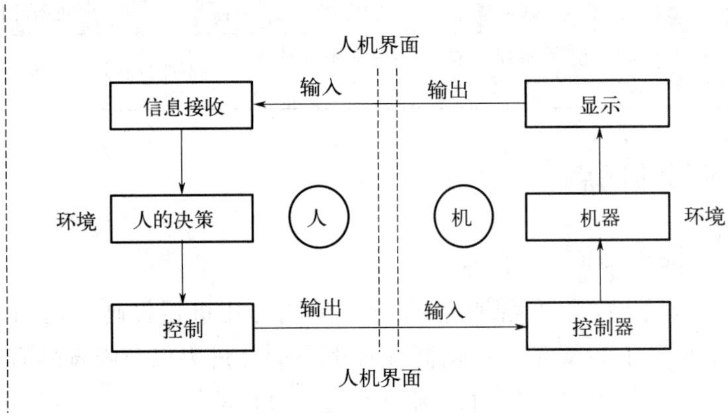

图 11-13 人机系统

11.4.1 人机系统设计的基本要求

人机系统设计需以“安全优先、人因适配、环境协同、闭环管控”为核心导向，满足以下五项基本要求。

11.4.1.1 人机设计目标要与功能适配

系统设计需明确预设的任务目标，确保人、机、环境三者的功能组合能完整覆盖任务需求，且无功能冗余或缺失。同时，系统的输入与输出需匹配人员的感知能力与机器的响应阈值。

11.4.1.2 人-机关系要与能力相匹配

充分结合人的生理与心理特性，设计机器功能与操作流程，确保人员能高效发挥主观能动性，同时机器能弥补人的能力短板。具体包括感知适配、操作适配和认知适配，操作流程需符合人的思维逻辑。例如：家用电器的“开机—设置—运行—关机”步骤需简洁连贯，避免复杂的层级菜单，降低人员认知负荷。

11.4.1.3 人机设计需消除对人与机器的不利影响

环境作为人机系统的外部支撑条件，其设计需消除对人与机器的不利影响，同时增强系统对环境变化的耐受能力。例如 2021 年山东栖霞笏山金矿事故教训，避险硐室需满足容量需求（避免 22 人挤入额定 10 人的硐室导致 CO_2 浓度骤升），同时配备多模态导航装置，减少逃生路径偏差。

11.4.1.4 系统须具备“预判风险、容错纠错”的能力

系统须具备“预判风险、容错纠错”的能力，降低由人员误操作或机器偶发故障导致的事故概率。

11.4.1.5 人机系统需构建“感知—决策—执行—反馈”的闭环回路

人机系统需构建“感知—决策—执行—反馈”的闭环回路，确保系统状态能实时被人员感知，且人员可根据反馈调整操作，机器可根据信号优化运行参数。

11.4.2 人机系统设计的原则

11.4.2.1 国内国家标准中的人机工程学指导原则

(1)《中国成年人人体尺寸》(GB/T 10000—2023)——人体测量与工作空间设计原则

① 百分位适配原则 设计需覆盖“第 5 百分位女性～第 95 百分位男性”的人体尺寸，避免仅按“平均尺寸”设计导致部分人群不适。

② 动态空间预留原则 工作空间需考虑人体动作的“动态余量”，如操作手柄时的手臂活动半径、站立作业时的转身空间，避免动作受限导致肌肉疲劳。

③ 尺寸优先级原则 关键尺寸优先满足“功能安全性”，次要尺寸兼顾“使用便利性”。

(2)《用于机械安全的人类工效学设计》(GB/T 18717—2002)——人机界面设计原则

① 信号编码唯一性原则 同一系统内，颜色、形状、符号的安全含义需唯一，禁止交叉使用，避免认知混淆。

② 多模态冗余原则 高风险操作需采用“视觉＋听觉＋触觉”多模态提示，适配噪声、强光等复杂环境。

③ 标识可读性原则 文字标识需满足“3 米内清晰可读”，符号标识需符合《电气设备用图形符号 第 2 部分：图形符号》(GB/T 5465.2—2023)，避免自定义符号导致理解偏差。

(3)《机械安全 设计通则 风险评估与风险减小》(GB/T 15706—2012)——机械系统人机适配原则

① 操作力适配原则 控制器操作力需匹配人体肌力，避免长期操作导致“重复性劳损”。

② 故障安全原则 若机器故障，控制器需自动切换至“安全状态”。

③ 视线无遮挡原则 显示器与操作区域需处于人体自然视野范围内，避免头部或躯干过度扭转，降低颈椎损伤风险。

11.4.2.2 国内教材中的人机工程学指导原则

ISO 6385 规定了人机工程学的一般指导原则，其中包括：

① 工作空间和工作设备的一般设计原则（其中规定了与人体尺寸有关的设计，与身体姿势、肌肉和身体动作有关的设计，与显示器、控制器以及信号相关的设计）。

② 工作环境的一般设计原则。

③ 工作过程的一般设计原则（其中特别提醒设计者应避免工人劳动超载和负载不足的问题，以保护工人的健康与安全，增进福利以及便于完成工作）。

11.4.3 人机系统的设计步骤

① 第一步是明确人机系统的重要事项：对系统的任务、目标，系统使用的环境条件以及对系统的机动性要求等都要有充分的了解和掌握。

② 第二步是系统分析和系统规划：进行认真的系统分析，即利用人机工程学基础知

识对系统的组成、人机的联系方式、作业活动等内容进行方案分析，详细划分性能，主要是分析系统的功能、系统构思的发展，对可能的构思进行分析评价，分析该系统各要素的机能特性及其约束条件。

③ 第三步是系统设计：预备设计细则，要考虑设计细则与人的作业的关系，且设计时应考虑与人有关的因素，人员的培养计划，人员的指导、训练和配备计划，以及其他专家小组的折中方案。

④ 第四步是系统设计的实验和评价：规划阶段的评价模型、制造阶段原型最终模型的缺陷诊断和修改建议。借助于人机工程学的相关标准与原则对设计方案进行评价。在选定了合适的评价方法之后，对系统的可靠性、安全性、高效性、完整性以及经济性等方面做出综合评价，以确定方案是否可行。

⑤ 第五步是生产和使用。

11.4.4 人机系统和事故的关系

人机系统与事故是紧密关联的。人机系统是指由人和机器构成的协同工作系统，二者通过信息传递、动作配合共同完成既定任务。若人机系统在设计阶段未考虑人与机器的适配性，或在使用阶段存在不规范操作，就可能打破二者的协同平衡，进而诱发事故。

事故的发生通常是多因素叠加的结果，主要可归为人的因素、机器因素与环境因素三类。

（1）人的因素

人的因素是引发事故的高频诱因，常见情形包括：长时间作业导致的生理疲劳，使操作员注意力分散、反应速度变慢；高负荷工作带来的心理压力，引发焦虑、紧张等情绪，干扰判断与决策；对新设备、新流程不熟悉，操作流程混乱；外界干扰导致的分心，造成操作失误。

（2）机器因素

机器因素同样不可忽视，机器故障可能源于设计阶段的缺陷、制造过程中的质量问题，以及使用过程中维护保养不当。

（3）环境因素

环境因素的突变也可能成为事故导火索，例如暴雨天气导致户外设备短路、高温环境使机器散热失效、地震导致设备倾倒等，这些环境变化都会破坏人机系统的正常运行秩序。

为降低事故发生概率，需要充分考量人的生理与心理特性，比如根据人体尺寸设计操作空间、依据感官敏感阈值设置警示信号，打造易于操作、便于理解的机器界面；针对不同岗位需求，提供系统的操作培训与安全指导，帮助操作员熟悉机器功能与应急处置流程。同时，还需建立健全安全管理体系，定期对机器进行检查、维护与保养，及时更换老化部件、修复潜在故障；对作业环境进行动态监测，针对极端天气、特殊工况提前制定应对预案，从设计、使用、管理全流程排查并消除安全隐患。

11.5 人的作业疲劳与应激

11.5.1 人的作业疲劳的产生、分类、预防及消除

11.5.1.1 作业疲劳的产生

在劳动过程中，人体各系统、器官或全身生理功能和作业能力出现明显下降的状态称为疲劳。疲劳长期积蓄会造成过度疲劳，发展为病理状态。疲劳是人们熟悉但又十分复杂的一种现象，不论从事何种作业，随着劳动时间的延长，均会出现疲劳，表现为作业能力下降，感觉疲倦，对任何用力都感到厌烦等。疲劳可视为机体的正常生理反应，起预防机体过劳的警告作用。

疲劳的产生大致可分为以下三个阶段：

第一阶段，疲倦感轻微，作业能力不受影响或稍下降。此时，浓厚兴趣、特殊刺激、个人意志等可战胜疲劳、维持工作效率，但有导致过劳的危险。

第二阶段，作业能力下降趋势明显，但仅涉及生产的质量，对产量的影响不大。

第三阶段，疲倦感强烈，作业能力急剧下降或有起伏，最终感到精疲力竭，操作发生紊乱，无法继续工作。

可见，疲劳的第三阶段是工伤事故多发的重要原因阶段。幸运的是，人的疲劳与金属的疲劳是不一样的，经过适当的休息是可以恢复的。

11.5.1.2 作业疲劳的分类

疲劳按疲劳形式的不同大致分为下列几种。

① 局部疲劳　局部疲劳主要发生在身体的某一部分或个别器官，如抄写、打字等引起的上肢疲劳和仪表工人的视觉疲劳。这类疲劳发生在局部，一般不影响其他部位的功能。例如、手指疲劳时，对视力和听力并无明显影响。

② 全身疲劳　全身疲劳主要是由全身参加较为繁重的体力劳动所致，表现为肌肉和关节酸痛、疲倦、运作迟缓、反应迟钝、错误增加、作业能力下降等。

③ 智力疲劳　智力疲劳主要是由长时间从事紧张的脑力劳动所引起的头昏脑胀、全身乏力嗜睡或失眠等现象。这种疲劳与对某项工作缺乏兴趣而产生的厌倦感不易区别。

④ 技术性疲劳　技术性疲劳常见于需要脑力、体力并重且精神紧张的作业，如驾驶员、报务员、流水线上的操作工等。这种疲劳与前两种疲劳无本质上的差别。

能够引起疲劳的原因很多，主要有劳动组织和制度不合理，如劳动强度过大或速度过快，不良体位或节奏单调，劳动时间过长等；劳动环境不符合卫生要求，如存在有毒物质及高温、高湿、噪声、振动、照明不足等，以及生产设备和工具太差，不适合劳动者的生理特点等；劳动者个体的因素，如年龄及健康状况、营养状况、技术熟练程度等，都与疲劳发生的早晚有关。

11.5.1.3 作业疲劳的预防

(1) 改革生产技术和设备

以机械化、自动化为中心的技术革新和技术革命，是提高劳动生产率，减轻劳动强

度，改善劳动条件的根本措施。机器、设备和工具适合于人的解剖和生理特点，也是需要遵循的重要原则。例如，机床、工作台的高度，要根据使用者的平均身高进行设计，以便适合绝大多数人使用：工作椅的高度最好能上下调节，并有舒适的靠背；用于操作的各种装置如把手、踏板、电钮等的高低、远近、间隔要醒目、方便，以便减少差错和事故；各种显示器的排列、显示方式和刻度要适合人的视觉特点和习惯；钳、镊、钻、烙铁等手工工具的形状设计既要便于操作，又要符合人的手和前臂的解剖特点，减少把手对手部脆弱的三角区产生压力等（图 11-14）。

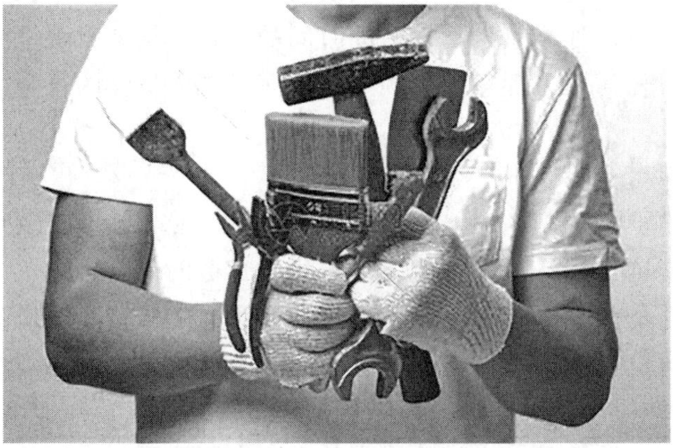

图 11-14　工人握着工具

（2）合理运用体位

体力劳动时，工人一方面受外力的影响，如搬运的重物或手中工具的重力，开关旋钮或操纵控制器时遇到的阻力等；另一方面还受自身重力的影响。当人体向某一方向偏移或倾斜时，重心也随之偏移，这时需要更多的肌肉群收缩以维持身体平衡，肌肉的紧张也随之增加。生物力学的观点认为，除整体重心以外，人体每个部分如头、躯干等也有一个重心，尽量使身体各部分的重心靠近躯干，可以明显减少肌肉的紧张以及提高工作效率。

（3）锻炼与练习

锻炼与练习可使机体形成某种动力定型，使参加活动的肌肉数量减少，动作协调、敏捷和准确。由于形成了工作节律，大脑皮层负担减轻，不易引起疲劳。锻炼和练习要循序渐进，坚持进行，逐渐增强机体负荷，以提高适应能力和作业能力。锻炼的强度太小或时间太短，不能引起疲劳，则效果不大：反之，如果强度过大或时间太长，可以引起疲劳，但也使作业能力下降。经过锻炼和练习形成的动力定型，若长时期中断，已具有的能力也会逐渐减退。

（4）整顿劳动组织以及修改劳动制度

劳动组织是指工作的分配和协作。应根据劳动的个体差异和作业能力来合理分配和组织劳动。例如，招聘工人时不只限于是否有职业禁忌的疾患，还要根据生产中每一岗位所从事的作业特点和完成任务所需要的操作技能等要求，制定录用标准。劳动制度是指劳动和休息交替安排的规定。应根据人体的生理特点，合理分配休息和劳动的时间，注意劳逸结合，以减少工作对生理和心理造成的紧张，预防疲劳提早发生，从而提高作业能力。

(5) 改善劳动环境

加强卫生保健，改善劳动环境条件，减少或消除影响工人健康的各种不良因素，注意卫生，合理营养，增强体质，提高健康水平，都是提高作业能力的积极措施。

11.5.1.4 作业疲劳的消除

(1) 工间休息

劳动中随着时间的延长，人会逐渐感到疲劳，作业能力下降。适当安排工间休息，可以有效地减轻疲劳程度。工间休息的长短和次数，视劳动强度、性质和劳动环境而定。体力劳动，特别是高温作业，休息次数应多一些，时间相对长一些，以免体内蓄热过多。单调或精神紧张的作业，休息应短时间、多次。一般体力劳动只需上午和下午各安排一次工间休息，休息方式也应不同，重体力劳动宜安静休息，静坐或静躺；中、轻体力劳动或脑力劳动最好采用积极的休息方式，安排适当的文娱活动或工间操，更加有助于解除疲劳；以局部紧张为主的作业，应有针对性地加强局部活动，促进血液循环，以消除疲劳。

(2) 轮班工作制

人体的各种生理活动，如体温、内分泌、心血管等都有一定的生物节律，以24h为一个周期。这种节律和外界环境的时间变化一致时，人体的生理活动能够正常进行，否则将会对人体的生理过程产生影响。然而，现代社会轮班工作是不可避免的，轮班工作改变了人的生物节律，易引起疲劳、作业能力下降、睡眠障碍、食欲减退甚至疾病。目前已推行的“四班三运转”就是在以往执行的“三班三运转”的基础上，研究改进而实行的。研究认为，这更有利于机体的适应，减轻疲劳感，提高出勤率，降低人员伤亡事故。

(3) 劳动以外的休息

工作后休息或节假日要合理安排，如此才能消除疲劳，补偿工作和家务劳动中多余的能量消耗，达到恢复体力和作业能力的目的。文娱活动可以起到积极休息的良好作用；适当的体育锻炼不仅可以增强体质，而且可以促进睡眠。如果睡眠不足，人的生理机能就不能完全恢复，因此对于上夜班的人，创造安静的环境，保证充足的睡眠更为重要。

11.5.2 应激

应激是由危险的或出乎意料的外界情况的变化所引起的一种情绪状态，是决策心理活动中可能产生的一种心理因素。导致应激的刺激可以是躯体的、心理的和社会文化的诸因素。但是这些刺激通常不能直接引起应激，在刺激与应激之间还存在着许多中介因素，诸如人体健康、个性特点、生活经验、应对能力、认知评价、信念以及所得社会支持的质与量等，均可起重要的调节作用。应激时，内脏器官会发生一系列变化。大脑中枢接受外界刺激后，信息传至下丘脑，分泌促肾上腺素释放因子（CRF），然后又激发脑垂体分泌促肾上腺因子皮质激素，使身体处于充分动员的状态，心率、血压、体温、肌肉紧张度、代谢水平等都发生显著变化，从而增加机体活动力量，以应付紧急情况。

应激结构包括：

① 应激源，即造成应激或紧张的刺激物；

② 应激本身，即特殊的身心紧张状态；

③ 应激反应，即对应激源的生理和心理反应，亦称生理应激与心理应激。

个体对应激的反应有两种表现：一种是活动抑制或完全紊乱，甚至发生感知记忆的错误，表现出不适应的反应，如目瞪口呆，手忙脚乱，陷入窘境；另一种是调动各种力量，活动积极，以应对紧急情况，如急中生智，行动敏捷，摆脱困境。在应激状态下，生化系统发生激烈变化，肾上腺素以及各腺体分泌增加，身体活力增强，使整个身体处于充分动员状态，以应对意外的突变。长期处于应激状态，对人的健康不利，甚至会有危险。创伤后应激障碍（PTSD）的病理机制如图 11-15 所示。

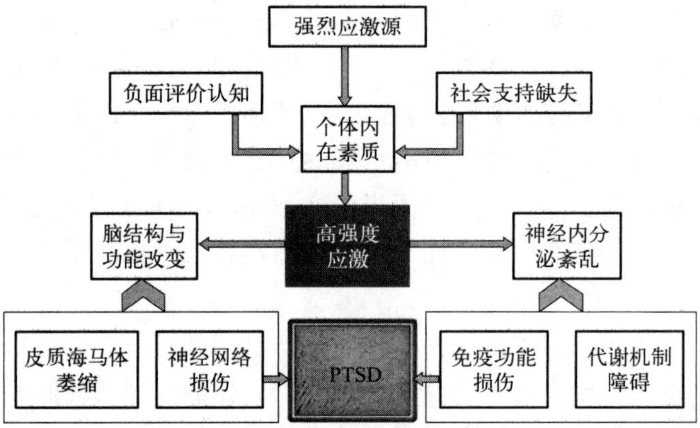

图 11-15　PTSD 的病理机制

1974 年加拿大生理学家塞里（G. Selye）的研究表明，应激状态的持续能击溃一个人的生物化学保护机制，使人的抵抗力降低，容易患心身疾病。他把应激反应（图 11-16）称为全身适应综合征，并将其分为三个阶段。

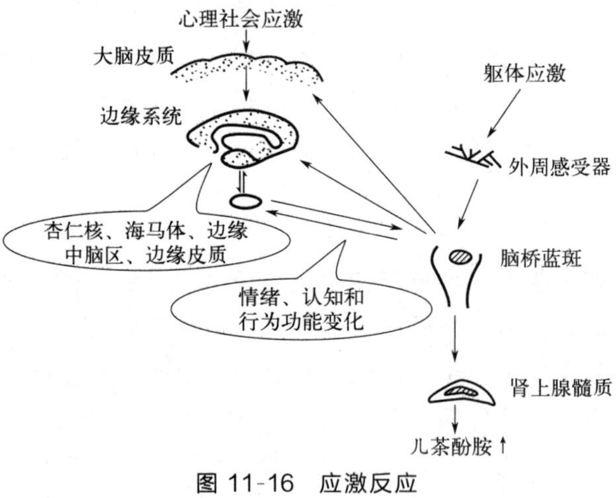

图 11-16　应激反应

① 惊厥阶段　表现为肾上腺素分泌增加，心率加快，体温和肌肉弹性降低，贫血，以及血糖水平和胃酸度暂时性增加，严重的可导致休克。

② 阻抗阶段　表现出惊厥阶段症状的消失，身体动员许多保护系统去抵抗导致危急的动因，此时全身代谢水平提高，肝脏大量释放血糖。如时间过长，可使体内储存的糖大量消耗，以及下丘脑、脑垂体和肾上腺系统活动过度，会给内脏带来物理性损伤，出现胃溃疡、胸腺退化等症状。

③ 衰竭阶段　表现为体内的各种储存几乎耗竭，机体处于危急状态，可导致重病或死亡。故要尽量减少和避免不必要的应激状态，并学会科学地对待应激状态。

了解应激后，我们来看看引发应激的因素——应激源。应激源是指能引起全身性适应综合征或局限性适应综合征的各种因素的总称。根据来源不同，将其分为三类。

① 外部物质环境　包括自然的和人为的两类因素。属于自然环境变化的有寒冷、酷热、潮湿、强光、雷电、气压等，可以引起冻伤、中暑等反应。属于人为因素的有大气、水、食物及射线、噪声等方面的污染等，严重时可引起疾病甚至残废。

② 个体的内环境　内、外环境的区分是人为的。内环境的许多问题常来自外环境，如营养缺乏、感觉剥夺、刺激过量等。机体内部各种必要物质的产生和平衡失调，如内分泌激素增加，酶和血液成分的改变，既可以是应激源，也可以是应激反应的一部分。

③ 心理社会环境　大量证据表明，心理社会因素可以引起全身性适应综合征，具有应激性。尤其，亲人的病故或意外事故常常是重大的应激源，因为在悲伤过程中往往会伴有明显的躯体症状。研究表明，在配偶死亡的这一年中，丧偶者的死亡率比同年龄其他人要高出很多。

11.6　人的不安全行为影响因素分析

影响人的不安全行为的因素很多，主要与心理因素、生理因素、环境因素及其受教育程度有关，这些因素都可能会导致人的失误以致造成事故的发生。

11.6.1　人的不安全行为的心理与生理因素分析

11.6.1.1　心理因素的影响

煤矿井下环境的复杂性以及给作业带来的负担和危害构成了煤矿矿工劳动的特殊性：劳动强度大、安全卫生条件差、工作时间长和环境艰苦。作业因素（温度、湿度、噪声、照明和色调等）对大脑有一定的刺激作用，超过一定限度就会产生不良影响，导致疲劳的产生和心理状态的变化。

研究表明人的大脑中枢分布有两种情绪中枢即快乐中枢和痛苦中枢，快乐中枢反映积极兴奋的刺激，能调动人体内部器官释放潜能，但激动的情绪也会使某些机能下降，产生不安全行为，如节假日前夕煤矿事故往往增多且重大伤亡事故率增大；痛苦中枢反映消极抑制的刺激，使各器官活力下降。过高或过低的情绪激动水平使人的动作准确度在50%以下，注意力无法集中。

因此，矿工从地面进入井下恶劣环境作业时对安全的需求比其他行业更为强烈，周围发生的一切都会使人情绪激动，这时人的意识范围变窄、判断力降低、失去理智。所以，要求一定的生产动作要与一定的情绪水平相匹配，如从事井下繁重的体力劳动时要求矿工有相对较高的情绪水平。

11.6.1.2　生理因素的影响

人的行为有灵敏性和灵活性，易受许多因素的影响，只有在一定的环境条件（图11-17）下才能达到最佳的行为，因此人与机器不同，人的行为在比较局限或者恶劣的环境条件下会出现一定程度的减退，但完全消退是比较少的。在煤矿井下作业时出现下列情况时人的行为会减退：

图 11-17 工厂作业环境

① 工作产生疲劳。如雇主为实现利益最大化，迫使职工长时间井下作业或者工人为了获得更多的收入加班加点劳动，这些行为均会导致人的体能消耗过大，行为失调。

② 由于劳动时间干扰了生活节律，故人不能有效地发挥体能。如夜班作业打乱了人体生物钟。

③ 失去完成任务的能力或动力。如人在疲劳、酒醉的情况下下井工作，注意力水平迟钝，易失误。

④ 缺乏鼓励导致激励下降。在生理状态正常的松弛状态下，注意力水平为被动注意，对事故缺乏预警能力。煤矿工人常常出现的“习惯了”“见惯了”的麻痹心理是典型的被动注意行为。

11.6.2 人的不安全行为的控制与预防

11.6.2.1 心理调节

根据工人的个性心理（需要、动机、能力、气质和性格等）开展安全教育和培训，调动劳动者对安全生产的积极性，并使之对其产生兴趣。具体可采取以下措施：

① 加强工人安全意识。调整个人情绪和注意力，正确对待和克服造成不安全行为的心理因素，改善作业条件，消除恶劣作业环境下的心理压力。

② 加强工人的心理健康教育。及时察觉工人的心理变化、排除心理障碍、克服个性心理、保持良好的心境，在作业过程中能够集中思想、消除产生不安全行为的动机、减少失误。

③ 加强奖励和惩罚机制。增加工人的工作能动性，调动工人的主动性心理。

④ 在作业场所设置醒目的安全警示标志，时刻提醒作业人员提高注意力，防止工人不安全因素造成的工伤事故。

11.6.2.2 生理调节

对外界环境影响进行控制，即对作业环境、家庭环境和社会环境进行控制。应采取措施改善作业环境，协调工人所处的家庭环境和社会环境，减轻导致人为失误的外界环境因素。具体可采取以下措施：

① 改善作业环境。采用合理的工序，通过改进井下开采方法和技术，增大作业空间，增强照明，减小温度、湿度、粉尘和噪声的影响，排除物的不安全因素等，尽量减小井下恶劣环境对人体的不良影响，控制人的不安全行为。同时，工人自身必须有一个良好的生理状态。这就要求矿工保持良好的身体状况，工作时精力和体力充沛，防止过度疲劳，减少由生理的缺陷和不适造成的人的不安全行为，防止人为失误。

② 改善家庭环境。保持工人的家庭和谐，为工人创造一个和睦的家庭环境，如减轻家庭负担。

③ 改善社会环境。加强思想教育，加强安全宣传，形成正确的舆论导向。在企业上下形成“人人争安全”的思想氛围，使职工从思想上重视安全生产，能够自觉地遵守规章制度和操作规程，减少或消除由社会环境所促成引起的不安全行为。

复习思考题

1. 人因失误在事故中的占比约为多少？
2. 生理疲劳对作业安全的主要影响是什么？
3. 认知心理学在安全行为中的核心应用是什么？
4. 人机界面（HMI）安全设计的核心目标是什么？
5. 人工智能与人因安全深度融合的典型方向是什么？

第12章

我国安全监管机制

12.1 安全监管的政策背景和意义

12.1.1 安全监管的政策背景

为全面贯彻落实习近平总书记关于安全生产工作的一系列重要指示和党中央、国务院决策部署，根据《中华人民共和国安全生产法》《中华人民共和国国民经济和社会发展第十四个五年规划和2035年远景目标纲要》《"十四五"国家应急体系规划》等法律法规和文件，制定规划。

(1) 树立安全发展理念

党中央始终高度重视安全生产工作。"十三五"期间，习近平总书记站在新的历史方位，就安全生产工作作出了一系列重要指示批示，提出了一系列新思想、新观点、新思路，反复告诫要牢固树立安全发展理念，正确处理安全和发展的关系，坚持发展决不能以牺牲安全为代价这条红线。根据深化党和国家机构改革部署，整合11个部门的13项职责组建应急管理部，将国家煤矿安全监察局更名为国家矿山安全监察局，矿山、危险化学品等重点行业领域安全监管监察体制进一步完善，监管监察能力得到加强。中共中央、国务院出台了《关于推进安全生产领域改革发展的意见》，中共中央办公厅、国务院办公厅印发了《地方党政领导干部安全生产责任制规定》，"党政同责、一岗双责、齐抓共管、失职追责"的安全生产责任体系全面建立。以危险化学品、矿山、消防、交通运输、城市建设、工业园区、危险废物等为重点的安全生产专项整治持续稳步推进。科技强安专项行动初见成效，危险化学品、煤矿等重点行业领域安全生产风险监测预警系统不断完善，安全生产风险分级管控和隐患排查治理双重预防工作机制逐步建立。在党中央、国务院的坚持领导和各地区、各有关部门的共同努力下，全国安全生产水平稳步提高，事故总量、较大事故量、重特大事故量持续下降。按可比口径计算，2020年全国各类事故、较大事故和重特大事故起数比2015年分别下降43.3%、36.1%和57.9%，死亡人数分别下降38.8%、37.3%和65.9%。

（2）安全监管的基本原则

① 系统谋划，标本兼治。坚持总体国家安全观，树立系统观念，统筹发展和安全，将安全发展贯穿于经济社会发展各领域和全过程，努力塑造与安全发展相适应的生产生活方式，筑牢本质安全防线，构建新发展格局，更好地实现发展质量、结构、规模、速度、效益、安全相统一。

② 源头防控，精准施治。坚持目标导向、问题导向和结果导向，科学把握安全风险演化规律，坚持底线思维，在补短板、堵漏洞、强弱项上精准发力，加快实施一批重大政策和重大工程，从源头上防范化解风险，做到风险管控精准、预警发布精准、抢险救援精准、监管执法精准。

③ 深化改革，强化法治。坚持运用法治思维和法治方式提高安全生产法治化、规范化水平，深化安全生产体制机制改革，加快形成系统完整、责权清晰、监管高效的安全生产治理制度体系；深入推进科学立法、严格执法、公正司法、全民守法，依靠法治筑牢安全生产屏障。

④ 广泛参与，社会共治。坚持群众观点和群众路线，充分发挥社会力量的作用，动员全社会积极参与安全生产工作，积极推进安全风险网格化管理，进一步压实企业安全生产主体责任，构建企业负责、职工参与、政府监管、行业自律、社会监督的安全生产治理格局。

到 2025 年，防范化解重大安全风险体制机制不断健全，重大安全风险防控能力大幅提升，安全生产形势趋稳向好，生产安全事故总量持续下降，危险化学品、矿山、消防、交通运输、建筑施工等重点领域重特大事故得到有效遏制，经济社会发展安全保障更加有力，人民群众安全感明显增强。到 2035 年，安全生产治理体系和治理能力现代化基本实现，安全生产保障能力显著增强，全民安全文明素质全面提升，人民群众安全感更加充实、更有保障、更可持续。

12.1.2 安全监管的意义

（1）加强安全监管是应对当前安全生产严峻形势的必然要求

目前，我国安全生产状况虽然已经有了明显好转，但形势依然严峻，事故总量仍然较多，伤亡人数还比较大，重特大事故还时有发生，政府安全监管还比较薄弱，企业安全主体责任还不到位，安全法律体系尚未完善，安全执法效率和效果还不尽如人意，企业所有者、管理者和劳动者的安全观念、安全知识和安全能力还有待提高，与安全生产和安全监管相关的产业、市场和社会组织尚未形成规模和体系。总之，我国还处在安全发展的初级阶段，加强安全监管是应对当前安全生产严峻形势的必然要求。

（2）加强安全监管是克服传统安全监管模式弊端的必然要求

改革开放以来，特别是建立社会主义市场经济体制以来，我国的社会经济状况发生了巨大变化。政府机构改革后，行业管理不复存在。形成于计划经济时代的传统安全监管模式、工作机制和管理方法已经不适应今天的形势。各种所有制形式的企业蓬勃发展，有些企业片面追求短期利益，忽视安全投入和安全管理，忽视劳动者的安全健康权益甚至消极应付和抵制政府安全监管，产生了严重的负面影响。而且，劳资关系的变化、群众监督的弱化、工会作用的削弱，使传统模式难以承担起全社会安全监管的重担和压力。另外，新产品、新技术、新材料的推广应用也可能引发新的职业病、职业危害和其他各种职业安全健康问题，也呼唤创新和加强安全监管工作，从而适应时代的发展和要求。

(3) 加强安全监管是解决经济高速发展引发问题的必然要求

我国经济实现了高速发展，长期保持年均10%左右的增长速度，经济总量已达世界第二，是全球经济增长的火车头，创造了人类发展史的东方奇迹。然而，经济高速增长，有时甚至是“过热”和“超速”增长，给安全生产和安全监管工作带来了巨大压力，集中表现在安全生产基础薄弱，其进步远远滞后于经济增长速度，这也是造成我国事故多发、安全形势严峻的重要原因之一。例如，政府和企业的安全投入不足，欠账较多，设备老化，事故隐患的排查和治理不及时；企业安全管理水平落后，安全教育培训欠缺，人员安全知识和技能不足等。这些矛盾随着经济的发展会越来越突出，客观上也需要安全监管承担越来越重要的责任。

(4) 加强安全监管是贯彻以人为本、保障安全健康的必然要求

安全生产事关劳动者的基本人权和根本利益。频发的事故使广大人民群众的安全和健康受到威胁，严重时会动摇群众对政府执政能力的信任，引发社会危机，破坏社会稳定和和谐社会建设。加强安全监管能够保障人民群众的生命财产安全，为人民群众创造安全文明的生产、生活条件，这是国家和社会进步的标志和体现。

(5) 加强安全监管是提高社会管理水平、科学发展的必然要求

改革开放以来，我国非公有制经济成分和中小企业蓬勃发展，中小企业占企业总量的99%。然而，多数中小企业以承包、转包和租赁形式存在，从事粗加工和手工劳动，生产工艺落后，设备老化，作业环境较差，安全设施和安全管理弱，工伤事故和职业危害风险较大。非公有制中小企业的事故数和死亡人数已经占到全国总量的2/3，企业中的职业危害如粉尘、有毒化学品等现象也十分严重，资源整合前的小煤矿也是事故大户。因此，加强安全监管对规范非公有制经济企业的安全行为具有重要意义。

(6) 加强安全监管是克服发达国家安全风险转嫁的必然要求

经济全球化推动了世界各国经济的发展，我国加入世界贸易组织之后，经济全球化，安全生产与职业健康等多方面都有了显著进步，然而，也存在着明显的安全风险和危害转嫁的现象。发达国家不断调整产业结构，把环境污染大、安全风险大、职业危害大、人工成本高的制造业逐渐转移到发展中国家，利用我国安全、健康标准中的漏洞，把有安全健康问题的产业转嫁、产品倾销，引发了安全风险和危害转嫁的严重问题。因此，加强安全监管，应对国际化、全球化过程中的安全风险转嫁问题，尽快制定安全健康领域的进出口标准，抵制发达国家强加给我们的不安全产业和产品，具有重要且深远的意义。

12.2 安全监管的战略规划与体系框架

12.2.1 安全监管的总体战略

(1) 指导思想

安全生产关系到人民群众的生命财产安全，关系到改革开放、经济发展和社会稳定的大局，高度重视和切实抓好安全监管工作，是贯彻落实科学发展观的必然要求，是实现好、维护好、发展好最广大人民群众根本利益的必然要求，也是构建社会主义和谐社会的必然要求。安全监管的宗旨是切实保障人民群众的生命财产安全以及促进经济社会安全发展、科学发展和可持续发展。安全、健康是广大人民群众的根本利益之一，安全生产是先进生产力的发展要求之一，科学的安全文化是先进文化的重要内涵之一。做好安全监管工作，是统筹经济社会全面发展的重要内容，是深入贯彻落实科学发展观、实施可持续发展战略的重要组成部分，是政府履行社会管理、市场监督和宏观调控职能的基本任务，是企业生存与发展的基本要求。

安全监管坚持“安全发展”指导原则和全面落实“安全第一、预防为主、综合治理”的安全生产方针，根据安全的准公共品属性，明确政府、企业和社会组织的角色和责任，以保障人民群众生命安全和职业健康为核心，以完善安全监管制度和机制为主线，以科学制定经济性、社会性和法律性的安全监管政策为载体，以安全文化、安全法制、安全责任、安全科技、安全投入建设为要素，以组织管理、政策法规、执法监察、科技创新、宣教培训等为抓手，建立同社会主义市场经济发展相适应、同建设法治政府目标要求相符合的统一高效、执法权威的安全监管体系，健全安全监管的激励和约束机制，创新安全监管方式，提高安全监管效能，构建安全生产长效机制，督促企业自觉落实安全生产主体责任和社会责任，有效防范和遏制重特大事故发生，实现我国安全生产形势的根本性好转。

(2) 战略目标

安全监管的总目标是建立和完善适应我国社会主义市场经济体制的统一高效、执法权威、权责明确、行为规范、监督有效、保障有力的安全监管体系，严格履行安全生产和职业健康执法主体责任，从根本上提高政府的安全监管水平，大力推进安全生产长效机制建设，从而实现我国安全生产形势的根本性好转。具体如下：

① 保障中央和地方各级安全监管机构行政执法的权威性和有效性。

② 理顺安全监管体制，整合安全监管要素，完善安全监管网络，形成科学合理的安全监管体制框架结构。

③ 明确政府的安全监管主体、企业的安全生产主体和安全监管客体（对象）地位以及社会中介组织的安全服务作用。

④ 建立完善的包括经济性政策、社会性政策和法律法规在内的安全监管政策体系。

⑤ 切实加强安全文化、安全法制、安全责任、安全科技和安全人等安全监管要素建设，支撑安全监管体系建设。

⑥ 大力推进组织管理、政策法规、执法监察、科技创新、宣教培训、应急救援、中介服务和工伤保险等安全监管子体系建设。

12.2.2 安全监管的系统分析

根据安全监管的目标和内涵，可以从三个维度审视和分析安全监管，将其拆解为下述要素。

(1) 主体维

主体维（subject，S），即安全监管的主要参与者，是人格化的主体，包括监管方——政府（S_1）、被监管方（主要是企业，S_2）、社会中介组织（S_3）。政府是安全执法监察主体和政策制定主体，企业是安全生产主体和安全责任主体，相关社会中介组织是安全生产服务主体。

(2) 政策维

政策维（policy，P），即安全监管的各类政策。根据规制经济学和公共管理学，本书认为，安全监管政策有三类：

① 安全监管的经济性政策（P_1），即通过财政、税收等经济手段规制企业的生产经营行为和安全生产活动，使之达到政府设定的安全目标。

② 安全监管的社会性政策（P_2），即通过政府的行政引领和干预，利用安全伦理、安全文化、安全诚信、安全评价、舆论监督、公众参与等一系列政策、措施、手段、行动准则和规定政策，促进安全生产和安全监管工作，解决事故和灾害引发的社会问题，改善社会环境，增进社会福利，促进社会稳定和谐，降低市场经济下公民的安全风险。

③ 安全监管的法律性政策（P_3），即与安全管理立法、司法和执法相关的政策，旨在从法律和法制层面规制生产经营单位的安全生产活动，重典治安，促进安全生产长效机制的构建。

(3) 要素维

要素维（element，E），即安全生产和安全监管的五要素：安全文化（E_1）、安全法制（E_2）、安全责任（E_3）、安全科技（E_4）、安全投入（E_5）。这是安全监管工作的五项重要内容和抓手，它们之间是相对独立的，但也是可以协同配套、共同发生作用的。具体如下：

① 安全文化是在生产活动的实践过程中，为保障身心健康安全而创造的一切安全物质财富和精神财富的总和。安全文化的核心是安全素质，人的安全素质的关键是安全意识。全社会应认识安全文化的重要作用，决策者和大众共同接受安全意识、安全理念、安全价值标准，当前尤其应树立“预防为主”“安全是生产力”“安全就是成绩”“安全是生活质量”的观点，树立自我保护、除险防范等意识，坚持以人为本，珍惜生命、关爱生命，通过安全文化建设提高全民安全素质，为安全生产提供强大的精神动力和智力支持。

② 安全法制是指制定和完善与安全生产和安全监管有关的法律法规并在实践中严格执行等，内涵包括：理顺法律关系，明确法律责任，提高执法水平，改善执法条件，加大执法力度，严肃追究法律责任，使安全生产法律法规成为任何社会成员不可逾越的界线；健全安全法规，做到有法可依，措施得力，推进安全监管工作从人治向法治转变，完善行业规章、规范和标准，依法加强执行力度。这是安全生产的治本之策。

③ 安全责任是指“确保政府承担起安全生产监管主体的责任，担负起安全生产责任主体的职责”。在安全监管工作中，政府工作的第一要务就是促进企业落实安全生产管理的主体责任。应突出企业安全生产的主体地位，落实好生产经营单位在机构、投入、人员素质、管理、经济赔偿等方面的制度，促使企业建立安全生产自我完善的长效机制。

④ 安全科技是指与安全生产相关的科学技术。加强安全基础科学研究和理论创新，重点研究安全监管理论、安全心理理论、安全行为理论、安全工程理论、安全经济理论、安全管理理论、安全执法理论、安全文化理论、本质安全理论等，为安全生产和安全监管提供正确的指导方向。安全技术研发方面，应加强典型重大灾害事故致因机理及演化规律的研究，加强事故隐患诊断、预测与治理的技术研究，加强燃烧、爆炸、毒物泄漏等重大工业事故防控与救援技术研究及相关设备开发。开展安全生产监督监察技术的研究，创新

安全生产监管监察手段。推动安全技术资源整合，建立国家安全生产科技创新、技术研发与成果转化基地，形成以企业为主体、产学研相结合的安全技术创新机制。鼓励和支持先进、适用安全技术的推广应用，实施安全技术示范工程，提升安全生产科技水平。加快安全生产信息化和安全生产技术保障体系建设。利用现代通信技术，建立高效灵敏、反应快捷、运行可靠的信息系统，及时掌握安全生产动态，为安全生产监管提供信息和技术保障，提高监管决策的科学性和有效性。

⑤ 安全投入是指制定和完善财政、金融、保险、税收等有利于安全生产的经济政策，拓宽安全生产投入渠道，形成以企业投入为主、以政府投入为导向、金融和保险参与的多元化安全生产投融资体系，引导社会资金投入安全生产，改善安全生产条件。其内涵包括：运用财政政策，加大政府对安全生产的投入；综合运用产业政策，提高企业的安全生产保障能力；建立工伤保险与事故预防相结合机制，运用工伤保险行业差别费率和企业浮动费率机制，促进企业加强事故预防和工伤预防；鼓励和推动意外伤害险、责任险等商业保险进入安全生产领域；用资源、安全、环保、技术标准、维护职工权益等方式，合理提高煤炭企业及非煤矿山的市场准入标准。

12.2.3 构建安全监管体系

安全监管体系包括组织管理、政策法规、执法监察、科技创新、宣教培训、应急救援、中介服务和工伤保险等子体系，如图 12-1 所示。安全监管体系是各子体系的有机协同集成，并不等于各子体系的简单相加；同时各子体系具有相对独立性，有其自身的内涵和外延。

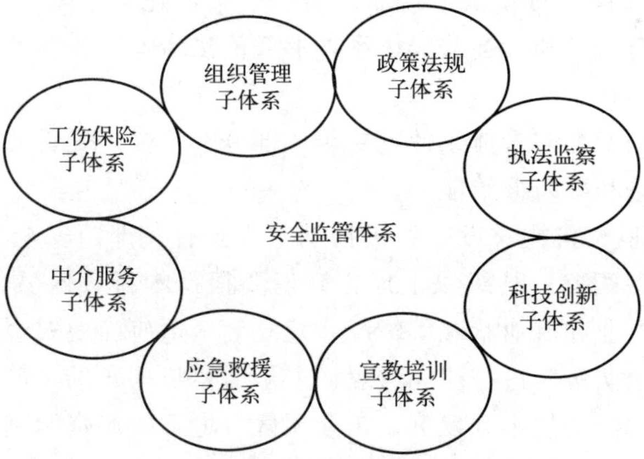

图 12-1 安全监管体系

(1) 组织管理子体系

组织管理子体系是安全监管工作的组织保障和行政命令的实施渠道，具有十分重要的基础性作用。

① 建立中央和地方政府直属的权威高效的安全监管监察机构，形成分级垂直、属地为主的安全监管组织管理框架。

② 在安全监管组织管理体制内设立行政管理、现场监察、事故调查和应急救援等履行不同安全职能的组织机构。行政管理部门，以国家应急管理部，各省、市、县应急管理

局为主体的安全监管机构对全国和地方的安全生产工作实施行政管理；现场监察部门在地方应急管理部门设立安全监察大队，充实监察员队伍，加强监察队伍专业化、智能化建设，直接对企业实施现场监督检查，保证安全生产法治监督的权威性和有效性。

(2) 政策法规子体系

政策法规子体系是安全监管体系的行政和法律保障部分。目的是完善法律法规和政策标准体系，提高依法依规安全生产能力。

① 健全安全生产立法机制　完善《安全生产法》《矿山安全法》《安全生产监督管理条例》《煤矿安全监察条例》《危险化学品安全管理条例》《安全生产应急管理条例》《注册安全工程师条例》《水库大坝安全管理条例》等安全生产法律法规，建立法规运行评估机制。重点制定淘汰落后工艺设备、从业人员资格准入、重大危险源安全管理、职业危害监督检查等规章制度。建立与国务院行政法规相配套的地方安全生产立法制度，推动地方开展安全生产法制薄弱领域先行试点。

② 完善安全生产技术标准　制定安全生产标准中、长期规划。完善公众参与、专家论证和政府审定相结合的标准制定机制，建立及时公开、适时修订、定期清理和跟踪评价制度。建立全国统一的标准制定体系，鼓励工业相对集中的地区先行制定地方性安全技术标准。鼓励大型企业根据科技进步和经济发展率先制定新产品、新材料、新工艺企业安全技术标准。推动企业制定落实危险性作业专项安全技术规程和岗位安全操作规程。

③ 提高安全生产执法效力　建立监管监察执法公告公示制度，推行安全监管监察执法政务公开，定期发布安全生产政策法规、项目审批、监察执法、安全检查、案件处理等政务信息。建立对执法效果的跟踪反馈和评估制度。健全安全生产行政执法责任制度。落实“分级负责、属地监管”的安全生产综合监管职责，建立、完善“覆盖全面、监管到位、监督有力”的政府监管和社会监督体系，形成依法治安、齐抓共管的合力。

(3) 执法监察子体系

执法监察子体系是安全监管体系的重要组成部分。目标是完善政府安全监管和社会监督体系，提高监察执法和群防群治能力。

① 加强基层监管监察机构建设　积极推动市、县有关部门安全生产监督管理队伍建设，完善安全执法装备配置。县级以上地方政府要根据本行政区域内人口数量、企业数量、地区生产总值、产业和行业状况等情况，建立健全适应当地安全生产和职业卫生需要的监管机构和监察执法队伍。进一步完善煤矿安全监察机构布局。着力推动乡镇、街道安全监管机构建设。推动经济技术开发区、工业园区、大型矿产资源基地设立安全监管执法机构，纳入地方政府安全监管体系。

② 建设专业化的安全监管监察队伍　建立、完善安全监管监察执法人员培训、执法资格考核等制度，分级分类建立以岗位职责为基础的能力评价体系。严格新增执法人员专业背景选拔条件，建立、完善安全监管监察实训体系，实施安全监管监察执法人员培训工程。鼓励监管监察人员考取注册安全工程师资格。各级安全监管监察执法人员的执法资格培训及持证上岗率达到100%，专题业务培训覆盖率达到100%。

③ 改善安全监管监察执法工作条件　推进安全监管部门和煤矿安全监察机构工作条件标准化建设。东部、中西部省、市、县三级安全监管部门工作条件建设分别达到标准配置和基本配置要求。省级和区域煤矿安全监察机构工作条件建设达标率达到100%。改善

一线交警执勤条件，将高速公路交警队营房建设纳入高速公路建设。实施农机安全管理机构基础设施及装备建设工程，完善各级农机管理机构专用执法及检测装备配置。

(4) 科技创新子体系

完善安全科技创新子体系，提高技术装备的安全保障能力，是安全监管体系的重要组成部分。

① 加强安全生产科学研究　实施科技兴安、促安、保安工程。整合安全生产优势科技资源，健全安全生产科技政策和投入机制，建立企业为主体、产学研结合的技术创新体系，开展重大事故风险防控和应急救援科技攻关，实施安全生产科技示范工程，力争在重大事故致灾机理和关键技术研究方面取得突破。安全科技产学研重点领域包括：

a. 安全基础理论研究：典型工业事故灾难基础理论；安全生产应急管理基础理论；安全生产经济政策。

b. 关键技术及装备研发：煤矿重大事故预测、预警、防治关键技术及装备，非煤矿山典型灾害预测控制关键技术及装备；高含硫油品加工安全技术，重大工程与公共基础设施安全保障技术，化工园区定量风险评价和安全容量分析，化工园区安全生产管控一体化关键技术；大型油品储区安全控制技术；烟花爆竹自动化制、装药生产线；高危职业危害预防关键技术；安全生产物联网关键技术；事故快速抢险及应急处置技术与装备；个体防护装备关键技术；事故调查关键技术及装备。

c. 安全管理技术研究：安全生产法规政策体系运行反馈系统；安全生产监管监察、企业安全生产管理模式与决策运行系统等。

② 强化安全专业人才队伍建设　建立完善国家、省、市、县四级安全生产与职业卫生专家队伍，加强高层次职业安全卫生专业人才队伍建设，提高对安全生产的智力支持，积极推进安全科学与工程学科建设，加大专业人才培养力度，实施卓越安全工程师教育培养计划。进一步推进和完善注册安全工程师制度，建立完善注册安全工程师使用管理的配套政策。大力发展安全生产职业技术教育，鼓励和支持企业办好技工学校，加快培养高危行业（领域）专业人才和生产一线急需技能型人才。

③ 完善安全生产技术支撑平台　建立完善国家级安全生产监管监察技术支撑机构，搭建科技研发、安全评价、检测检验、职业危害检测、安全培训、安标认证与咨询服务技术支撑平台。建立完善安全技术研究、应急救援指挥、调度统计信息、考试考核、危险化学品登记、职业危害监测、宣传教育和执法检测等省、市两级安全监管监察技术支撑机构。推进省级安全监管监察技术支撑机构工作条件标准化建设，实施省级安全监管技术支撑综合基地示范工程。大力提升安全生产新装备、新材料、新工艺和关键技术准入的测试分析能力。

(5) 宣教培训子体系

完善安全生产宣传教育培训体系，提高从业人员安全素质和社会公众自救互救能力。

① 提高从业人员安全生产素质　建立健全从业人员安全生产长效教育培训机制，强化安全生产法律法规知识的培训。推行安全生产考培分离制度，建立安全培训质量考核与效果评价制度。强化高危行业和中小企业一线操作人员安全培训。加强企业班组建设，建立完善班组管理体系。实施农民工向产业工人转化工程，严格实行企业职工必须经过安全培训合格后上岗制度。鼓励企业先招生后招工。高危行业企业主要负责人、安全生产管理

人员和特种作业人员持证上岗率达到100%。将安全生产纳入领导干部素质教育的范畴。实施地方政府安全生产分管领导干部安全培训工程。

② 提升全民安全防范意识　将安全防范知识纳入国民教育范畴。加强安全文化建设，开展安全文化示范企业和安全发展示范城市创建活动，深入开展安全知识进企业、进社区、进农村、进学校、进家庭行动。

③ 创建安全发展社会环境　建设安全文化主题公园和主题街道。加强城市安全社区建设，大力推进企业主导型工业园区和经济技术开发区的安全社区建设。

（6）应急救援子体系

应急救援是指为应对突发、具有破坏力的紧急事件而进行的预防、预备、响应和恢复等一系列活动及其相关计划。其工作目标是对紧急事件做出预警，控制紧急事件发生与扩大；开展有效救援减少损失以及迅速组织恢复正常状态。应急救援的对象是突发性强和后果影响严重的公共安全事故、灾害与事件。这些事故、灾害或事件主要来源于工业事故、自然灾害、城市生命线、重大工程、公共活动场所、公共交通等突发事件。一个完整的应急救援体系由组织体制、运作机制、法制建设和应急保障四部分构成。

① 组织体制　应急救援体制中的管理机构是指维持应急常管的负责部门，即：政府安全监管部门；功能部门，包括与应急活动有关的各类组织机构，如公安、医疗等单位；应急指挥部门，包括应急预案启动后，负责应急救援活动场外与场内的指挥系统；救援队伍，由专业人员和志愿人员组成。

② 运作机制　应急救援运作机制由统一指挥、分级响应、属地为主和公众动员四个基本机制组成。统一指挥是应急救援活动的最基本原则。应急救援指挥一般可分为集中指挥与现场指挥，或场外指挥与场内指挥等几种形式，但无论采用哪一种指挥系统，都必须实行统一指挥的模式，无论应急救援活动涉及单位的行政级别高低和隶属关系如何，都必须在应急指挥部的统一组织协调下行动，有令则行，有禁则止，统一号令，步调一致。分级响应是指在初级响应到扩大应急的过程中实行分级响应的机制。属地为主是强调“第一反应”的思想及以现场应急和现场指挥为主的原则。公众动员机制是应急机制的基础，也是整个应急体系的基础。上述这些应急机制应充分地反映在应急预案当中。

③ 法制建设　法制建设是应急体系的基础保障，也是开展各项应急救援活动的依据。与应急救援有关的法规可分为4个层次：

a. 由立法机关通过的法律，如《安全生产法》等；

b. 由政府颁布的规章，如应急救援管理条例等；

c. 包括预案在内的以政府令形式颁布的政府法规等；

d. 与应急救援活动直接有关的标准或管理办法。

④ 应急保障　信息与通信系统是应急保障的首要要素，构筑集中管理的信息与通信平台是应急救援体系最重要的基础建设，应急信息与通信系统要保证所有预警、报警、警报、报告、指挥等活动的信息交流以及信息资源共享快速、顺畅、准确；物资与装备不但要有数量上的保证，而且还要实现快速、及时供应到位；人力资源保障包括加强专业队伍和志愿人员以及其他有关人员的培训教育；应急财务保障应建立专项应急科目，如应急基金等，以保障应急管理运行和应急反应中各项活动的开支。

(7) 中介服务子体系

安全生产中介机构是安全监管体系和安全生产创新体系的重要组成部分。自建立社会主义市场经济体制和安全监管体制以来，我国的安全生产中介机构得到快速发展，各类专业性安全服务组织覆盖了煤矿、非煤矿山、危险化学品、道路交通等重点行业。从总体上看，安全生产中介机构尚处于发展的初级阶段，还存在着各种问题和困难，面临着发展壮大的机遇和挑战。

① 需规范安全生产中介机构的法律法规体系。逐步建立有利于安全中介机构发展的政策法规体系，特别鼓励地方研究制定促进和规范安全中介机构发展的政策法律体系，鼓励地方先行先试、积累经验，在条件成熟时积极推动全国性立法。同时，在促进安全中介机构发展的政策和制度方面，须出台相关政策、措施，有效促进安全中介机构快速、健康发展。

② 需构建安全生产信息资源共享平台、转变政府安全监管职能、培养安全生产中介人才。在安全生产信息资源共享平台建设方面，应结合安全生产基础条件，积极支持以安全科技情报信息机构、安全成果管理机构、安全技术交易机构为基础的平台建设。建立健全共享机制，实现安全生产信息共享，完善安全技术推广服务体系。在转变政府职能、发挥中介机构作用方面，对安全生产中介服务机构能够承担的工作，积极委托有条件的中介机构组织实施，利用中介机构为企业提供有效的安全服务，重大事项决策、重大项目论证和重要工作部署进一步依靠中介机构，支持其独立客观地开展工作，在推进决策科学化、民主化的同时，为中介机构创造发展空间。在开展安全生产中介机构培训、培养安全生产中介人才方面，对从业人员必须掌握的基本知识和技能提出明确要求，根据人员知识结构有针对性地确定培训重点，制订培训计划、编写培训教材，大力培养注册安全工程师、注册安全评价师和安全科技人才。对于民营安全中介机构，各级政府部门在转变政府职能、为中介发展创造市场空间的过程中，应对民营中介一视同仁，根据机构的能力和潜力确定工作任务承担单位。积极研究支持安全中介机构发展的税收政策，落实相应的减免税政策。

(8) 工伤保险子体系

工伤保险是国家为生产、工作中遭受事故伤害和患职业性疾病的劳动者及家属提供医疗救治、生活保障、经济补偿、医疗和职业康复等物质帮助的一种社会保障制度。工伤保险的意义在于：

a. 工伤保险保障了因工作受事故伤害或者患职业病的职工获得及时和必要的医疗救治，以及医疗期间的生活帮助、伤残抚恤和遗嘱抚恤，在一定程度上解除了职工的后顾之忧。

b. 实行工伤保险有利于促进工伤预防、职业康复和安全生产保护，以及发展社会生产力。

c. 实行工伤保险保障了工伤职工的合法权益，有利于妥善处理事故以及恢复正常生产经营，维护社会安定。

工伤保险有强制性、社会性、互济性和福利性等特点，在实施中要遵循强制实施、保障与赔偿相结合、社会化、企业一方负担差别费率、工伤保险与工伤预防及工伤康复相结合、无责任补偿、风险分担互助互济、集中管理、一次性补偿与长期补偿相结合、确定伤残和职业病等级、直接经济损失与间接经济损失相区别等原则。

12.2.4 安全监管的过程、功能、原则和总体要求

(1) 安全监管的过程

从新制度经济学和规制经济学的角度看，加强安全监管和构建安全生产长效机制是一个强制性制度变迁过程，是一个全社会范围内安全生产状况和安全效益的帕累托改进过程。因此，安全监管的过程是先近后远、先易后难、先上后下、先总后分。

① 立足现在、着眼未来　我国正处于并将长期处于社会主义初级阶段，安全生产也处在初步发展阶段。受到生产力发展水平的制约，安全生产形势仍然严峻。要实现安全生产状况的根本性好转，必须将安全监管工作作为一项长期且艰巨的任务，警钟长鸣，常抓不懈，动员全社会力量，共同监督，全力推进。一方面，要着眼于中长期安全生产的发展目标，具有前瞻性和预见性；另一方面，还要着重解决一些矛盾尖锐、反映强烈和压力显著的关键性瓶颈问题。换言之，先重点解决几个矛盾突出、群众反映强烈的安全生产问题，比如煤矿矿难、车辆超载超限引发事故等，同时谋划安全生产长效机制的构建以及安全监管的战略引领与未来发展。

② 先易后难、自上而下　解放思想，实事求是，与时俱进，以求真务实的精神抓好安全生产的基础性工作。继续加强协调，进一步理顺安全监管体制，形成统一、高效的工作机制。优先解决各方面容易达成共识的安全监管问题，对争论较大的问题可采取先试点、后推广的办法，在尝试和发展中逐步解决。一些重大的政策性、体制性的问题先从中央一级启动，逐级向省、市、县推进和扩展。

(2) 安全监管的功能

① 强制功能　为了保证全社会安全生产目标的顺利实现，对生产经营单位涉及安全生产和职业健康的各个要素、各个环节、各个阶段进行检查，通过即时纠偏，强制安全活动主体沿着正确的安全轨道运行，保证安全生产目标的顺利实现。

② 参与功能　为了保证安全监管活动的有效性，使监管者熟知行业或领域的专业知识，并在一定程度上参与安全生产活动，以及在参与中实施监管。安全监管活动要渗透于生产经营的决策、计划、实施、监督、评价等每一个环节之中。如对于企业安全生产目标，既要检查目标的先进性、科学性，还要检查计划的严密性、可行性。这表明，安全监管的重点就是抓源头、抓实际工作。

③ 预防功能　除了检查纠偏以外，安全监管还应善于发现和寻找各种对未来工作产生不利影响的现实因素或潜在因素，以预防、阻止各种错误和偏差的产生，保证安全生产目标的顺利实现和最佳安全效益的获得。安全监管就其实质而言，是政府管理的一项职能，是众多政府公共管理活动的一部分，这就决定了监管与被监管的根本目的的一致性，即促进安全生产，保障经济发展。这一点往往被错误地理解。

④ 反馈功能　安全监管也是一种反馈，而且是一种及时的反馈，对安全生产起着重要的促进作用。安全监管首要的是检查，通过审核检查，能及时发现存在的各种问题、偏差和隐患，如决策的目标是否先进，计划的安排是否合理，指挥是否得力，协调是否有效以及组织机构是否健全完备等，都能反馈和安全生产相关的信息。

⑤ 保障功能　安全监管也是最为有效的一种保障，即使国家、企业与广大人民群众

的安全健康权益以及经济利益得到实现，进而保障社会福利最大化的社会公平。为了实现这一功能，对某些利益集团的对抗行为，例如安全失信、逃避监管、官商勾结、违法生产、超能生产、封口私了等，作为监管主体的政府，有时不得不运用国家行政的手段予以强制性纠正。

总之，强制功能确定了安全监管的范围；参与功能指出了安全监管的过程；预防功能突出了安全监管的重点；反馈功能则为安全监管提供了依据；保障功能则是安全监管的出发点和落脚点。这些功能之间相互联系，相互配合，形成安全监管活动的功能体系。

(3) 安全监管的原则

① 独立原则　独立原则包括安全监管组织机构独立，人、财、物独立，以及监察职权独立。组织机构和人、财、物的独立，是安全监管职权独立的制度保障和前提。但是，仅有组织机构和人、财、物的独立，并不等于安全监管职权在其行使过程中的真正独立。实现安全监管权独立，还要有科学的程序和制度安排，并形成程序与制度的保障机制。独立原则，是安全监管体制改革应当遵循的首要原则，具有统揽性、决定性意义。只有实行独立原则，安全监管才有公正性可言。公正促发展、公正促进步、公正出效益，是已为社会发展史、经济发展史所反复验证的铁律。缺乏公正的监管是低效甚至无效的监管。

② 公开原则　公开原则包括事故公开、事故调查程序公开、事故原因公开、整改措施公开、处理结果公开。实施这一原则，意义是多方面的。把安全监管工作置于社会监督之下，增大了监管工作的透明度，有利于提高监管人员执法的公正性、公平性，有利于提高安全监管工作的效率与准确度。安全监管工作实施公开原则，为广大民众提供了广阔的参与空间，使广大民众的知情权得以发挥积极作用，这样必将减少漏洞和失误，提高事故调查的效率，降低监察成本，使安全与经济效益真正结合在一起，有助于安全在生产中“第一”的地位得以真正确立。实行公开原则，及时向社会公布事故发生情况，等于把各生产经营单位的安全业绩昭告于天下，使安全与企业的形象和声誉紧密联系在一起。而随着市场竞争机制的形成和不断发育，企业的形象、声誉对其经济效益的影响将更为直接。“安全第一”将因赋予了巨大的实实在在的经济内涵而真正成为各企业自觉奉行的理念和行为。公开事故原因和整改措施，有利于加强社会对企业的安全监督，有利于提高社会与公民的安全意识。实行公开原则，需要解放思想，转变观念，走出认识误区，做到既有“正面宣传”又有“反面典型”。安全监管实行“五公开”，表明国家对安全高度重视，以及解决安全问题的坚定决心，不仅国家形象丝毫无损，反而有利于树立国家求真务实、民主开放和对人民、对社会高度负责的形象，是最好的正面宣传。

(4) 安全监管的总体要求

① 必须遵循安全发展和长效机制理念。我国政府历来高度重视安全生产工作，把“安全发展”作为一个重要理念纳入“科学发展观”和我国社会主义现代化建设的总体战略之中，并提出建立包括安全文化、安全法制、安全责任、安全科技、安全投入五要素在内的安全生产长效机制。因此，安全监管必须遵循安全发展观，结合各行业企业生产经营的实际情况制定相应的政策和措施，从经济上激励企业重视安全，促进安全生产长效机制的建立，保障经济社会的安全发展和可持续发展。

② 必须遵循相关行业特点和产业政策。在安全监管的原则中，本书也提到了“专业原则”，安全监管必须讲专业、讲行业、讲领域、讲实际，结合相关行业的特点和实际情

况制定相应政策和措施，结合所在行业的产业政策，才能有的放矢，突出监管重点，取得实实在在的效果。例如煤炭行业的安全监管必须结合煤炭行业特点和煤炭产业政策。煤炭是我国最重要的一次能源，煤炭产业具有较强的特殊性，即煤炭资源地位的战略性和特殊性、煤炭资源开采的高风险性、煤炭资源开采和加工利用对环境的破坏性以及煤炭资源开采加工业的基础性。在制定和实施煤矿安全监管政策和措施时必须考虑煤炭产业特点，并遵循煤炭产业政策。国家发展和改革委员会（简称国家发改委）指出："第一，完善有利于提高煤矿安全生产水平和煤炭资源利用率、促进煤炭工业健康发展的税费政策，完善资源勘查、开发和综合利用的税收优惠政策。第二，支持煤炭企业建立技术开发中心，增强自主创新能力。煤矿企业可以从煤炭产品销售收入中提取一定比例资金，用于技术创新和技术改造。推进煤炭生产完全成本化改革，严格煤矿维检费、煤炭生产安全费用提取使用和安全风险抵押金制度。按照企业所有、专款专用、专户储存、政府监督的原则，煤矿企业应按规定提取环境治理恢复保证金。鼓励社会资金投入矿区环境治理。第三，规范煤矿从业人员职业资格管理，鼓励企业开展全方位、多层次的职工安全、技术教育培训。第四，支持煤炭企业分离办社会职能，加快企业主辅分离。支持煤矿企业提取煤矿转产发展资金，专项用于发展接续产业和替代产业。"这是制定煤矿安全监管政策和措施的重要依据和原则。

③ 必须遵循安全的准公共品属性和公共管理规律。安全是一种特殊的准公共品，安全生产关乎企业的经济效益，还关系到人际和谐、社会稳定、行业形象、政府的执政能力和我国的国际形象等。因此，政府的安全监管工作应具有公共管理的性质和职能，即从政府安全预算、安全投资、安全税收、安全补贴、安全监察、安全法制、安全执法等方面，体现公共性、非营利性、调控性和法治性，起到较强的资源配置、经济调控和监督管理职能。

④ 必须遵循世界贸易组织规定和国际惯例。我国加入世界贸易组织（WTO）后，在各种贸易和经济政策的制定上要遵循 WTO 规则，与国际准则和惯例接轨。WTO 允许世界各国对安全生产采取特殊的经济政策，即税收优惠和财政补贴措施等。我国正处在经济转型发展时期，从国情和安全生产的实际出发，制定提升安全生产水平、促进各行业健康发展的安全监管的政治、经济和法律政策，是符合 WTO 原则的。另外，企业社会责任体系 SA 8000 等标准也对我国安全生产和安全监管提出了更高的要求。同时，借鉴世界各国经验，进一步充实和完善安全监管政策，符合国际惯例。

12.3 安全监管的法律性政策与创新实践

12.3.1 《安全生产法》与安全监管

(1)《安全生产法》的主要内容

安全法律法规是国家安全监管的基础，它规定了企业安全生产的主体责任、国家安全监管部门的监管责任，以及企业安全生产和政府监管部门安全监管的关系。企业安全生产主体责任的履行，既要求企业履行法律法规制定的义务，还必须有政府的有效监管。政府安全监管要明确职责，依法行使权力。

经过多年的努力，我国安全生产法制建设取得了显著成效，初步形成了以《安全生产法》为主体，以《矿山安全法》《道路交通安全法》《消防法》《铁路法》《煤炭法》《电力法》等相关法律为配套，以行政法规、部门规章、地方法规及相关标准为支持的安全生产法律法规体系。特别是《安全生产法》的出台，标志着我国安全生产的法制建设进入了一个新的阶段。《安全生产法》以基本法的形式，对安全生产工作的方针、生产经营单位安全生产保障、从业人员的权利与义务、生产安全事故的应急救援和调查处理，以及违法行为的法律责任等都做出了明确的规定，是加强安全生产管理，搞好安全生产工作的重要法律依据。

《安全生产法》于2002年首次颁布，经过多次修订，最新修订版于2025年实施。该法的主要目的是通过法律手段加强安全生产管理，确保生产经营单位的安全生产责任落实，促进经济社会的持续健康发展。

① 完善安全生产工作原则

“安全生产工作坚持中国共产党的领导”，并将“管行业必须管安全、管业务必须管安全、管生产经营必须管安全”的“三个必须”原则写入法律。同时明确要坚持人民至上、生命至上，把保护人民生命安全放在首位，从源头上防范化解重大安全风险。

② 压实生产经营单位主体责任

a. 明确责任主体：确定生产经营单位主要负责人是本单位安全生产第一责任人，对安全生产工作全面负责，其他负责人对职责范围内的安全生产工作负责。还要求建立健全全员安全生产责任制，加大安全生产资金、物资等投入保障。

b. 强化预防措施：规定生产经营单位需建立安全风险分级管控制度和事故隐患排查治理制度，重大事故隐患排查治理情况需向监管部门和职工大会等报告。此外，高危行业、领域的生产经营单位应当投保安全生产责任保险。

c. 关注从业人员权益：要求关注从业人员的身体、心理状况和行为习惯，加强心理疏导与精神慰藉，防范因人员行为异常引发事故。

③ 规范新兴及特殊领域管理

针对平台经济等新兴行业、领域，要求其按行业特点落实全员安全生产责任制，加强从业人员安全培训。对于餐饮等使用燃气的行业，明确需安装可燃气体报警装置并保障正常使用。同时规范矿山等建设项目外包施工管理，禁止倒卖、出租、出借施工资质等行为。

④ 加大违法行为惩处力度

a. 创新处罚方式：新增按日连续处罚机制，生产经营单位违反规定被责令改正且受罚款处罚，拒不改正的，监管部门可从责令改正次日起按原罚款数额连续处罚。

b. 提高罚款上限：大幅提高事故罚款标准，特别重大事故罚款可达1000万～2000万元，情节特别严重的可按罚款数额的2～5倍加重处罚，最高罚款可达1亿元。

c. 强化联合惩戒：对失信生产经营单位及从业人员，采取加大执法频次、暂停项目审批、行业禁入等惩戒措施，且处罚信息需在7个工作日内公开曝光。

⑤ 优化政府监管及应急体系

明确乡镇政府、街道办事处等需强化安全生产监管力量。监管部门间要实现重大危险源等信息共享，建立全国统一的生产安全事故应急救援信息系统，推动各级应急救援信息系统互联互通，提升监管和救援的信息化、智能化水平。同时厘清各部门在安全生产强制性国家标准制定、实施中的职责。

(2)《安全生产法》是开展安全监管的基础和保障

① 政府职责　《安全生产法》明确各级政府应当加强对安全生产工作的领导。各级政府都要制定安全生产规划并纳入国民经济和社会发展的总体规划，认真研究解决本地区安全生产中的重大问题；要做到有法必依、执法必严、违法必究，确保有关法律、法规和国家关于安全生产的方针政策的贯彻执行；要加强对事故预防工作的领导，按规定对危险性大、职业危害严重及重点的项目的建设把好审批立项关，对威胁公众安全的重大事故隐患和危险设施场所要组织有关部门进行安全性评估，落实整改责任单位，对不能立即消除的重大事故隐患必须采取严密的防范措施并制定应急计划；要加强安全生产的宣传教育，努力提高广大人民群众遵章守纪的自觉性和安全生产意识等。各级政府应当支持、督促各有关部门依法履行安全生产监督管理职责。县级以上各级政府对本级政府所属各有关部门依法履行安全生产监督管理的职责负有领导和督促的责任；包括乡、镇政府在内的各级地方政府对上级政府有关部门对安全生产的监督管理应当给予支持、配合。县级以上政府对安全生产监督管理中存在的重大问题，应当及时予以协调、解决。

② 生产经营单位安全责任和义务　生产经营单位是生产、经营活动的主体，在安全生产工作中处于核心地位。保障安全生产，生产经营单位是关键。《安全生产法》规定生产经营单位必须遵守《安全生产法》和其他有关安全生产的法律、法规。生产经营单位必须按照法律、法规和国家有关规定结合本单位具体情况，做好安全生产的计划、组织、指挥、控制、协调等各项管理工作。要依法设置安全生产的管理机构、管理人员，建立健全本单位安全生产的各项规章制度并组织实施，做好对从业人员的安全生产教育和培训，搞好生产作业场所、设备、设施的安全管理等。在安全生产管理工作中，特别要注意尊重科学，探求和把握规律，运用安全目标管理、事故预测、标准化作业、人体生物节律等安全生产的现代化管理方法，更为有效地做好安全生产管理工作。生产经营单位必须建立健全安全生产责任制度。在企业安全生产责任制中，企业的主要负责人应对本单位的安全生产工作全面负责，其他各级管理人员、职能部门人员、技术人员和各岗位操作人员，应当根据各自的工作任务、岗位特点，确定其在安全生产方面应做的工作和应负的责任，并与奖惩制度挂钩。企业必须具备保障安全生产的各项物质技术条件，其作业场所、设施、设备、器材和从业人员的安全防护用品等都必须符合保障安全生产的要求。

生产经营单位的主要负责人应对本单位安全生产工作全面负责。生产经营单位主要负责人对本单位安全生产工作所负的职责包括：保证本单位安全生产所需的资金投入；建立健全本单位安全生产责任制，组织制定本单位的安全生产规章制度和操作规程；督促、检查本单位的安全生产工作，及时消除生产安全事故隐患，组织制定并实施本单位的安全事故应急救援预案；及时、如实报告生产安全事故等。生产经营单位的主要负责人应当依法履行自己在安全生产方面的职责，做好本单位的安全生产工作。

③ 从业人员安全生产权利和义务　生产经营单位的从业人员是各项生产经营活动最直接的劳动者，是各项安全生产法律权利和义务的承担者。该项制度主要规定了生产经营单位的从业人员在生产经营活动中的基本权利和义务。主要包括：有权了解工作场所和工作岗位存在的危险因素、防范措施及事故应急措施，这是从业人员对所在生产经营单位的

知情权；同时也有权对本单位的安全生产工作提出建议；有权对本单位安全生产工作中存在的问题提出批评、检举、控告；有权拒绝违章指挥和强令冒险作业；发现直接危及人身安全的紧急情况时，有权停止作业或者在采取可能的应急措施后撤离作业场所；因生产安全事故受到损害时有权向本单位提出赔偿要求。除了上述权利外，从业人员还要遵守以下义务：有义务严格遵守本单位的安全生产规章制度和操作规程，服从管理，正确佩戴使用劳动保护用品；有义务接受安全生产教育和培训；有义务及时报告事故隐患或者其他不安全因素。重视和保护从业人员的生命权，是贯穿《安全生产法》的主线。从业人员既是各类生产经营活动的直接承担者，也是生产安全事故的主要风险承担者和可能的受害者，只有高度重视以及充分发挥从业人员在生产经营活动中的主观能动性，最大限度地提高从业人员的安全素质，严格规范从业人员的权利和义务，才能把不安全因素和事故隐患降到最低限度。

④ 安全生产监督管理　生产经营单位的经营活动离不开安全生产监督管理。安全生产的监督管理制度包括安全生产监督管理体制，各级人民政府和安全生产监督管理部门以及其他有关部门各自的安全监督管理职责，安全监督检查人员职责，社区基层组织和新闻媒体进行安全生产监督的权利和义务等。从根本上说，生产经营单位是生产经营活动的主体，在安全生产工作中居于关键地位，生产经营单位的安全生产管理是做好安全生产工作的重点。但是，强化外部的监督管理同样不可缺少。由于安全生产的监督管理工作仅靠政府及其有关部门是不够的，所以必须走专门机关和群众相结合的道路，充分调动和发挥社会各界的积极性，齐抓共管，群防群治，才能建立起经常、有效的监督体制，从根本上保障生产经营单位的安全生产。

12.3.2　安全法制建设

(1) 安全法律法规体系存在的主要问题

我国虽已初步建立起安全生产法律法规和制度体系，但仍不完善。一方面，现有安全法律法规欠缺，覆盖面窄；另一方面，随着我国社会主义市场经济体制改革的不断深入，安全生产执法主体及其执法对象都发生了很大变化，有些法律法规已不能适应我国社会主义市场经济体制的需要，法律的严密性、封闭性、可操作性等方面也存在许多不足，一些法律法规间的协调性较差，有的甚至相互抵触。安全法律法规主要存在以下特点：

① 部门规章多，法律法规少。从法律层次和数量上看，在现有安全法律法规体系中，高层次的法律法规少，低层次的部门规章多。

② 经济、技术规范多，行政管理规范少。为了保证安全生产，国家除了要通过经济、技术规范解决安全生产中的问题外，还需要比较全面概括地体现管理关系、健全管理体制、强化监督管理等方面的行政管理法规。

③ 调整内部关系的规范多，调整外部关系的规范少。以往各行业部门采用行政手段，通过部门规章管理所属企业，即使存在一些外部关系，也可以通过协商解决。但现在情况发生变化，需要调整规范体系。

④ 原则性规定多，可操作性规定少。仅就行政规章、行政法规而言，现行安全生产立法缺乏相应的配套规定加以细化、解释、补充和完善，可操作性差，执法中的误解和纠纷较多。

⑤ 中央制定的规定多，地方配套的规定少。由于缺乏地方配套法规的支持，法规不封闭，很多法规的执行情况较差，没有起到应有的作用。

⑥ 安全生产标准化体系还不完善。安全标准数量少，涉及范围广泛，从作业场所、生产设备到安全防护用品等，还需要建立全面、完整的标准体系。

(2) 安全法律法规体系的完善与发展

建立和完善安全生产法律法规体系是促进安全生产、实现安全工作法制化的基础。依法安全监管，需要完备的安全监管法律体系。我国已经制定了《安全生产法》，对安全监管的重要问题做出了规定，为构建完备的安全监管法律体系搭建了坚实的框架。同时还需要各相关部门在法律规定职责范围内，制定各种配套法律法规和规章，形成一个由法律、行政法规、地方性法规、部门规章和地方政府规章共同组成的完备的安全监管法律体系，从而为安全监管提供完善的法律依据。

① 完善安全生产监察检查制度　完善安全生产监察检查制度需要设立独立、垂直的安全监察体制，严格执法程序，加大执法力度，加强安全检查，增加检查频率，使安全检查常态化，尤其是突袭检查，防止企业有准备的临时应付心态，增加企业的安全危机意识。加强监管部门保密性建设，推行交叉监察，对于泄露安全检查信息的检查人员要给予处罚，情节严重的必须追究刑事责任。

企业内部要进行常态化的安全检查，推广实行每日安全生产调度会制度。安全调度会由企业负责人主持，针对每天各类安全信息，共同分析问题，提出解决方案，并由专人负责落实和监督。

建立联合执法机制，国家安全监察机构、地方安全生产监督管理部门、行业主管部门、国土资源部门、劳动保障部门、公安部门要紧密协作，有机协调，杜绝重复执法和“一事两罚”，努力提高执法效率，真正起到联合执法的效能，严厉打击无视法律、无视监管、无视生命的非法违法行为。同时，对联合执法的处罚结果建立结果追踪机制，对重特大事故要启动专门程序“全警紧盯”。

强化事故责任追究机制，“有权定有责，有责必追究”。落实好企业的安全生产责任制和政府的安全生产责任制，检查员和安全设备供应商需依法承担相应责任。安全监察人员在履行职责中滥用职权、玩忽职守、违反廉政规定的，必须承担相应责任，构成犯罪的，依法追究刑事责任。

② 完善安全生产培训制度　重视安全生产培训，改善培训条件以及优化培训方式，建立安全培训档案制度，使安全生产培训真正发挥作用。实行强制性培训制度，工作人员安全培训不合格的严禁进入企业工作。在国家或重点行业企业，要建立安全培训中心，建立对相关人员进行安全培训认证资格以及事故伤亡情况等方面的考核指标，强化对企业安监人员的培训，定期考试，合格者才能继续担任安监工作。

大力发展中介培训组织，制定发展规划，建立培训市场。规范中介培训组织，充分发挥中介组织的力量，担负起社会安全文化和安全法律的普及任务。从高等学府和专业院校中挑选一批专业好、技术强的研究院所，经考核后授予培训资质，对企业职工进行技术培训。

③ 完善安全生产文化制度　人是生产中最活跃的因素，要提高人的安全素质，就要加强安全生产文化制度建设，在安全生产领域要重视人的健康和生存价值，尊重人的精

神、情感意识。要用法律制度来保证安全生产文化制度的建设，用法律明确规定安全生产观念，以严格的法律手段来规范安全生产文化制度，加强宏观管理，进行监督和检查。开展多种形式的安全生产文化活动，创造良好的安全生产文化环境，培养人的安全生产意识和全面的安全素质。

④ 完善企业安全生产管理体制　坚持国家监察和地方监管相结合的管理体制，明确企业安全监察的职责与定位、安全监管的职责与定位以及两者的关系和工作协调，做到两者各负其责，形成监察合力，以加强安全生产监督管理机构的权威性、专业性。规范地方监管机构设置，以法规的形式明确地方各级政府特定部门承担的安全监管职责，正确区分各自的职责范围，防止政出多门，法规自相矛盾，使地方监管与国家监察职能相衔接。建立执法信息交流披露制度，有效沟通信息，在安全生产监察监管上共享信息资源，提高执法的有效性和针对性，防止出现越位执法和互相推诿的局面。严格执行安全监管法律法规，对违抗安全监管法律的企业和个人要严惩，对安全监管执法人员违法失职的要严肃查处。

复习思考题

1. 我国安全监管的政策背景是什么？
2. 安全监管体系框架的核心组成包括哪几部分？
3. 《安全生产法》对安全监管的核心要求是什么？
4. 安全监管的“强制原则”的含义是什么？
5. 安全监管创新实践的典型方向是什么？

第13章

我国主要生产行业危险有害因素

13.1 煤矿企业主要危险有害因素

13.1.1 煤矿企业简介

煤矿企业是指依法取得法人资格，主要从事煤炭、焦炭及化工产品生产，在经济上实行自主经营、独立核算和自负盈亏的经济组织。

我国是世界上煤炭资源蕴藏最丰富的国家之一，煤炭储量居世界第三位，垂深超过2000m的煤炭资源总量为55697.49亿吨。全国绝大多数省、市、区都有不同数量的煤炭资源分布，而且煤种齐全，分布面积广，为我国煤炭工业的发展提供了必要的物质基础。我国有石炭二叠纪、侏罗纪、第三纪三大聚煤期。以地质构造带为界，全国划分为五个聚煤区。一是华北聚煤区，包括山西、山东、河北、北京、天津、河南、甘肃、陕西、内蒙古大部、江苏北部、辽宁和吉林南部，其煤炭资源量占全国总煤炭资源量的53%；二是西北聚煤区，包括新疆、青海大部、宁夏、内蒙古西部，其煤炭资源量占全国总煤炭资源量的33%；三是东北聚煤区，包括辽宁大部、吉林大部、黑龙江、内蒙古东部，其煤炭资源量占全国总煤炭资源量的8%；四是华南聚煤区，包括贵州、广西、广东、海南、湖南、湖北、重庆、江西、福建、浙江、台湾、江苏和安徽南部、四川和云南大部，其煤炭资源量占全国总煤炭资源量的5.9%；五是滇藏聚煤区，包括西藏、青海南部、四川和云南西部，煤炭资源量占全国总煤炭资源量的0.1%。

13.1.2 主要危险因素

煤矿企业主要危险有害因素导致的事故有顶板事故、瓦斯爆炸事故、煤与瓦斯突出事故、透水事故和火灾事故。

（1）顶板事故

顶板事故是指矿井在开采过程中采掘工作面或已掘的巷道内所发生的冒顶、片帮、掉矸等造成的人身伤亡和生产事故。由于自然条件、生产环境和管理效能不尽相同，顶板事故的发生具有偶然性、突发性、灾难性、破坏性、继发性的特点。

（2）瓦斯爆炸事故

瓦斯爆炸是指甲烷和空气混合后，在一定的条件下遇高温热源发生剧烈的连锁反应，并伴有高温、高压的现象。在瓦斯爆炸过程中，火焰从火源占据的空间不断地传播到爆炸性混合气体所在的整个空间。

（3）煤与瓦斯突出事故

煤与瓦斯突出是煤层开采过程中严重的自然灾害之一，是煤矿井下发生的一种复杂的由煤、岩和瓦斯参与的动力现象。煤与瓦斯突出发生时，能在几秒至几十秒的时间内将几吨到上万吨的煤和几百立方米到几百万立方米的瓦斯抛射到采掘空间。

根据动力现象的力学（能量）特征，煤与瓦斯突出可分为煤与瓦斯喷出（简称“突出”）、煤的压出伴随瓦斯涌出（简称“压出”）、煤的倾出伴随瓦斯涌出（简称“倾出”）三种类型。

（4）透水事故

矿井透水事故是指矿井在建设和生产过程中，由于防治水措施不到位而导致地表水和地下水通过裂隙、断层、塌陷区等各种通道无控制地涌入矿井工作面，造成作业人员伤亡或矿井财产损失的水灾事故。矿区内大气降水、地表水、地下水通过各种通道涌入井下，称为矿井涌水。当矿井涌水量超过矿井正常排水能力时即会发生水患。构成矿井水害的基本条件：一是必须有水源；二是必须有充水通道。两者缺一不可。

（5）火灾事故

凡是发生在煤矿井下或地面井口附近，威胁到矿井安全生产，造成损失的非控制燃烧，均称为矿井火灾。矿井火灾根据引燃源的不同，可分为内因火灾和外因火灾；根据火灾发生的性质也可分为原生火灾和再生火灾；根据火灾发生的地点及其所在巷道的风流流动方向的不同，矿井火灾又可分为上行风流火灾、下行风流火灾和进风流火灾。

13.1.3 主要职业性有害因素

煤矿企业主要有不良气象条件、生产性粉尘、有毒气体、生产性噪声和振动等职业性有害因素，还有劳动强度大、作业姿势不良等职业性有害因素。

（1）不良气象条件

煤矿井下气象条件的基本特点是气温高、湿度大、不同地点气流大小不等和温差大。由于用通风机通风，故矿井中的气流在竖井或斜井中的风速有时可达3～5m/s，越往巷道深处气流越小。有的采煤场掌子面风速很小。矿井内的不良气象条件是煤矿工人患感冒、上呼吸道炎症及风湿性疾病的促发因素，煤矿工人上呼吸道感染及风湿性疾病的发病率一般比其他工厂企业职工高。在通风不良的深矿井中，夏季可能发生中暑。

（2）生产性粉尘

煤矿生产中存在大量的生产性粉尘。生产性粉尘是煤矿场中的主要有害因素。矿井内许多生产过程和工序，如钻眼、放炮、采煤、运输等，都能产生大量的煤尘。岩石掘进干式钻孔产生的粉尘量最大，粉尘浓度可高达 800～1400mg/m^3，使用电钻凿岩、手工凿岩、放炮后装车时次之。一般岩石中游离二氧化硅含量多在 10%～30%。在煤尘中，常含有一定量的游离二氧化硅，但一般不超过 10%。煤矿工人由于长期吸入含有较高游离二氧化硅的岩尘、煤尘和混合性粉尘，故可能患硅肺、肺尘埃沉着病等职业病。

(3) 有毒气体

煤矿中也存在有毒气体。在矿井空气中，可存在瓦斯、一氧化碳、二氧化碳、氮氧化物及硫化氢等。瓦斯的主要成分是甲烷，它存在于煤层中，在煤块崩落时排放出来。矿井中的二氧化碳主要存在于煤层和煤块内，在采煤过程中与瓦斯一道排出。此外，巷道内木材腐烂、人群呼吸、放炮等也可产生二氧化碳。矿井中一氧化碳和氮氧化物的主要来源是放炮。使用硝酸甘油炸药可产生大量的一氧化碳，而使用硝铵炸药则常产生大量的氮氧化物。此外，煤层自燃会产生大量的一氧化碳和二氧化碳，个别矿区煤层中含有一氧化碳。硫化氢在煤矿中比较少见，它一般存在于煤层一定区域的鸡窝矿内，在落煤时逸出，因而可使靠近落煤地点的采煤工硫化氢中毒。

(4) 生产性噪声和振动

矿井中的噪声和振动主要来源于机械工具。噪声和振动的程度取决于生产过程、开采方法和使用工具的特性。一般来说，风动工具（风钻、风镐等）比电动工具（电钻）发生的噪声和振动严重，振动式运输机比带式运输机发生的噪声和振动严重。风动工具的噪声一般在 90～100dB；联合采煤机的噪声在 90～104dB，可能引发噪声性耳聋。长期受局部振动作用可能引起手臂振动病。

(5) 劳动强度大和作业姿势不良

劳动强度大和作业姿势不良在采矿作业中大量存在。煤矿工人劳动强度较大，如掘进工的岩装车操作属重体力劳动。在薄煤层作业时，整个工作日内工人不得不采取弯腰、蹲位和跪、卧位操作。

由于采矿作业条件恶劣，故矿工多发病常见。生产性外伤是煤矿工人的多发病。在安全条件不良的煤矿，因外伤的休工日可占因病伤总休工日的 30%。煤矿工人的多发病还有呼吸道感染、风湿性疾病、急慢性胃肠炎和化脓性皮肤病等。

13.1.4 预防措施

(1) 主要事故预防措施

煤矿事故发生的原因复杂多样，防范措施需要多方面的努力。通过采取加强安全教育与培训、完善安全管理制度、提高设备维修水平、强化监管与执法以及推广科技应用等措施，可以降低煤矿事故的发生概率，确保矿工的生命安全和煤矿企业的持续稳健发展。

① 加强安全教育与培训　加强安全教育与培训是预防煤矿事故的重要举措。煤矿企业应定期组织安全培训，提高矿工的安全意识和操作技能。同时，要加强对矿工的纪律教育，确保规章制度的严格遵守。

② 完善安全管理制度　建立完善的安全管理制度是预防煤矿事故的关键。煤矿企业应制定详细的安全规章制度，明确各类事故的预防措施和应急处理方案。同时，要加强对设备的检修和维护，确保设备的安全运行。

③ 提高设备维修水平　加强设备维修水平也是预防煤矿事故的重要措施。煤矿企业应制订维修计划，定期进行设备的维修和检测。同时，要加强对设备的更新，及时淘汰老化的设备，以降低事故发生的概率。

④ 强化监管与执法　煤矿事故防范还需要加强监管与执法力度。相关政府部门要加大煤矿的检查力度，对违规行为和不安全的煤矿进行严厉的处罚。同时，要加强对煤矿企业的监管，确保其落实安全生产责任。

⑤ 推广科技应用　推广科技应用是煤矿事故防范的重要手段。煤矿企业应引进智能化、信息化的生产技术设备，利用高新技术手段对煤矿进行监测和预警。同时，在事故发生后，科技手段也能提供更有效的救援和应急处理措施。

(2) 职业性有害因素预防措施

改善煤矿井下作业工人的劳动条件，控制煤矿井下作业中的职业病有害因素。保护煤矿工人健康的根本出路是对煤矿的生产过程、设备进行技术改造，逐步实现机械化、自动化生产。煤矿企业的不安全因素较多，劳动条件较差，职业危害较严重，为此必须严格执行国家现行的法规，严格禁止不具备安全、卫生生产条件的煤矿投产，并不断对煤矿进行技术改造，逐步实现采矿自动化的战略，以便逐步从根本上改善煤矿工人的劳动条件。当然也要采取工程技术措施和卫生保健措施等来进行预防。

13.2 非煤矿山企业危险有害因素

13.2.1 非煤矿山企业简介

非煤矿山是指开采金属矿石、放射性矿石以及石油化工原料、建筑材料、辅助原料、耐火材料及其他非金属矿物（煤炭除外）的矿山和尾矿库。非煤矿山虽无瓦斯爆炸的危险，但在其他方面与煤矿无根本区别。由于矿体条件多种多样，非煤矿山的采矿方法主要有空场、充填、崩落三大类。

目前我国约有非煤矿山企业 4 万个，非煤矿山 3.7 万余座，金属与非金属矿山约 2.9 万座、尾矿库约 0.67 万座。小型金属与非金属矿山数量占金属与非金属矿山总量的 86.4%，四、五等尾矿库数量占尾矿库总量的 87.4%，多、小、散的特点十分明显。非煤矿山是高风险行业，特别是金属与非金属地下矿山的安全风险最高、事故最多。

13.2.2 主要危险因素

非煤矿山企业主要危险因素导致的事故包括冒顶片帮事故、坍塌事故、中毒窒息事故、火灾事故、透水事故和爆破事故。

(1) 冒顶片帮事故

冒顶片帮是由于岩石不够稳定，当强大的地压传递到顶板或两帮时，岩石遭受破坏而引起的。由于顶板岩石完整性被破坏，因此便出现了顶板的下沉弯曲，裂缝逐渐扩大，如果生产技术和组织管理不当，就可能形成顶板岩矿的冒落，这种冒落就是常说的冒落事故，如果冒落的部位处在巷道的两帮就叫作片帮。

（2）坍塌事故

坍塌事故是指物体在外力和重力的作用下，受到超过自身极限强度的破坏成因的作用，结构稳定失衡塌落从而造成物体高处坠落、物体打击、挤压伤害及窒息的事故。

（3）中毒窒息事故

机体过量或大量接触化学毒物，引发组织结构和功能损害、代谢障碍，从而发生疾病或死亡，称中毒。因外界氧气不足或其他气体过多，或者呼吸系统发生障碍而呼吸困难甚至停止呼吸，叫窒息。

（4）火灾事故

非煤矿山火灾是指非煤矿山企业内所发生的火灾。根据火灾发生的地点不同，可分为地面火灾和井下火灾两种；根据火灾发生的原因，可分为外因火灾和内因火灾两种。

（5）透水事故

透水事故是指矿井在建设和生产过程中，由于防治水措施不到位，地表水和地下水通过裂隙、断层、塌陷区等各种通道无控制地涌入矿井工作面，造成作业人员伤亡或矿井财产损失的水灾事故，通常也称为透水。

（6）爆破事故

爆破事故指在生产活动中，由于不认识物质的危险特性或违反了正常生产操作，故意外地发生了突发性大量能量的释放。这种由于人为、环境或管理上的原因而发生的并且造成财产损失、物破坏或人身伤亡，伴有强烈的冲击波、高温、高压和地震效应的事故也称为爆炸事故。

13.2.3 主要职业性有害因素

非煤矿山企业主要有粉尘、噪声与振动、有毒有害气体等职业性有害因素。

（1）粉尘

非煤矿山在生产过程中会产生大量的粉尘。粉尘危害性大小与粉尘的分散度、游离二氧化硅含量、粉尘物质组成及粉尘浓度有关，一般随着游离二氧化硅含量和有害物质的增加而增大。不同粒径的粉尘中，呼吸性粉尘对人的危害最大。人员长期吸入粉尘后，肺组织发生病理学改变，因此丧失正常的通气和换气功能，严重损害身体健康。我国非煤矿山粉尘来源主要包括凿岩、爆破、放卸矿、装卸、运输、转载、破碎、筛分等8个环节，其中爆破、放卸矿、破碎、筛分等环节产尘最为严重，是非煤矿山企业粉尘防治的重点和难点。

（2）噪声与振动

在非煤矿山生产过程中，噪声与振动主要来源于气动凿岩工具的空气动力噪声，各设备在运转中因振动、摩擦、碰撞而产生的机械噪声和电动机等电气设备所产生的电磁辐射噪声。产生噪声与振动的设备和场所主要有：空压机和空压机泵房；通风机和通风机房；水泵和水泵房；绞车和绞车房；爆破作业场所；破碎设备和破碎作业场所；凿岩设备和凿岩工作面；运输设备和设备通过的巷道；装岩机和装岩作业场所；机修设备（如锻钎机）和机修车间等。

噪声可引发噪声性耳聋，人体的局部肢体长期接触强烈振动可引发振动病，也称职业性雷诺现象、振动性血管神经病、气锤病和振动性白指病等。在非煤矿山开采过程中，生产性噪声与振动主要来源于振动放矿机、凿岩机、矿车、提升机、通风机、水泵等，其噪声强度一般为 90～100dB（A），且振动频率较大。

(3) 有毒有害气体

非煤矿山的有毒有害气体主要为爆破炮烟、燃油设备尾气、易自燃矿物质（含硫矿）自燃气体等。炸药爆炸的产物主要有 CO_2、H_2O、CO、NO_2、NO、N_2、SO_2、H_2S 等，其中 CO、氮化物（NO、NO_2）、H_2S 等都是有毒有害气体。在井下通风不良、人员防护意识不足、防护设施不到位的情况下，极易产生炮烟中毒。此外，长期吸入该类低浓度气体，对人体神经系统也具有显著的危害特性。

13.2.4 预防措施

(1) 主要事故预防措施

依据矿山地质条件，企业需严格把控开采工艺，科学选择开采方法，确保开采顺序合理，防止因工艺缺陷导致坍塌、片帮等事故。加强爆破作业管理，严格执行爆破安全规程，精确计算药量，规范爆破警戒范围，避免爆破飞石、冲击波伤人。同时，建立完善的通风系统，保证井下空气质量达标，防止粉尘、有害气体积聚引发中毒窒息事故。

定期对矿山提升、运输、通风、排水等设备进行全面检查和维护保养，及时更换磨损、老化部件，确保设备运行状态良好。引入先进的监测技术，如对边坡、尾矿库等重点区域安装在线监测系统，实时掌握设备设施安全状况，发现隐患及时处理。此外，为设备配备完善的安全防护装置，如防护栏、防护罩等，降低人员操作风险。

加强安全教育培训，提高从业人员安全意识和操作技能，定期组织安全知识考核和实操演练，确保员工熟练掌握岗位安全操作规程。建立健全安全管理制度，明确各岗位安全职责，加强现场安全监管，对违章指挥、违规作业等行为严肃处理。营造良好的安全文化氛围，鼓励员工相互监督，主动报告安全隐患，形成全员参与安全生产的良好局面。

(2) 职业性有害因素预防措施

非煤矿山粉尘危害防治技术从防治对象上可分为粉尘源头防治技术和逸散粉尘防治技术两类。粉尘源头防治技术是指从粉尘产生源头上对粉尘进行防治的技术，是非煤矿山粉尘防治最基础、最有效的技术。非煤矿山逸散粉尘防治技术主要有通风排尘技术、喷雾降尘技术、除尘器除尘技术和气雾幕隔尘技术等。

噪声的预防措施如下：

① 根源消除　根源消除技术是噪声防治的根本性措施。采用无声或低声设备代替高噪声设备，提高机器的精密度，减少摩擦和撞击。

② 传播途径控制　采用吸声、隔声、消声、减振材料和装置，阻止噪声传播，如种植隔声防护林带、建隔声室、设隔声带、用吸声材料装修车间等措施。

③ 个体防护装置　个人防护用品是保护听觉器官的有效措施，如正压式空气呼吸器、防护耳塞、防护耳罩、头盔等。

针对非煤矿山炸药爆破炮烟中的有毒有害气体，目前主要的防治技术为多组分水炮泥降毒技术、CO 消除剂消除技术、新型无（低）毒爆破技术等。

13.3 建筑施工企业危险有害因素

13.3.1 建筑施工企业简介

建筑施工企业是指从事铁路、公路、隧道、桥梁、堤坝、电站、码头、机场、运动场、房屋（如厂房、剧院、旅馆、医院、商店、学校和住宅等）等土木工程建筑活动，从事电力、通信线路、石油、燃气、给水、排水、供热等管道系统和各类机械设备、装置的安装活动，从事对建筑物内、外装饰装修的设计、施工和安装活动的企业。建筑施工企业事故的特点是由建筑施工的特点决定的。

13.3.2 主要危险因素

建筑施工企业主要危险因素导致的事故包括高处坠落事故、物体打击事故、触电事故、机械伤害事故和坍塌事故。

（1）高处坠落事故

国家标准《高处作业分级》（GB 3608—2008）规定，“凡在坠落高度基准面 2m 以上（含 2m），有可能坠落的作业处进行的作业”称为高处作业。高处作业可分为三大类，即临边作业、洞口作业和独立悬空作业。施工人员从高处作业区坠落的事故简称为高处坠落事故。

（2）物体打击事故

物体打击指施工过程中的砖石块、工具、材料、零部件等在高空下落时对人体造成的伤害，以及崩块、锤击、滚石等对人体造成的伤害，不包括由爆炸引起的物体打击。

（3）触电事故

触电伤害分电击和电伤两种。电击是指直接接触带电部分，使人体中通过一定的电流，是有致命危险的触电伤害。电伤是指皮肤局部的创伤，如灼伤、烙印等。

（4）机械伤害事故

机械伤害事故是指机械设备运动（静止）部件、工具、加工件直接与人体接触引起的夹击、碰撞、剪切、卷入、绞、碾、割、刺等形式的伤害。各类转动机械的外露传动部分（如齿轮、轴、履带等）和往复运动部分都有可能对人体造成机械伤害。

（5）坍塌事故

坍塌事故是指物体在外力和重力的作用下，受到超过自身极限强度的破坏成因的作用，结构稳定失衡塌落从而造成的物体高处坠落、物体撞击、挤压伤害及窒息等事故。

坍塌事故主要有：土方坍塌、脚手架坍塌、模板坍塌、拆除工程的坍塌、建筑物坍塌。这类事故因塌落物重量大、作用范围大，往往伤害人员多、后果严重，常造成重大或特大人身和财物的伤亡事故。

13.3.3 主要职业性有害因素

建筑施工企业主要有生产性粉尘、生产性毒物、弧光辐射、放射线、噪声、振动和高温作业等职业性有害因素，主要造成肺尘埃沉着病（简称尘肺病）、职业中毒、物理因素职业病、职业性皮肤病、职业性眼病、职业性耳鼻喉疾病、职业性肿瘤等职业病。

（1）生产性粉尘

建筑企业在施工过程中会产生多种粉尘，主要包括硅尘、水泥尘、电焊尘、石棉尘以及其他粉尘等。如果工人在含粉尘浓度高的场所作业，吸入肺部的粉尘量就多，当粉尘达到一定数量时，就会引起肺组织发生纤维化病变，使肺组织逐渐硬化，失去正常的呼吸功能，这种病称为肺尘埃沉着病。产生这些粉尘的作业主要有以下几项：

① 硅尘：挖土机、推土机、刮土机、铺路机、压路机、打桩机、钻孔机、凿岩机、碎石机设备作业；挖方工程、土方工程、地下工程、竖井工程和隧道掘进作业；爆破作业；除锈作业；旧建筑的拆除和翻修作业。

② 水泥尘：水泥运输、储存和使用。

③ 电焊尘：电焊作业。

④ 石棉尘：保温工程、防腐工程、绝缘工程作业；旧建筑的拆除和翻修作业。

⑤ 其他粉尘：木材料加工产生木尘；钢筋、铝合金切割产生金属尘；炸药运输、储存和使用产生三硝基甲苯粉尘；装饰作业使用腻子粉产生混合粉尘；使用石棉代用品产生人造玻璃纤维粉尘、岩棉粉尘、渣棉粉尘。长期吸入这样的粉尘可发生硅肺病。

（2）生产性毒物

许多建筑施工活动可产生多种化学毒物，主要有以下几项：

① 爆破作业产生氮氧化物、一氧化碳等有毒气体；

② 防腐作业产生沥青烟气；

③ 涂料作业产生甲醛、苯、甲苯、二甲苯、游离甲苯二异氰酸酯以及铅、汞等金属毒物；

④ 建筑物防水工程作业产生沥青烟、煤焦油、甲苯、二甲苯等有机溶剂，以及石棉、阴离子再生乳胶、聚氨酯、丙烯酸树脂、聚氯乙烯、环氧树脂、聚苯乙烯等化学品；

⑤ 电焊作业产生锰、镁、铁等金属化合物以及氮氧化物、一氧化碳、臭氧等。

这些毒物主要经呼吸道或皮肤进入人体。

（3）弧光辐射

弧光辐射的危害对建筑施工来说主要是紫外线的危害。适量的紫外线对人的身体健康是有益的，但长时间被焊接电弧产生的强烈紫外线照射，对人的健康是有一定危害的。手工电弧焊、氩弧焊、二氧化碳气体保护焊和等离子弧焊等作业都会产生紫外线辐射。其中二氧化碳气体保护焊弧光强度是手工电弧焊的2～3倍。紫外线对人体的伤害是由于光化学作用，主要对皮肤和眼睛造成伤害。

（4）放射线

建筑施工中常用放射线进行工业探伤、焊缝质量检查等。放射线对人的伤害主要是可使接受者出现造血障碍、白细胞减少、代谢机能失调、内分泌障碍、再生能力消失、内脏器官变形、胎儿畸形等。

（5）噪声

施工过程中及构件加工过程中存在着多种无规律的音调和使人听了生厌的杂乱声音。

① 机械性噪声，即由机械的撞击、摩擦、敲打、切削、转动等产生的噪声。如风钻、风镐、混凝土搅拌机、混凝土振动器，以及木材加工的带锯、圆锯、平刨等产生的噪声。

② 空气动力性噪声，如通风机、鼓风机、空气压缩机、铆枪、空气锤打桩机、电锤

打桩机等发出的噪声。

③ 电磁性噪声，如发电机、变压器等发出的噪声。

④ 爆炸性噪声，如爆破作业过程中发出的噪声。

以上噪声不仅损害人的听觉系统，造成职业性耳聋、爆炸性耳聋，严重者可致鼓膜出血，而且可能造成神经系统及植物神经功能紊乱、胃肠功能紊乱等。

(6) 振动

建筑行业产生振动危害的设备主要有风钻、风铲、铆枪、混凝土振动器、锻锤机、汽车、推土机、铲运机、挖掘机、打夯机、拖拉机、小翻斗车等。

振动危害可分为局部症状和全身症状。局部症状主要是手指麻木、胀痛、无力，双手震颤，手腕关节骨质变形，指端坏死等；全身症状主要是脚部周围神经和血管改变，肌肉触痛，以及头晕、头痛、腹痛、呕吐、平衡失调与内分泌障碍等。

(7) 高温作业

在建筑施工中露天作业，常面临气温高、湿度大、强热辐射等不良气象条件。如果施工环境气温超过 35℃或热辐射强度超过 6.3J/(cm^2 · min)，或气温在 30℃以上、相对湿度超过 80%的作业，称为高温作业。

高温作业可造成人体体温和皮肤温度升高、水盐代谢改变、循环系统改变、消化系统改变、神经系统改变以及泌尿系统改变。

13.3.4 预防措施

(1) 主要事故预防措施

根据安全生产管理三要素，可通过消除物的不安全状态、杜绝人的不安全行为、控制不安全环境因素对建筑施工企业的事故进行预防。

① 施工企业应针对工程项目的特性，结合施工季节、气候及场地周边环境的实际情况，编制危险源目录，根据重大和不可容许风险评定依据分类，确定重大危险源并建立台账。

② 在施工现场显要位置悬挂重大危险源公示牌，公示内容应当包括重大危险源目录、可能导致发生的事故类别和风险评价判定。在每一个施工重大危险源处醒目位置悬挂安全警示色标。

③ 对危险性较大的专项工程应当编制专项工程施工方案，其中深基坑工程、暗挖工程、高大模板工程、20m 以上悬挑架工程、50m 以上落地架工程、大型脚手架工程、附着式升降脚手架工程、吊装工程、构筑物爆破拆除和土石方爆破工程等危险性大的专项工程施工方案应组织专家论证，经完善后报施工单位总工程师和总监理工程师审批后，方可实施。

④ 制作施工现场安全防护品标准件，比如洞（井）口、临边防护设施标准件，接料平台，物料提升机层间安全门，临时钢爬梯，临时梯间扶手以及防护棚等，均可制作标准件以便于安装、拆卸、运输以及入库保养存放。

(2) 职业性有害因素预防措施

针对生产性粉尘，可采取水泥除尘措施、木屑除尘措施和金属除尘措施。

防中毒技术措施方面，管理和生产部门应加强管理，搞好防毒工作，严格执行劳动保护法规和卫生标准，确保新建、改建、扩建工程的主体工程和防毒设施同时设计、同时施工以及同时投产使用，依靠科学技术提高预防中毒的技术水平，如改革工艺、禁止使用危害严重的化工产品、加强设备密闭化和通风等。生产工人需认真执行操作规程，熟练掌握操作方法，严防错误操作，同时穿戴好个人防护用品。

针对弧光辐射、红外线、紫外线，焊接时必须使用镶有特制防护眼镜片的面罩，焊工要穿好工作服、戴好手套和鞋帽。

防止噪声危害的技术措施包括消除和减弱生产中噪声源、控制噪声传播、加强个人防护以及定期进行预防性体检。

防止振动危害的技术措施有隔振、改革生产工艺，以及为手持振动工具的手柄包扎隔振垫、工人操作时戴好专用防振手套。

防暑降温措施方面，要供给高温作业工人含盐饮料，对高温作业工人进行体格检查，炎热季节医务人员要到现场巡查，发现中暑人员立即抢救。

13.4 烟花爆竹企业危险有害因素

13.4.1 烟花爆竹企业简介

烟花爆竹企业是指依法设立并取得工商营业执照或者企业名称工商预先核准文件，从事烟花爆竹生产的企业。烟花爆竹是指以烟火药为主要原料制成，引燃后通过燃烧或爆炸，产生光、声、色、型、烟雾等效果，用于观赏，具有易燃易爆危险的物品。

13.4.2 主要危险因素

烟花爆竹企业主要危险因素导致的事故包括爆炸事故、火灾事故和中毒窒息事故。

（1）爆炸事故

烟花爆竹企业的爆炸事故，是指在烟花爆竹的生产、储存、运输或销售环节中，由于烟花爆竹及其原料具有易燃易爆的化学性质，受到诸如撞击、摩擦、高温、明火、静电放电等外界能量的激发作用，因此内部的化学物质瞬间发生剧烈的氧化还原反应，在极短时间内释放出大量的热能和气体，形成高温、高压的冲击波，从而引发的剧烈爆炸现象。

（2）火灾事故

火灾事故是指在烟花爆竹企业内，由于存在众多易燃的原材料、包装材料以及成品、半成品等，因此当这些易燃物接触到火源，如电气故障产生的火花、违规吸烟的明火、违规进行动火作业产生的火星等时，引发燃烧，并且火势失去控制，在企业的生产车间、仓库等区域迅速蔓延，形成的大面积火灾现象。

（3）中毒窒息事故

中毒窒息事故是在烟花爆竹生产过程中，一些特定工序如药物配制、化工原材料处理等会产生一氧化碳、二氧化硫、氮氧化物等有毒有害气体，如果作业场所的通风换气系统不完善或运行不良，有毒有害气体无法及时排出，就会在有限空间内积聚，当作业人员吸入过量的这些有毒气体后，身体的呼吸系统、神经系统等受到损害，导致的呼吸困难、意识丧失等中毒窒息症状的事故。

13.4.3 主要职业性有害因素

烟花爆竹企业作业场所常见的职业性危害因素有生产性粉尘、生产性毒物、生产性噪声及异常气象条件（气温、气流、气压）等。

（1）生产性粉尘

烟花爆竹企业粉尘的产生首先是原材料中的硝酸钾等氧化剂，还有树脂、硫黄、木炭等粉碎时产生的；其次是药剂配制时进行混合、过筛，以及裸露药剂在包装、搬运等操作时产生的。烟花药剂中含有游离二氧化硅、铝粉、木炭粉等粉尘，能引起严重的职业病。

生产性粉尘根据其性质可分为无机性粉尘、有机性粉尘、混合性粉尘三类。在烟花爆竹企业的生产环境中，最常见的是混合性粉尘。生产性粉尘的种类繁多，理化性状不同，对人体所造成的危害也是多种多样的。在生产性粉尘引起的职业病中，以肺尘埃沉着病最为严重，它是由吸入生产性粉尘引起的以肺的纤维化为主要变化的职业病。

（2）生产性毒物

在烟花爆竹生产过程中，药剂里含有不同的化工原材料，它们发散并存在于工作环境空气中，对劳动者的健康产生危害，这些化学物质称为生产性毒物。毒物的毒性有急性、慢性之分，也可能以身体某个脏器的损害为主，表现多种多样。有的化学物质长期接触后，会造成女工自然流产、后代畸形，有的会增加群体肿瘤的发病率，有的则会改变免疫功能。

生产性毒物侵入人体主要有三种途径。第一种途径是吸入，即呈气体、蒸气、气溶胶状态的毒物经呼吸道进入体内。其中，进入呼吸道的毒物可通过肺泡直接进入血液循环，其毒性作用大，发生快。大多数情况下，毒物都是由此途径进入人体的。例如，火药中的一硝基甲苯、二硝基甲苯、三硝基甲苯都具有毒性，高浓度甲苯蒸气对神经有麻醉作用，低浓度长期作用会引起血液的变化；硝酸分解生成的氧化氮气体具有强烈的窒息性和刺激性，吸入高浓度的氧化氮会导致肺水肿，治疗不及时会造成死亡。第二种途径是经皮肤吸收，即在作业过程中经皮肤吸收而导致中毒。经皮肤吸收又分两种，经表皮吸收或经汗腺、毛囊等吸收，吸收后直接进入血液循环，主要有药尘黏附皮肤或裸露皮肤接触化工原材料。例如，硝酸和硫酸还能烧伤皮肤。第三种途径是食入，即病从口入，一般为误食或吞入，这种现象比较少见。

（3）生产性噪声

在生产过程中，由机器转动、气体排放、工件撞击与摩擦产生的噪声称为生产性噪声或工业噪声。烟花爆竹生产中主要有空气动力噪声和机械性噪声。空气动力噪声是由气体压力变化引起气体扰动，气体与其他物体相互作用所致，如烟花爆竹生产中气压传动的卷筒机、装药机等机械发出的噪声。机械性噪声是指机械撞击摩擦或在质量不平衡旋转等机械力作用下引起固体部件振动所产生的噪声，如烟花爆竹生产工艺中结编机、装药机、封口机等机械发出的噪声。从业者由于长时间接触噪声，故听阈升高，可导致噪声聋，还可能引起人体其他器官或机能异常，甚至诱发心理疾病。

（4）异常气象条件

气象条件主要是指作业环境周围空气的温度、湿度、气流与气压等。在作业场所，由这四个要素组成的微小气候和劳动者的健康关系很大。例如，夏季容易形成高温作业环境，可能造成体温调节和人体水盐代谢的紊乱，机体内多余的热不能及时散发掉，产生蓄热现象，从而使体温升高；在高温作业条件下大量出汗，可使体内水分和盐大量丢失；大量出汗可引起体内水盐代谢紊乱，对循环系统、消化系统、泌尿系统都可造成一些不良影响。

13.4.4 预防措施

(1) 主要事故预防措施

① 培养员工的安全意识。烟花爆竹制造行业应加强对从业人员相关安全知识的培训和教育，组织模拟演练突发事故现场和处理措施，制定合理的应急措施，加强员工安全意识和自我保护意识。同时制定严格科学的烟火药制作流程，严格按照规定进行操作。

② 引入先进设备和技术，加强安全监管监察。相当一部分的爆炸事故是由设备老旧落后、安全设施损坏或缺失导致的，如果发现不及时，则酿成大错，因此烟花爆竹制造企业应该积极引进先进的生产设施，确保生产设备方面的安全，加装温度报警器、粉尘检测器以及湿度检测器，设置自动报警装置，采取一旦发生突发情况立即切断电源、停止生产的安全消防措施。同时，加强安全问题的监管和监察，定期查看报警器运作是否正常，确保生产过程的有序和生产环境的稳定。

③ 隔绝引火源。严禁在生产厂房的一定范围内有外露明火，消除一切可见火源；时刻注意撞击、摩擦等小范围剧烈活动所产生的火花，在靠近烟花爆竹原料的附近，搬动物品要轻拿轻放，严禁拖拉、摩擦、滚动等易产生火花的动作出现。

(2) 职业性有害因素预防措施

① 企业应配备专职或者兼职的职业卫生管理人员；制订职业病防治计划和实施方案；建立、健全职业卫生档案和劳动者健康监护档案；建立、健全职业卫生管理制度和操作规程、职业病危害事故应急救援措施；组织劳动者进行职业卫生培训，或者对劳动者个人职业病防护采取指导、督促措施；如实向安全生产监督管理部门申报产生职业病危害的项目，技术、工艺、设备、材料所产生的职业病危害；向员工提供职业病防护设施和个人使用的职业病防护用品；在产生严重职业病危害的作业岗位的醒目位置设置警示标识和中文警示说明。

② 政府管理部门，如乡镇安监站、职业病防治院（所）要充分认识到烟花爆竹生产企业防治职业病的重要性和紧迫感，认清安全监管工作目前面临的新形势和新任务，发现问题要及时整改并督促、指导其落实到位。

③ 劳动者更应该学会保护自己及家人的健康。保护措施包括以下几个方面：一是善于拿起法律武器保护自己。国家相关的法规规定，从事烟花爆竹生产、经营的人员应身体健康，且年龄满 18 周岁；从事混药、造粒、筛选、装药、筑药、压药、切引、插引、封口、搬运的人员不应有身体残疾、精神障碍或年龄超过 60 周岁；到企业工作应签订劳动合同书，一旦发生劳资纠纷以及罹患职业病，可以最大限度地保护自己的利益；从事粉尘作业或与有毒有害物质接触的人员在上岗前应进行健康检查，上岗后定期进行健康检查，离职前做全面的健康体检。二是在工作期间加强劳动保护。作业时应穿工作服，戴手套、口罩等必要的防护用品，操作中轻搬轻放，防止摩擦和撞击；作业现场应远离热源与火源；高危工作岗位操作需穿防静电工作服，不得直接在水泥地面拖动物品；在密封比较严

的车间、仓库工作，或是从事制药、装药、筑药等高粉尘工序的员工，应戴好排气防护罩，穿戴紧口长袖长裤工作服、拖帽、布袜，尽量减少身体的裸露部分，衣着简单易脱。三是不把工作场所的致病物带回家。日常穿的衣服应与工作服严格分别存放，工作服和劳动护具应定期清洗；下班后要第一时间沐浴，但水温不应过高，以防止刺激皮肤毛细管扩张，促进有害物通过皮肤吸收；应定期检查身体，以便早发现、早治疗职业病。

13.5 危险化学品企业危险有害因素

13.5.1 危险化学品企业简介

危险化学品企业是指涉及危险化学品生产、储存、使用、经营和运输等环节的企业。这些企业所处理的化学品具有易燃易爆、有毒有害及腐蚀性等特性，可能对人员、设施、环境造成伤害或损害。

危险化学品是指具有易爆、易燃、毒害、腐蚀、放射性等性质，在生产、经营、储存、运输、使用和废弃物处置过程中容易造成人身伤亡和财产损毁，故需要特别防护的化学品。

13.5.2 主要危险因素

危险化学品企业主要危险因素导致的事故包括危险化学品火灾事故、危险化学品爆炸事故、危险化学品中毒和窒息事故、危险化学品灼伤事故和危险化学品泄漏事故。

(1) 危险化学品火灾事故

危险化学品火灾事故是指燃烧物质主要是危险化学品的火灾事故。

(2) 危险化学品爆炸事故

危险化学品爆炸事故是指危险化学品发生化学反应的爆炸事故或液化气体和压缩气体引起的物理爆炸事故。

(3) 危险化学品中毒和窒息事故

危险化学品中毒和窒息事故主要指人体吸入、食入或接触有毒有害化学品或者化学品反应产物，从而导致的中毒和窒息事故。

(4) 危险化学品灼伤事故

危险化学品灼伤事故主要指腐蚀性危险化学品意外与人体接触，在短时间内即在人体被接触表面发生化学反应，造成明显破坏的事故。

(5) 危险化学品泄漏事故

危险化学品泄漏事故指气体或液体危险化学品发生了一定规模的泄漏，虽然没有发展为火灾、爆炸或中毒事故，但造成了严重的财产损失或环境污染等后果的事故。

13.5.3 主要职业性有害因素

危险化学品企业中主要有生产性毒物、生产性粉尘、噪声与振动、工频电场和高温等职业性有害因素。

(1) 生产性毒物

作业人员在运输、装卸各种危险化学品货物时，如发生容器泄漏、倾洒及其他无组织排放，可致作业人员接触到各种化学物质的危害。

（2）生产性粉尘

危险化学品仓库的地面、墙壁、屋顶以及集装箱堆场地面均可吸附、堆积化学物料及其他粉尘，作业人员在这些场所作业以及清扫、冲刷地面、墙面、屋顶时可接触到这类粉尘。

（3）噪声与振动

危险化学品转运过程中，在使用重型叉车、普通叉车等工具进行作业时可产生机械性噪声与振动。

（4）工频电场

危险化学品储存场所的作业人员在变配电设施处检查作业时可接触工频电场。

（5）高温

危险化学品物流作业人员夏季在室外进行装卸、运输等作业时易接触到高温。

13.5.4 预防措施

（1）主要事故预防措施

对于火灾和爆炸事故，要严格控制反应温度、压力等参数，避免因反应失控而引发事故。例如，在涉及易燃易爆化学品的工艺中，采用先进的自动化控制系统，精准调控反应进程。

对于中毒和窒息事故，选用低毒原料，优化生产工艺，减少有毒有害气体的产生与泄漏。如采用密闭式生产工艺，降低人员接触毒物的机会。

对于灼伤事故，合理设计涉及腐蚀性化学品的工艺环节，减少人员直接接触的风险。

对于泄漏事故，优化物料输送工艺，采用管道输送时，合理规划管道布局，减少弯头、阀门等易泄漏点。

另外，要加强员工安全培训，提升其安全意识与操作技能。严禁在易燃易爆区域吸烟、动火，防止火灾和爆炸事故；严格按操作规程操作设备，避免因操作失误而引发泄漏等事故；在涉及有毒有害化学品的岗位，员工必须正确佩戴防毒面具、穿防护服等防护用品，预防中毒和窒息；接触腐蚀性化学品时，规范穿戴防灼伤防护装备，防止灼伤事故。

（2）职业性有害因素预防措施

① 防毒措施　优先采用通风控制措施，使工作场所有害物质浓度控制在国家卫生标准限值以下。通风措施主要包括自然通风与机械通风。自然通风的通风效率较高，对厂房的跨度、门窗、天窗、邻近建筑物高度等有专门性要求，宜在建筑设计初期由专业人员给予方案优化。机械通风的通风效率相对稳定，在自然通风无法达到理想效果时起关键性作用。机械通风的设备应满足消防要求。机械通风分为日常通风与事故通风两类，事故通风换气次数不宜少于 12 次/h。

② 防尘措施　危险化学品企业防尘措施需结合工艺优化、设备升级与管理强化。工艺上推行全流程密闭化生产，采用负压操作与湿式作业方式减少粉尘逸散；设备选用防尘密封型设备，定期维护法兰、接口等易泄漏点，配套高效除尘系统；设置局部排风与整体通风系统，确保作业场所粉尘浓度低于职业接触限值，安装粉尘浓度在线监测装置，实时联动喷水抑尘设备；依据 GB 39800.1—2020，为员工配备 KN95 级防尘口罩，每 4 小时

更换滤棉；建立防尘培训考核机制，增大操作规程执行力度。

③ 防噪声、振动措施　危险化学品的运输、转运设备应尽量选用低噪声、低振动的机器设备。

④ 防工频电场措施　危险化学品物流仓储项目的变电站、配电柜中所有的开关柜均应采用封闭式的金属外壳，所有电气设备的金属外壳均可靠接地，减少工频电场的产生。变电设施和操作柜均设置在室内，由专业人员管理。

⑤ 防高温措施　危险化学品物流仓储场所宜设置单独建筑物供作业人员休息、就餐等；楼内置空调，确保室内温度满足人体舒适度要求；并为作业人员免费提供含盐清凉饮料，及时补充高温作业过程中流失的水分与电解质。

13.6 玻璃生产企业危险有害因素

13.6.1 玻璃生产企业简介

玻璃生产企业是指专门从事玻璃的研发、生产和销售的企业，其生产过程包括原材料的准备、熔化、成形、热处理、表面处理、切割和包装等环节。依据《中华人民共和国工业生产许可证条例》及其实施细则，玻璃生产企业应遵循国家相关工业政策，满足环保、质量、安全等方面的法律法规要求，确保产品和生产过程符合国家标准。

玻璃产业链可以分为上游的原材料和燃料供给、中游的玻璃制造以及下游的玻璃产品消费。玻璃产业的应用覆盖了建筑、汽车、日用品、家装和农业温室等多个领域。

13.6.2 主要危险因素

玻璃生产企业主要危险因素导致的事故包括火灾事故、泄漏事故和机械伤害事故。

（1）火灾事故

火灾事故是指在时间或空间上失去控制的燃烧所造成的灾害性事件。

（2）泄漏事故

泄漏事故通常是指在工业生产中，由于设备或管道出现问题，因此内部物质（气体或液体）不正常泄漏的灾害性事件。

（3）机械伤害事故

机械伤害事故是指机械设备运动（静止）部件、工具、加工件直接与人体接触引起的夹击、碰撞、剪切、卷入、绞、碾、割、刺等形式的伤害事件。

13.6.3 主要职业性有害因素

玻璃生产企业中的主要职业性有害因素包括粉尘、高温和热辐射、有毒物质等。具体来说，粉尘主要来源于玻璃原料，高温和热辐射则与熔融玻璃的过程有关。在有毒物质方面，可能涉及的有一氧化碳、氟化物、硫化氢、镉、镍蒸气、铅及其化合物、锰及其化合物、聚对苯二酸丁二酯、苯乙烯、丙酮、丁酮、氨、二氧化碳等。这些有害因素可能会导致职业病，如硅肺、高温中暑、白内障等，并对工人的健康造成严重危害。

（1）高温和热辐射

高温是指有高气温，或有强烈的热辐射，或伴有高气湿的异常作业条件，或者湿球黑球温度指数超过规定限值的作业条件。

高温环境中工作可能导致中暑，包括热衰竭、热射病。中暑可能导致头晕、虚弱、恶心、呕吐、昏迷和死亡。长时间暴露在高温环境中，皮肤容易受到热烧伤、晒伤和烫伤。高温下，频繁出汗可能导致湿疹、疱疹和感染。在高温环境中工作还可能导致呼吸道疾病，如支气管炎、肺炎和哮喘。此外，高温下空气中的污染物浓度可能增加，对呼吸系统产生进一步的负面影响。

(2) 有毒物质

在一定条件下，较小剂量就能够对生物体产生损害作用或使生物体出现异常反应的外源化学物称为毒物。

玻璃生产过程中产生的常见有毒物质有 CO、NO、NO_2、NH_3（氨气）、HCl（氯化氢）等，可导致氨中毒等职业病。

(3) 粉尘

粉尘是指在工作环境中产生的固体颗粒物，其粒径一般在 1 微米到 100 微米之间。职业病中的粉尘是指工作场所中产生的可悬浮在空气中的固体颗粒物。这些粉尘可能来自各种工业过程，如磨削、研磨、喷涂、挖掘、矿石破碎等。

玻璃制造过程中产生的二氧化硅粉尘可能导致硅肺病，这是一种慢性肺疾病。长期少量接触二氧化硅粉尘会引起肺泡和支气管结缔组织增生，导致呼吸功能减退和肺功能损害。玻璃制造过程中可能存在其他有害化学物质，如重金属和有机溶剂，这些化学物质的粉尘可能对工人的健康产生负面影响，包括中毒、神经系统损害和癌症风险增加等。

13.6.4 预防措施

(1) 主要事故预防措施

玻璃生产包含配料、熔制、成形、退火等工序，因存在高温、危险化学品、粉尘及高速运转设备，易发生火灾、泄漏、机械伤害等事故。在工业过程方面，针对火灾，需在有易燃易爆物（如氢气、天然气、焦炉煤气等，火灾危险性甲类）的场所设置气体泄漏检测报警仪并合理安装、供电，完善防爆电气设置，配好消防设施并维护；对于化学品储存与输送（如酸、碱等腐蚀性物质）中的泄漏问题，采用耐腐蚀管道与容器，定期进行测试检测，健全巡检制度，管理好危险化学品储存区。在设备设施方面，由专人对易引发机械伤害的设备（如投料机、皮带机、破碎机等）进行检查、保养、维修，及时淘汰失效设备，在危险部位设安全警示标志与防护装置。在人员不安全行为方面，特种作业人员需持证上岗，强化安全管理，利用班前班后会提醒安全操作、纠正不安全行为，加大安全教育培训力度，督促规范穿戴劳保用品。通过以上全方位、多层次预防措施，降低事故风险，保障安全生产。

(2) 职业性有害因素预防措施

① 针对高温：提供适当的工作休息和水分补给，以防止脱水和中暑。提供适当的防护设备和服装，如防热服、帽子、太阳镜和防晒霜，以保护皮肤和眼睛。加强工作场所的通风和冷却设施，以降低室内温度；提供员工培训，以增加他们对高温工作环境的认识，并教授应对高温的安全措施；监测和评估工作场所的温度和湿度，以及员工的健康状况，在可能的情况下，调整工作时间和任务分配，以减少在高温时段的工作。

② 对于有毒物质：提供适当的个人防护装备、保持工作场所的通风和排气，定期进行职业健康检查。

③ 对于粉尘：提供适当的通风系统，以控制粉尘的扩散和浓度；指定个人防护装备，如呼吸器、防护眼镜和防护服，以减少工人暴露于粉尘中的面积；定期清理和清扫工作区域，以减少粉尘的积累；通过采用封闭式生产线，减少生产过程中物料的暴露，从而减少粉尘的产生；产生粉尘的关键环节安装有效的吸尘系统，如局部通风装置和集尘设备，将粉尘吸附并安全地转移至指定位置。

13.7 纺织行业危险有害因素

13.7.1 纺织行业简介

纺织行业是指从事天然纤维和化学纤维的加工、织造以及后续加工处理，如染色、印花、整理等，最终生产出各类纺织品和服装的行业。

纺织行业包括：

① 前处理　包括清洁原纤维，去除杂质，以及将纤维梳理、纺丝成线等。

② 织造或针织　将纺好的线进一步织成布或针织成形。

③ 染整加工　对织成的布进行漂白、染色、印花以及各种机械整理和化学整理，以赋予纺织品所需的颜色、外观和性能。

④ 后处理　对经过染整加工的纺织品进行裁剪、缝制成服装或其他用途的纺织制品等环节。

纺织行业是全球经济的重要组成部分，其产品广泛应用于服装、家居装饰、工业产品和其他领域。同时，这个行业也是劳动密集型行业，为大量工人提供就业机会。

13.7.2 主要危险因素

纺织行业主要危险因素导致的事故包括机械伤害事故、触电事故、化学品中毒事故。

（1）机械伤害事故

机械伤害指机械设备运动（静止）部件、工具、加工件直接与人体接触引起的夹击、碰撞、剪切、卷入、绞、碾、割、刺等形式的伤害。

（2）触电事故

一定的电流或电能量（静电）通过人体引起的损伤或功能障碍甚至死亡称为触电，也称为电击伤。

（3）化学品中毒事故

化学品中毒发生在人体吸入、摄入、接触或以其他方式吸收了有毒化学物质之后，这些化学物质对身体产生了负面影响。

中毒可能是急性的，也就是说它是由一次性暴露于高剂量的化学物质下造成的；或者是慢性的，即长期暴露于低剂量的化学物质下导致。化学品中毒可能影响身体的多个系统，包括呼吸系统、神经系统、循环系统以及皮肤等，并且可能导致一系列健康问题，从轻微的刺激和不适到严重的疾病甚至死亡。

13.7.3 主要职业性有害因素

纺织行业存在多种主要职业性有害因素。纺织行业中使用的纤维材料（如棉花、麻、毛等）在加工过程中会产生纤维尘，这些纤维尘可能会被工人吸入，对呼吸系统产生刺激和损害。纺织生产线上的机器设备和工艺操作可能会产生噪声，长期暴露于高噪声环境中可能导致听力损伤和耳聋。纺织工人常常需要长时间保持特定的劳动姿势以及进行重复性的动作，这可能导致肌肉和骨骼损伤，如腰背痛、颈椎病和关节炎等。

（1）粉尘

粉尘指悬浮在空气中的固体微粒。国际标准化组织规定，粒径小于 75μm 的固体悬浮物定义为粉尘。

纺织厂中产生的粉尘包含纤维、化学物质和微生物等有害物质。工人长期暴露于这些粉尘中，可能导致呼吸道疾病，如哮喘、慢性支气管炎和肺纤维化等。纺织行业使用大量的染料、溶剂、助剂和处理剂等化学物质。这些化学物质可能释放有害气体、蒸气或粉尘，对工人的呼吸系统、皮肤和眼睛等部位产生不良影响。

（2）噪声

噪声指一类引起人烦躁、或因音量过高而危害人体健康的声音。

纺织厂中使用的各种机器设备，如纺纱机、织机、印花机、热定形机等，通常会产生较高的噪声水平。空气压缩机和气体处理设备，这些设备通常也会产生噪声。50dB 以上开始影响睡眠和休息；70dB 以上干扰交谈，妨碍听清信号，影响工作效率，甚至发生意外；90dB 以上，长期接触会造成听力损失和职业性聋，甚至影响其他系统的正常生理功能。

（3）劳动姿势和重复动作

劳动姿势指的是在工作过程中所采取的身体姿势或姿态。它涉及身体的位置、肢体的角度和姿势的稳定性等因素。劳动姿势对工作人员的身体健康和舒适度有重要影响。重复动作指的是在工作中需要反复执行的动作或动作序列。

纺织厂的工人可能需要长时间坐在织机前进行织布操作，这种姿势可能导致腰椎和颈椎的不适，同时也需要手部进行重复的抬升、拉动和推动动作。缝纫工人通常需要坐在缝纫机前进行缝纫作业，这种姿势可能导致腰椎和颈椎的不适，同时需要手部进行重复的缝纫动作。在纺织厂中，产品往往需要进行包装和装运，这可能涉及弯腰、伸展手臂、抬举和推拉等动作，需要工人进行重复的动作，这些劳动姿势和重复动作可能会增加工人肌肉疲劳、关节疼痛、患筋腱炎等的风险。

（4）霉变纤维及制品

霉变纤维及制品是指纤维及其制品在生产、加工、储存或使用过程中，受到霉菌的作用而发生的变质现象。在纺织生产过程中，天然纤维（如棉花、羊毛等）和化学纤维在储存或加工过程中，若受潮或暴露于潮湿环境中，容易受到微生物侵害，导致纤维变质、变色并产生霉味。在劳动过程中，工人若直接接触发霉纤维，霉菌可能通过皮肤进入血液，产生毒性；若吸入带有霉菌的粉尘，则可能引发“纺织咳病”，症状包括胸部紧缩、呼吸困难、咳嗽、吐脓痰、口甜、咽喉痛、高热或寒颤、头痛、食欲下降等，严重时会导致体质下降。

13.7.4 预防措施

(1) 主要事故预防措施

在纺织企业生产中，针对火灾、泄漏和机械伤害等主要事故，从工业过程、设备设施和人员不安全行为管理三方面实施预防措施。

① 工业过程上，火灾事故预防需在清花、梳棉等工序安装吸铁装置和金属屏障，落实防静电措施，采用负压除尘系统管控棉、麻等可燃性粉尘，隔离染料、助剂等化学品储存区并配备相应安全设备；泄漏事故预防要对酸、碱等腐蚀性化学品采用耐腐蚀管道和容器，定期进行压力测试，建立泄漏应急预案并规范处置流程。

② 设备设施上，为纺纱机、织机等设备传动部件设置防护罩，高速运转部位安装红外感应联锁装置，轧光机等配备紧急制动装置，粉尘爆炸危险区域选用防爆电气设备，建立设备定期检修制度，检修时切断电源并悬挂警示标识。

③ 人员不安全行为管理上，特种作业人员持证上岗并定期复训，通过多种形式强化员工安全意识，禁止设备运行时清理或维修等危险行为；为不同岗位员工配备合适的个人防护装备，约束员工穿戴规范，防止卷入设备等危险情况。

(2) 职业性有害因素预防措施

在粉尘控制方面，工厂为员工提供并定期更换口罩、眼镜、耳塞等个人防护装备，对产尘设备实施密闭处理，强化通风系统，于梳棉、并条工序配置吸尘装置，定期开展湿式清扫保持工作场所湿润，以此降低粉尘浓度；针对噪声危害，工厂在设计阶段于车间墙壁和屋顶悬挂吸声体，选用隔声材料构建厂房，在关键设备处安装隔声罩，采用低噪声设备替代高噪声设备，合理布局生产设备减少噪声叠加，合理安排员工工作时间，并提供护耳器等防护装备且指导正确使用；为避免员工因工作而产生肌肉疲劳等问题，通过设置人体工程学工作站，利用辅助工具减少重复搬运，科学安排任务与休息、轮换工作站，定期开展健康教育与培训，指导员工规范操作；在纤维及制品储存管理上，通过控制环境温湿度，使用防霉剂，加强储存环节管理并定期检查维护，防止霉菌滋生，保障产品质量与安全。

13.8 石油开采行业危险有害因素

13.8.1 石油开采行业简介

石油开采行业是指在符合国家法律法规规范的前提下，利用各种技术手段和设备，对地下储存的石油资源进行勘探、开采，并在经济上实行自主经营、独立核算、自负盈亏的行业。

石油工业是支撑国民经济发展的重要基础产业之一，也是国家能源安全的重要保障，其发展水平体现着一个国家的综合国力。目前世界能源消费主要依靠石油，被称为工业的血液和液体黄金，石油的供需不仅关乎国民的日常生计，更关乎一个国家的经济发展和稳定。

中国是世界上最大的石油生产国之一，储量丰富，年产量居世界前列。国家能源局数据显示，2022 年，我国围绕老油田硬稳产、新油田快突破、海域快上产，大力提升勘探开发力度，原油产量达 2.04 亿吨。中国石油赋存从地理环境分布看，可采资源有 76%分布在平原、浅海、戈壁和沙漠。这种分布特点使得中国石油资源的开发具有地域性和区域性，需要根据不同地区的地质条件和资源特点采取不同的开发策略。根据赋存特点，中国石油的生产方式多样化，主要包括陆上开采和海上开采两种。陆上开采主要集中在大庆油田、胜利油田等地，而海上开采则主要集中在南海、东海等海域。这种多样化的生产方式使得中国石油能够更好地适应不同地质环境和气候条件，提高了石油的开采效率。但是石油现场作业的过程较为复杂，运行组织程序繁多，受到设施、环境、人力等相关因素的影响，导致现场作业具备高危性、复杂性和多样性的特点。

13.8.2 主要危险因素

石油开采行业主要危险因素导致的事故包括井喷事故、开采坍塌事故、钻具异常事故。

(1) 井喷事故

井喷是开采过程中地层流体（石油、天然气、水等）的压力大于井内压力从而大量涌入井筒，并从井口无控制地喷出的现象。而井喷事故则是由喷发时巨大的压力和冲击波所造成的人员伤亡和财产损失事故。

(2) 开采坍塌事故

开采坍塌事故是指在开采过程中，井壁突然失稳并坍塌的现象。

(3) 钻具异常事故

钻具异常事故是指在开采作业中，钻具发生异常情况导致的事故，如钻头卡住、钻具断落、井下落物等。

13.8.3 主要职业性有害因素

石油开采现场易受到诸多有害因素影响，主要职业性危害因素有噪声与高频振动、粉尘、紫外线照射、常年在野外环境作业等，都易造成石油开采安全事故。

现在的钻井设备动力源大多数为柴油机驱动，机械传动方式为万向轴、皮带、齿轮、链条等，机械的噪声与振动是不可避免的，只是强弱问题。生产性噪声是石油钻井工人接触的主要职业性危害因素，不仅对听觉系统有损伤，还对人体的心血管系统有一定损害。作业现场的振动主要来源于机械传动、钻头破岩时的跳动反作用力通过钻柱上传到钻台面、循环泥浆时立管的振动等。工人长期在噪声与振动叠加的环境中工作，听力会受损。噪声对心血管系统的损伤是一个逐渐积累的过程。

钻井作业现场的粉尘烟雾来源，如前所述是生产过程中产生的，如柴油机烟雾、钻井液处理剂粉尘、电焊作业粉尘、从钻井液循环过程中挥发的有害气体等，都会对人的眼睛、呼吸系统产生伤害。钻井队的作业现场是完全暴露在野外的，搬迁作业、起下管柱作业等都要经受长时间的紫外线照射。

此外，还有社会环境与心理因素。钻井队常年在野外环境作业，不能正常下班回家。夏季高温，冬季严寒，自然环境差，员工作业特殊，多数员工为固定岗位的单调工作，严格执行 24 小时工作制，白班、夜班倒班频繁，生物钟时常被打乱，生活缺乏规律，精神压力大等，是影响健康的不良因素。长此以往，员工生理和心理上都会发生疲劳积聚的现象，它会使人的生理机能下降，积累到一定程度，必然会引发人的不安全行为，为安全生产埋下巨大隐患。

13.8.4 预防措施

（1）主要事故预防措施

① 井喷预防需严格执行井控技术规程，精确监测地层压力与钻井液参数，采用随钻测压技术，及时发现异常并启动压井程序。合理设计钻井液密度，确保其内部压力大于地层压力。

② 针对开采坍塌，优化钻井液性能，提高其护壁能力，根据地质条件调整钻进速度和方式，避免由钻速过快或压力波动引发坍塌。

③ 预防钻具异常需严格控制钻进参数，避免超负荷作业，定期对钻具进行探伤检测，及时发现潜在缺陷。关键设备如防喷器组、钻井泵等需定期进行功能测试和维护，确保其在紧急情况下能正常工作。加强对套管、钻杆等管材的质量检测和管理，确保其强度和密封性符合要求，防止由管材问题导致坍塌或钻具异常。为井架、钻机等设备配备可靠的防倾斜、防倒塌装置，提高设备稳定性。

④ 强化人员培训，要求钻井队关键岗位人员必须通过专业井控、设备操作等培训并持证上岗，定期进行复训，提升其应对突发情况的能力。严格执行操作规程，通过“手指口述”确认法等方式，规范人员操作行为，杜绝违规操作。

（2）职业性有害因素预防措施

加强职业健康监护工作，按照《中华人民共和国职业病防治法》《职业健康监护技术规范》的规定对上岗前的钻井工人进行上岗前职业健康检查，凡患听觉器官疾病、中枢神经系统和心血管系统器质性疾病的工人，不宜从事钻井作业。钻井工人在岗期间每年进行一次职业健康检查，发现患职业禁忌症和疑似职业病的工人时，予以调换岗位和早期诊断治疗，以保证钻井工人的健康，防止职业病的发生。

石油钻井是高危行业，职业健康的危害是客观存在的。职业病的防控是一个系统工程，最能反映出以人为本的现代企业管理理念，同时它也是一项民心工程，关乎每个工人的身心健康。只要严格执行国家安全生产法律法规，坚持以预防为主的防控方针，职业健康就可得到有效的保障，职业病就能得到有效的控制。

13.9 石油加工行业主要危险有害因素

13.9.1 石油加工行业简介

石油加工行业是指对原油进行提炼、分馏、裂化、加氢、重整等工艺处理，以生产出汽油、柴油、燃料油、润滑油、石蜡等石油产品的行业，在经济上实行自主经营、独立核算、自负盈亏的经济组织。

石油加工产品在全球经济中扮演着重要角色。作为能源资源的主要来源之一，石油加工产品对于各个行业的发展和运转至关重要。石油加工产品的种类非常丰富，主要包括汽油、柴油、润滑油、石蜡等。汽油和柴油是交通运输的主要燃料，润滑油用于机械设备的润滑和保养，石蜡用于化妆品和医药等领域，总之，石油加工产品广泛应用于化工、医药、农业等领域。随着全球能源需求的不断增长和能源结构的不断调整，石油加工行业面临着更加严峻的竞争和挑战，必须加快技术创新和产业升级，提高资源利用效率和产品质量，推动绿色低碳发展，实现可持续发展。同时，石油加工行业还需要加强安全管理，预防和化解安全隐患，保障生产安全和环境保护。

13.9.2 主要危险因素

石油加工行业主要危险因素导致的事故包括火灾爆炸事故、中毒事故、脚手架事故。

（1）火灾爆炸事故

石油加工行业火灾爆炸事故是指在炼油厂、石油化工厂、油库、油罐等石油加工和储存设施中发生火灾或爆炸，可能导致人员伤亡、环境污染、设施损坏等严重后果的事故。

石油加工装置发生火灾，一般说来，火情都比较复杂，常常伴随爆炸，出现立体、大面积、多火点、复燃、复爆等多种燃烧特点。

（2）中毒事故

石油加工行业中毒事故是指在炼油厂、石油化工厂、油库等石油加工和储存设施中，因接触有毒化学物质或气体，包括挥发性有机化合物、硫化氢、苯、甲醛等，而导致人员中毒的事故。

（3）脚手架事故

石油加工行业脚手架事故是指在炼油厂、石油化工厂、油库等石油加工和储存设施中，脚手架安装、使用或维护过程中发生的包括脚手架倒塌、脚手架上作业人员坠落、脚手架组件损坏等情况。

13.9.3 主要职业性有害因素

石油加工行业主要有生产性毒物、噪声、粉尘等职业性有害因素，其危害普遍存在于绝大部分生产、储存过程中，生产场所以毒、噪混合型场所居多。

生产性毒物在生产环境中广泛存在，以硫化氢、一氧化碳、苯系物、氨气、液化石油气为主，主要分布在装置区、罐区、厂房、污水池等位置。

生产性噪声主要分布于输油泵房、消防泵房、注水泵房，以及安装有循环泵、加热炉、加压泵、引风机等生产设施的作业场所。生产性噪声会严重地危害人体健康，其危害程度与人体处于噪声环境下时间的长短以及所处环境噪声的大小有密切的关系。

粉尘主要有煤尘、电焊烟尘、聚丙烯粉尘、聚乙烯粉尘等，主要分布于装置区、燃煤锅炉、检维修场所。长期大量吸入生产性粉尘，可使呼吸道黏膜、气管、支气管的纤毛上皮细胞受到损伤，破坏呼吸道的防御功能，肺内尘源积累会随之增加，接触粉尘的工人脱离粉尘作业后还可能会患肺尘埃沉着病，而且随着时间的推移病程会加深。

13.9.4 预防措施

（1）主要事故预防措施

在蒸馏、催化裂化等工艺中，严格控制反应温度、压力等参数，安装集散控制系统（DCS），设置超温、超压三级报警机制。对加氢、重整等涉及氢气的工艺，采用氢气泄漏在线监测系统，实时监控氢气浓度，当浓度达到爆炸下限时立即报警并联锁切断气源。在酸碱精制等工序，设置围堰和中和处理池，防止腐蚀性介质泄漏扩散。对于含硫原油加工，采用先进脱硫工艺，确保产品及废气中硫化氢含量符合《石油化工企业设计防火标准》要求。关键设备如反应釜、换热器、储罐等，定期进行无损检测和压力试验，反应釜每 3 年进行一次全面检验，储罐每 5 年开展一次内外壁防腐维护。管道系统采用抗腐蚀材料，对高温、高压管道安装应力监测装置，每季度进行壁厚检测。泵、压缩机等动设备设置振动、温度监测传感器。在危险区域安装防爆电气设备，确保其防爆等级符合区域危险程度要求，同时配备完善的消防设施，如泡沫灭火系统、干粉灭火器等，定期进行联动测试。强化人员培训，完成安全培训并通过考核，特种作业人员如电工、焊工等必须持证上岗。建立岗位操作标准化流程，禁止设备运行时进行违规检修、清理作业。

(2) 职业性有害因素预防措施

石油化工企业要控制职业性有害因素必须建立完善的职业病防治体系，加快推进职业病危害严重的装置、场所的技术改造、转型升级和淘汰退出，加强高危粉尘、高毒物品等职业性有害因素的源头治理。完善职业健康技术服务机构、职业病诊断鉴定机构和职业健康体检机构建设，强化职业病危害基础研究、预防控制、诊断鉴定、综合治疗能力。依据职业病防治法，完善相关规定，扩大职业病患者救治范围，将职业病失能人员纳入社会保障范围，对符合条件的职业病患者落实医疗与生活救助措施。加强职业健康监管执法，督促落实职业病危害告知、日常监测、定期报告、防护保障和职业健康体检等制度措施，落实职业病防治主体责任。

13.10 水泥企业主要危险有害因素

13.10.1 水泥企业简介

水泥企业是指依法取得法人资格，主要从事水泥熟料的生产、销售及相关的供应服务和其他附属服务，在经济上实行自主经营、独立核算、自负盈亏的经济组织。

水泥行业作为国家建设的重要支柱，长期以来为国家发展提供了坚实的原材料支持。在水泥生产分布上，由于原料和产品运输量大、运费占售价比重高、产品保质期较短等因素的影响，水泥在销售范围上存在一定的地域限制。我国华东地区基础设施建设较早，房地产市场发达，且水路运输便利，云集着众多大型水泥集团。我国水泥生产量庞大，但事故发生率较高。尽管近年来我国加强了对水泥行业的监管，督促企业更新先进技术，安全形势有所改善，但与发达国家相比，仍存在较大差距，我国水泥生产的安全形势依然严峻。

13.10.2 主要危险因素

水泥企业主要危险因素导致的事故包括燃爆事故、机械伤害事故和高空坠落事故。

(1) 燃爆事故

燃爆事故是指在水泥生产过程中发生的爆炸事故。这种事故通常是由于燃料库或燃烧设备等部分发生泄漏、积聚或操作失误，可燃气体或粉尘在一定条件下遇到点火源从而发生爆炸。水泥生产通常使用煤炭、石油焦、天然气等作为燃料，同时在水泥生产过程中也会产生大量的粉尘。这些可燃物质在不适当的情况下可能会积聚、泄漏或产生爆炸性的混合物，一旦遇到点火源就可能引发爆炸事故。

(2) 机械伤害事故

机械伤害事故是指在水泥生产过程中，工人在接触机械设备时发生的意外事件，导致身体受伤或死亡。这种事故通常发生在水泥生产线上的各种机械设备中，例如破碎机、输送机、搅拌机等设备。

(3) 高空坠落事故

高空坠落事故是指人员由落差不低于 2 米的高处坠落发生的人身伤害事故。水泥厂高空坠落事故常见来源有预热器、矿山、水泥罐车、水泥库、熟料库等。

13.10.3 主要职业性有害因素

在水泥行业中，主要职业性有害因素有生产性粉尘、生产性噪声、高温、生产性毒物以及体力劳动强度等。

(1) 生产性粉尘

粉尘存在于水泥生产的全过程，主要有三大类：一是煤尘，存在于整个煤粉的制备过程中；二是含硅矿物尘；三是水泥尘，存在于水泥粉磨到产品包装外运的全过程。水泥的主要原料有石灰石、硫酸渣、黄砂等，这些原料在生产成水泥的时候会释放出很多的有害粉末，如果职工在作业过程中没有佩戴安全口罩，那么有害物质会进入呼吸道，而这些有害物质是无法从身体中排除出来的。

(2) 生产性噪声

噪声是各种生产机械产生的，且声压级强度较大。产生噪声的主要设备有各类破碎设备、磨机、输送设备、风机、空压机等。

(3) 高温

高温主要存在于窑尾预热器、三菱流化床分解炉、旋窑及烧成料冷却前，其次是窑头窑尾的电收尘废气、矿渣烘干输送及设备检修等。

(4) 生产性毒物

原煤在窑内燃烧以及水泥原料预热分解、煅烧过程中会产生一定量的 CO、SO_2、NO_x、氟化物等生产性毒物，在正常生产运行状态下它们的危害很小。以 SO_2 为例，水泥熟料燃烧过程中，产生的 SO_2 可进入除尘器，若除尘器破损，会导致 SO_2 泄漏，从而污染作业环境。

(5) 体力劳动强度

在水泥生产的各岗位均存在一定的体力劳动强度，在正常生产状态下它的危害较小，在设备检修时体力劳动强度的危害较大。

13.10.4 预防措施

(1) 主要事故预防措施

① 工业过程中，针对爆炸事故，煤粉制备系统需严格控制入磨煤粉水分、氧气含量和惰性气体温度，回转窑要把控热风炉与窑内温压；机械伤害事故预防方面，通过升级改

造设备提高自动化程度，减少人员与设备的直接接触。

② 设备设施上，针对爆炸事故，定期维护设备密封性，对电气设备进行防爆改造并安装可燃气体检测报警装置；预防机械伤害则要为转动部位加装防护罩、防护栏等防护装置，设置安全联锁装置；预防高处坠落需确保作业场所工作平台稳固、防护栏齐全、防滑措施有效。

③ 人员不安全行为管理上，爆炸事故预防要求操作人员经专业培训，熟知操作规程且严禁在易燃易爆区域使用明火；机械伤害预防要求操作人员严格遵守规程，设备检修执行能量隔离制度；高处坠落预防规定高处作业人员持证上岗，正确佩戴防护用品，且恶劣天气禁止作业。

(2) 职业性有害因素预防措施

保障水泥行业员工安全与健康，关键在于多维度的管理与升级。首先，生产工艺与设备的现代化升级是关键。通过引进新技术、新工艺，推进机械化、自动化生产，从源头上减少危险因素，确保生产设备处于良好状态，降低事故风险。其次，严格遵守国家安全生产法律法规，建立健全安全生产责任制，对不具备安全生产条件的企业进行整改或禁止运营，加强监管和执法检查，确保水泥行业的安全生产。同时，强化职业健康监测与管理，定期开展职业健康检查，及时发现和处理职业性有害因素，保障员工的职业健康。此外，加强安全教育培训，提高员工的安全意识和操作技能，配备个人防护装备，确保员工在作业过程中的安全；建立健全安全管理制度，明确各项安全操作规程和应急处理措施，提高应对紧急情况的能力。通过多方面的努力，才能全面保障水泥行业员工的安全与健康。

13.11 陶瓷企业主要危险有害因素

13.11.1 陶瓷企业简介

陶瓷企业是指依法取得法人资格，主要从事陶瓷制造、加工、销售等业务，在经济上实行自主经营、独立核算、自负盈亏的经济组织。

陶瓷是一种由黏土等原材料制作而成的非金属材料，一般具有高硬度、高耐磨、高耐腐蚀等特点，广泛应用于建筑、家居、电子、化工等领域。陶瓷可以分为陶器和瓷器两大类。陶器以黏土为主要原料制作而成，呈现出天然质朴的特点；瓷器则以瓷土为主要原料，经过高温烧制而成，具有坚硬、通透的特点。瓷器又可细分为瓷器、瓷雕、瓷画等多个类别。

陶瓷作为一种独特的材料，具有多样的特点。首先是陶瓷的耐火性能优异，能够在高温环境下保持稳定。其次是陶瓷的耐腐蚀性能好，能够抵抗酸、碱腐蚀。此外，陶瓷还具有良好的绝缘性能和装饰性能，成为建筑、工艺品等领域的重要材料。

13.11.2 主要危险因素

陶瓷企业主要危险因素导致的事故包括机械伤害事故、火灾事故、灼烫事故、粉尘爆炸事故、中毒和窒息事故以及电气事故等。

(1) 机械伤害事故

机械伤害事故是指机械设备运动（静止）部件、工具、加工件直接与人体接触引起的挤压、碰撞、冲击、剪切、卷入、绞绕、甩出、切割、切断、刺扎等伤害事故。机械伤害事故经常发生在原料处理车间、制坯车间和加工车间，与破碎机、筛分机、搅拌机、成形机、压坯机、挤压机、切割机、打磨机、圆弧抛光机等密切相关。

(2) 火灾事故

火灾事故是指在陶瓷厂区内各作业场所，多种原因导致可燃物质燃烧失控，造成的人员伤亡、财产损失、生产中断与环境不良影响的意外事件。火灾事故经常发生在烧制车间、装饰车间和原料仓库，主要与隧道窑、梭式窑、辊道窑等窑炉设备，施釉机、彩绘机等装饰设备，以及储存易燃原料和包装材料的货架等密切相关。

(3) 灼烫事故

灼烫事故是指在生产、生活活动中，接触高温、火焰、化学物质或电流等导致的局部组织损伤事件。灼烫事故经常发生在烧制车间和装饰车间，主要与窑炉设备、施釉设备（特别是涉及加热釉料的部分）等密切相关。

(4) 粉尘爆炸事故

粉尘爆炸事故是指可燃粉尘在受限空间内与空气混合形成的粉尘云，在点火源作用下引发的爆炸事故。粉尘爆炸事故经常发生在原料处理车间和加工车间，主要与破碎机、筛分机、研磨机、切割机、打磨机等密切相关。

(5) 中毒和窒息事故

中毒事故是指人体接触有毒物质后引发的急性中毒事件。窒息事故是指因外界氧气不足或其他气体过多，或者呼吸系统发生障碍而导致的呼吸困难甚至停止呼吸的情况。中毒和窒息事故是指人体接触有毒物质导致中毒，同时又处于氧气不足的环境中而引发窒息的情况。中毒和窒息事故经常发生在化学添加剂使用区域（如釉料配制车间）、窑炉内部维修区域和地下原料储存库，主要与用于配制釉料的容器和搅拌设备、窑炉设备、地下原料储存设施等密切相关。

(6) 电气事故

电气事故是指在涉及电气设备、电气线路或电气系统的操作、维护、检修等作业过程中发生的突发性意外事件。电气事故在整个陶瓷企业的生产车间和仓库都有可能发生，主要与电机、配电箱、加热装置、电气控制设备、照明设备等密切相关。

13.11.3 主要职业性有害因素

在陶瓷企业生产过程中主要职业性有害因素包括化学毒物、粉尘、噪声、高温等。

(1) 化学毒物

陶瓷生产中，化学毒物的产生与多种因素有关。釉料配制的搅拌设备、施釉机和彩绘机会使釉料中的重金属化合物及有毒添加剂挥发，窑炉燃烧不充分会产生一氧化碳等有害气体且通风故障会致其积聚。釉料中的铅、镉等重金属及硅酸钾等添加剂是毒物源，含硫燃料会产生二氧化硫。釉料配制、施釉和彩绘工艺会释放有毒成分，烧制工艺也会因燃料燃烧和坯体反应产生有害气体。工人在釉料配制时弯腰、施釉彩绘时近距离面对制品，以及进行窑炉操作时未防护，都会增加吸入有毒气体以及接触有毒粉尘的风险。若车间通风不良，有毒气体就会积聚，且温湿度也会影响毒物挥发扩散，如高温、高湿会加快毒物挥发速度。重金属中毒会对人体多个系统造成损害。一氧化碳会与血红蛋白结合，使氧气无法正常输送，导致人体组织缺氧，严重时可致人死亡。二氧化硫会刺激呼吸道，引起咳嗽、气喘等呼吸道疾病。

(2) 粉尘

在陶瓷生产中，粉尘主要源于原料处理的破碎机、球磨机等及加工的切割机等设备，在对原料或产品进行物理加工时产生粉尘；黏土、石英等主要原料及石灰石等添加剂加工时易产尘；破碎、研磨等工艺环节是产尘的关键环节。工人在设备附近弯腰、俯身操作会增加粉尘吸入风险。若车间通风不良，如老旧车间通风系统不完善或冬季为保暖减少通风，粉尘无法及时排出，便会在车间内积聚，工人劳动防护用品佩戴不规范，如口罩佩戴有误或未及时更换，粉尘便会被吸入，沉积于呼吸道与肺部，诱发肺尘埃沉着病等职业病。

(3) 噪声

陶瓷企业的噪声与生产设备、物质原材料、生产工艺、操作体位姿势及作业环境有关。破碎机、球磨机等设备是主要噪声源，它们运行时因机械部件运动等产生噪声，像破碎机破碎原料、风机叶片旋转都会产生噪声。物质原材料虽不直接产生噪声，但如石英在球磨机中因自身特性会间接使球磨机噪声增大。在破碎、研磨等加工工艺中，设备运行状态和工艺参数会影响噪声，如破碎速度和破碎比越大，噪声越强。工人靠近噪声源设备操作，如站在球磨机旁、手持切割机作业、耳部靠近噪声源，危害更大。而车间空间小且吸声隔声差，噪声会反射形成混响声场，导致噪声级升高，车间多设备同时运行也会增加噪声复杂性和强度，若工人未有效佩戴耳塞、耳罩等听力保护装备，听力会逐步受损，危害身体健康。

(4) 高温

在陶瓷生产中，高温是重要的职业性有害因素。窑炉作为主要高温源，通过燃料或电加热使坯体发生变化，加热釉料的小型设备也会产生局部高温。烧制时陶瓷坯体自身会辐射热量，其材料和尺寸影响蓄散热，大型制品烧制后储存热量会持续制造高温。烧制工艺决定高温环境，温度因产品而异，一般在几百摄氏度到一千多摄氏度，窑炉周边及刚出炉制品的后续操作都会使环境升温。工人在窑炉前操作以及搬运出炉制品时，身体直接暴露于高温。窑炉车间若无隔热措施，热量会使车间升温，通风不良还会加剧热量积聚，使温度更高。工人在进行装窑、出窑作业以及窑炉巡检时，长期在高温环境中作业，会中暑、休克甚至死亡。

13.11.4 预防措施

(1) 主要事故预防措施

① 机械伤害事故预防措施　加强员工安全培训，严禁违规操作，设备运行时严禁清理和维修；确保设备防护装置完好，定期检查和维护皮带轮、链条传动等部位的防护罩。

② 火灾事故预防措施　定期检查窑炉隔热材料和温度控制系统，确保其正常运行；规范易燃釉料、颜料及包装材料的存储和使用，远离火源和热源，配备灭火设备，加强车间防火巡查，防止电气故障和静电产生火花。

③ 灼烫事故预防措施　为接触高温制品和釉料的工人配备齐全且合格的隔热手套、

防护服等防护用品，并监督其正确穿戴；对加热釉料的设备进行隔离和警示。

④ 粉尘爆炸事故预防措施　在原料加工区域安装有效的通风除尘系统，降低粉尘浓度；采用防爆电气设备，避免产生明火、静电火花和电气火花；定期清扫车间，防止粉尘积聚。

⑤ 中毒和窒息事故预防措施　加强车间通风换气，确保化学添加剂使用区域空气流通；在封闭或半封闭空间作业前，进行氧气含量和有毒气体检测，采取通风措施，必要时配备呼吸防护设备和监护人员。

⑥ 电气事故预防措施　定期检查和维护电气设备，及时更换老化、损坏部件和破损电线；避免在潮湿环境下操作电气设备，严格执行设备故障维修断电制度，为工人配备绝缘工具和防护用品。

(2) 主要职业性有害因素预防措施

① 化学毒物　在釉料配制和使用场所设置通风设备，确保有毒气体及时排出；提供防毒面具等防护用品，要求员工规范操作；优化烧制工艺，保证燃料充分燃烧；严格控制添加剂的使用，选择环保型替代品；加强对车间空气质量的监测。

② 粉尘　原料加工设备密闭并设吸尘装置，如破碎机密封且周围有吸尘口；优化通风布局，按粉尘量设专门的除尘器进行净化；提供合格的防尘口罩与眼镜，教导员工正确佩戴；定期湿式清扫积尘，制定制度明确各岗位控尘职责并加强监督。

③ 噪声　优先选低噪声设备，对高噪声设备加装减震垫、消声器降噪，如球磨机底部装减震垫；合理布局设备，高噪声区设隔声间或屏障，车间做吸声处理；给员工配备耳塞、耳罩并定期检查，检测噪声分布，依此安排工作时间与岗位，加强员工噪声防护培训。

④ 高温　窑炉及管道包裹隔热材料，如陶瓷纤维毡；装通风降温设备，高温岗位设局部冷风机等；提供隔热防护服、手套、面罩等，供应防暑饮品；合理安排高温作业时段，培训员工中暑预防与急救知识，设急救点并配药品和急救设备。

13.12　工商贸易企业主要危险有害因素

13.12.1　工商贸易企业简介

工商贸易企业是一种以营利为目的，从事工业生产与商业贸易相关经济活动，实行自主经营、自负盈亏，依法设立的经济组织。

部分工商贸易企业会涉及工业生产环节，包括采购原材料，运用机器设备、技术和人工等进行加工生产，将原材料转化为产品。例如汽车制造企业、电子产品制造企业等，它们通过生产各种产品来满足市场需求。

这类企业主要从事商品的购销活动，包括国内贸易和国际贸易。在国内贸易中，涵盖各类商品的批发、零售，将生产商的产品推向市场，满足不同客户的需求。在国际贸易方面，负责进出口业务，与国外供应商和客户建立合作，促进商品在全球范围内的流通。如百货公司、超市、贸易公司等都属于商业贸易型的工商企业。

工商贸易企业是独立的经济实体，具有自主经营、自负盈亏的特点，能够独立承担民事责任。同时，它也是市场经济的重要组成部分，在经济活动中扮演着重要角色，通过生产、销售、服务等活动，满足社会的需求，推动经济的发展。

13.12.2 主要危险因素

工商贸易行业主要危险因素导致的事故包括火灾事故、机械伤害事故、高处坠落事故、触电事故、物体打击事故和粉尘爆炸事故。

（1）火灾事故

火灾事故指在时间或空间上失去控制的燃烧所造成的灾害。在工商贸易企业中，可能因电气故障、设备老化、物料堆放不当、违规动火作业等原因引发火灾。

（2）机械伤害事故

机械伤害事故是指人员在操作或接触机械设备时，由机械运动部件产生的碰撞、夹击、剪切、卷入等作用导致人体组织或器官受到损伤的事故。

（3）高处坠落事故

高处坠落事故指从事高处作业的人员，由于安全防护设施缺失、人员操作失误等原因，从高处坠落，造成人身伤害的事故。在一些工商贸易企业的厂房建设、设备安装与维修等过程中，若作业人员未佩戴安全带或安全绳，或安全防护栏杆设置不完善，一旦发生失足等情况，就会导致高处坠落事故。

（4）触电事故

触电事故指人体接触到带有电压的导体，导致电流通过人体，造成生理伤害甚至死亡的事故。若企业电气设备老化、破损，或电气线路敷设不规范，如电线裸露、未安装漏电保护装置等，人员不小心接触到这些带电部位时，就会发生触电事故。

（5）物体打击事故

物体打击事故是指失控的物体在惯性力或重力等外力作用下产生运动，打击人员而造成的伤害事故。在物料搬运、装卸过程中，如果堆放的物料未固定好，可能会因车辆的颠簸或人员的碰撞而坍塌，造成物体打击事故。此外，如一些高处的物料、工具等掉落，也可能会击中下方的人员。

（6）粉尘爆炸事故

粉尘爆炸事故是指悬浮在空气中的可燃粉尘，在遇到点火源时，瞬间发生剧烈燃烧，产生高温高压气体而引发的爆炸事故。某些加工制造企业，如木材加工、面粉加工、五金抛光打磨等企业，如果作业场所粉尘收集系统不完善，粉尘在空气中弥漫且达到一定浓度，遇到明火、静电等点火源时，就可能引发粉尘爆炸。

13.12.3 主要职业性有害因素

工商贸易企业的职业性有害因素是指在生产工作过程及其环境中产生和（或）存在的，对职业人群的健康、安全和作业能力可能造成不良影响的一切要素或条件。以下是对工商贸易企业生产工艺及劳动过程中的主要职业性有害因素的介绍。

（1）生产工艺过程中的主要职业性有害因素

① 化学因素　包括生产性毒物和生产性粉尘。生产性毒物如铅、汞、苯、氯、一氧化碳、有机磷农药等，可能通过吸入、皮肤接触等方式进入人体，引发职业性疾病。生产

性粉尘如硅尘、石棉尘、煤尘、水泥尘、有机粉尘等，长期吸入可能导致硅沉着病等肺部疾病。

② 物理因素　包括异常气象条件，如高温、低温、高湿等，可能影响人体的体温调节和生理功能；异常气压，如高气压、低气压，可能造成减压病、高山病等；噪声、振动、超声波、次声等，会对听觉器官、神经系统、心血管系统等产生不良影响；非电离辐射，如可见光、紫外线、红外线、射频辐射、微波、激光等，以及电离辐射，如 X 射线、γ 射线等，可能对人体细胞和组织造成损伤。

③ 生物因素　生产原料和作业环境中存在的致病微生物或寄生虫，如炭疽杆菌、真菌孢子、布氏杆菌、森林脑炎病毒及蔗渣中滋生的霉菌等，可能引发相应的传染病或寄生虫病。

(2) 劳动过程中的主要职业性有害因素

① 劳动组织和制度不合理　如劳动作息制度不合理，可能导致劳动者过度劳累；劳动强度过大或生产定额不当，安排的作业与劳动者生理状况不相适应，可能使劳动者身体疲劳、精神紧张。

② 不良体位或姿势　长时间保持弯腰驼背、站立、坐等不良体位，或进行重复性动作，可能会导致肌肉、骨骼系统的问题，如颈椎病、腰椎病、腱鞘炎等。

③ 使用不合适的工具　使用不合适的工作工具，如工具过重、过大或过小，不符合人体工程学原理，可能会增加身体的负担，导致职业病的发生。

13.12.4　预防措施

(1) 主要事故预防措施

① 要合理规划工艺流程，确保物料输送、加工等环节符合安全规范。对于火灾事故，严格控制易燃易爆物质的使用与储存流程，减少火灾风险；预防粉尘爆炸事故，需优化涉及粉尘产生的工艺，减少粉尘的产生与扩散，如采用密闭式生产工艺；在高处作业工艺中，设置可靠的登高与防坠落流程，防止高处坠落事故；对于机械运行工艺，规范操作流程，避免机械伤害；在用电工艺上，合理设计电气线路，防止触电事故；规范物料搬运工艺，预防物体打击事故。

② 选用符合安全标准的设备设施，并定期维护保养。对于火灾的预防，配备完善的消防设备设施，如灭火器、消火栓等，并确保其处于良好状态；安装火灾报警装置，以便及时发现火情。预防机械伤害，要为机械设备安装防护装置，如防护罩、防护栏等，对设备的传动、转动等危险部位进行有效防护。为防止高处坠落，在高处作业区域设置牢固的防护栏杆、安全网等设施。针对触电事故，确保电气设备接地良好，安装漏电保护装置。为预防物体打击，在易发生物体坠落的区域设置防护棚等设施。对于粉尘爆炸，除尘系统应按粉尘爆炸特性采取预防和控制措施，如选用合适的除尘器，确保其正常运行。

③ 加强员工安全培训，提高安全意识与操作技能，杜绝违规操作。严禁在易燃易爆区域吸烟、动火，防止火灾事故；要求员工在高处作业时正确佩戴安全带等防护用品，避免高处坠落；规范员工在机械设备操作中的行为，防止机械伤害；教育员工安全用电，不私拉乱接电线，预防触电；提醒员工在搬运物料时注意安全，防止物体打击；在粉尘作业区域，要求员工正确佩戴防尘口罩等防护用品，避免粉尘积聚引发爆炸。通过对工艺过

程、设备设施和人员不安全行为的全面管控，可有效预防工商贸易企业的各类主要事故。

（2）职业性有害因素预防措施

① 优化生产流程　对于存在化学性有害因素如生产性粉尘、毒物的工艺，采用密闭、自动化生产技术，减少物料暴露，降低人员接触风险。例如，在粉尘产生环节，通过改进工艺，将开放式加工改为封闭式加工，有效减少粉尘逸散。对于存在物理性有害因素像高温、噪声等的工艺，合理安排工序，减少员工在有害环境中的暴露时长，如设置轮班制度，避免员工长时间处于高温或高噪声环境。同时，在劳动组织和作息制度上，避免员工过度劳累，合理安排工作时间与休息间隔，防止员工因精神紧张和过度疲劳增加患病风险。

② 配备先进的防护设备　在存在粉尘的环境中，安装高效的除尘设备，定期维护保养，确保其正常运行，及时收集粉尘，降低车间内粉尘浓度。在存在化学毒物的环境中，设置通风排毒设备，保证车间空气流通，将毒物浓度控制在国家标准以下。针对物理性有害因素，如噪声较大的设备，安装隔声、消声装置，减少噪声传播；高温作业场所设置隔热、降温设备，改善工作环境温度。此外，要定期对设备设施进行检查与更新，保证其防护性能。

③ 加强员工职业卫生培训　让员工充分了解工作中存在的职业性有害因素及其危害，掌握正确的防护方法。培训内容涵盖防护用品的正确佩戴与使用，如防尘口罩、防毒面具、耳塞等的使用方法。同时，建立严格的职业卫生管理制度，督促员工遵守安全操作规程，杜绝违规操作。设立监督机制，对员工的作业行为进行日常监督，及时纠正不安全行为，如严禁在有害作业区域内不佩戴防护用品进行操作。鼓励员工养成良好的生活习惯，保持健康的生活方式，增强身体抵抗力，以更好地防御职业性有害因素。通过工艺过程优化、设备设施完善以及人员不安全行为管控，工商贸易企业能够有效预防职业性有害因素，保障员工的职业健康。

13.13　机械制造业主要危险有害因素

13.13.1　机械制造业简介

机械制造业是指利用金属、非金属或其他材料制造各种机械设备、零部件和工业设备的行业。这些设备和零部件包括发动机、机床、飞机、汽车、农业机械、建筑机械、电力设备、通信设备、电子设备等。机械制造业是工业领域的重要组成部分，也是国民经济的基础产业之一。

机械制造业的发展水平直接反映了一个国家的工业化水平和制造业的竞争力。随着科技的进步和全球化的发展，机械制造业也在不断创新和发展。现代机械制造业已经逐渐向数字化、智能化、绿色化的方向发展，涉及先进的制造技术、材料科学、自动化控制等领域。

机械制造业的发展对国家经济的增长和产业结构的升级具有重要意义。在许多国家，机械制造业是制造业的主导产业之一，为国家的出口创汇和就业提供了重要支撑。同时，机械制造业也是其他行业的重要供应商，为各个行业提供设备和工业品。

在全球范围内，中国、德国、日本、美国等国家都是机械制造业的重要生产和出口大国。随着全球产业转移和新兴市场的崛起，机械制造业的全球竞争格局也在发生变化，行业内的技术创新和管理创新将成为企业竞争的关键。

13.13.2 主要危险因素

机械制造业主要危险因素导致的事故包括机械伤害事故、物体打击事故、高处坠落事故、触电事故、中毒和窒息事故。

(1) 机械伤害事故

机械伤害事故是指机械设备在操作、维护、检修过程中，由操作不当、机械故障、防护措施不足等导致的伤害事件。这类事故的伤害类型多样，包括夹击、碰撞、剪切、卷入、绞、碾、割、刺等形式，通常由转动机械的外露传动部分或往复运动部分造成，可能导致肢体残疾、器官损伤，甚至死亡。

(2) 物体打击事故

物体打击事故是指失控的物体在惯性力或重力等外力作用下产生运动，打击人员而造成的伤害事故。在机械制造企业的生产过程中，物料的搬运、堆放以及设备的安装、维修等环节，如果存在高处物体坠落、设备故障导致物料飞溅等情况，就可能发生物体打击事故。

(3) 高处坠落事故

高处坠落事故是指从事高处作业的人员，因安全防护设施缺失、人员操作失误等原因，从高处坠落，造成人身伤害的事故。在机械制造企业中，涉及高处作业的场景较多，如设备的安装、维修、保养，以及厂房的清洁、维护等。如果作业人员未佩戴安全带或安全绳，或安全防护栏杆设置不完善，一旦发生失足等情况，就可能导致高处坠落事故。

(4) 触电事故

触电事故是指人体接触到带有电压的导体，导致电流通过人体，造成生理伤害甚至死亡的事故。机械制造企业中存在大量的电气设备，如机床、焊接设备、各种电动工具等。如果设备的电气线路老化、破损，未安装漏电保护装置，或设备的金属外壳未接地，当人员接触到这些带电部位时，就可能发生触电事故。

(5) 中毒和窒息事故

中毒和窒息事故是指作业人员在生产过程中，因吸入有毒有害气体或处于缺氧环境而中毒或窒息的事故。在机械制造企业的某些工艺过程中，如铸造、焊接、涂装、热处理等，会产生有毒有害气体，如一氧化碳、硫化氢、苯系物等。如果通风不良，这些气体在作业场所积聚，作业人员长时间暴露在这样的环境中，就可能导致中毒或窒息事故。

13.13.3 主要职业性有害因素

机械制造业的主要生产工艺包括：铸造工艺、锻压工艺、热处理工艺、机械加工工艺（钻、铣、镗、车、刨、磨等）、金属表面处理工艺、焊接与气割工艺、涂装工艺等。

铸造工艺中主要职业性有害因素包括粉尘、化学毒物、噪声、振动、高温与热辐射、高频电磁场和微波辐射等。铸模制造、铸件的落砂与清理过程中产生型砂尘，浇注过程中产生金属烟尘。用树脂作胶黏剂制芯时可接触酚、甲醛和氨；煤炉作业产生一氧化碳、二氧化碳、二氧化硫和氮氧化物等。在震实、压实等机械设备运行中产生噪声、振动。型砂和砂芯烘干设备、合金熔炼设备、浇筑过程中产生高温与热辐射。采用高频感应炉或微波炉加热时产生高频电磁场和微波辐射。

锻压工艺中主要职业性有害因素包括生产性粉尘、化学毒物、噪声和振动、高温与热辐射。锻造炉、锻锤工序中加料、出炉、锻造过程可产生金属粉尘、煤尘和炉渣尘等。燃烧锻炉可产生一氧化碳、二氧化硫、二氧化碳、氮氧化物等有害气体；锻压镁件时可产生氧化镁烟。冲床、剪床可产生高强度噪声，一般为脉冲式噪声。加热炉产生高温与强热辐射。

热处理工艺中主要职业性有害因素包括化学毒物、噪声、高温与热辐射、高频电磁场。在渗碳、渗氮等过程中会产生氨气、氢化物、一氧化碳、氮氧化物等有害气体。在机械设备运行时产生噪声。各种加热炉和被加热的工件会产生高温与热辐射。高频电炉运行时产生高频电磁场。

机械加工工艺中主要职业性有害因素包括粉尘、噪声。机械加工的粗磨和精磨过程中会产生粉尘，如使用人造磨石产生三氧化二铝粉尘，使用天然磨石则产生硅尘。机床运转时会产生噪声。

金属表面处理工艺中主要职业性有害因素是化学毒物。工艺过程中通常产生酸雾、碱，如硫酸、盐酸、磷酸、氢氧化钠、二氧化氮、铬酸盐，有些工艺会使用氰化物、镍化合物、镉及其化合物、氧化锌、氯化物、苯、二甲苯、乙二醇等化学物质。

焊接与气割工艺中会产生紫外线、电焊烟尘、锰及其化合物、臭氧、氮氧化物、一氧化碳，以及高温等职业性有害因素。

涂装工艺中主要职业性有害因素为化学毒物。使用油漆的类型、成分不同，产生不同的化学毒物，如甲苯、二甲苯、醋酸乙酯、醋酸丁酯、甲基乙基酮、甲基异丁基酮等。

13.13.4 预防措施

(1) 主要事故预防措施

在机械制造工艺过程中，机械伤害、物体打击等事故常由加工方式不当或防护缺失引发。机械伤害的预防需优化工艺设计，如采用自动化送料代替人工操作，设置联锁防护装置，确保设备在危险动作时停机。物体打击事故可通过规范物料堆放、使用安全夹具及限位装置减少飞溅风险。高处坠落事故的预防需在高空作业环节设置固定平台、护栏及防坠网，并限制交叉作业。触电事故的防控要求对高压设备进行绝缘处理，并确保接地保护系统的可靠性。中毒和窒息事故的预防需在焊接、喷涂等环节配备局部排风系统，严格管控有害气体浓度。

设备本质安全是事故防控的核心。机械伤害的预防需在冲压、切割等危险区域加装光电保护或双手触发装置；旋转部件须配备防护罩。物体打击风险可通过设备减振设计、加装防飞溅挡板降低。高处作业设备（如行车、升降平台）应定期检查制动及承重结构，并设置防坠器。电气设备须符合防爆等级要求，加装漏电保护开关，并设置明显警示标识。对于有毒的环境，应配置气体检测报警仪及应急通风设备。

人为失误是事故的重要诱因。机械伤害常由违章操作或疲劳作业引发，需通过安全培训强化操作规程（如禁止徒手清理切屑）。物体打击事故需规范劳保用品佩戴（如安全帽、防砸鞋）。高处坠落的预防需严禁攀爬无防护设施区域，并实施高处作业许可制度。触电事故防控要求非电工人员禁止检修电路，且必须断电验电后操作。中毒和窒息事故需严禁擅自进入密闭空间，作业前需强制通风并检测氧气含量。此外，企业应建立行为安全观察制度，通过奖惩结合减少违规行为。

(2) 职业性有害因素预防措施

铸造车间的硅尘、涂装车间使用的有机溶剂、焊接车间的电焊烟尘、机加工和锻压车间的噪声，是机械行业的主要职业性有害因素，也是机械制造业项目职业病危害的关键控制点。防控机械制造业职业病危害，首先应合理进行车间布局，减少职业性有害因素交叉污染。如铸造工序中的熔炼炉应放在室外或远离人员集中的公共场所；铆工和电焊、(涂)喷漆工序应分开布置。

铸造硅尘的治理，尽量选用低游离二氧化硅的型砂，并减少手工造型和清砂作业。落砂、清砂采用自动、密闭隔离操作等。清砂是铸造工序中粉尘浓度最高的岗位，应予以重点防护，如安装大功率的通风除尘系统。实行喷雾湿式作业，防止二次扬尘。

有机溶剂危害治理，应优先选择自动化、密闭化的设备或生产线，如用数控机床代替普通机床，使用机器人喷漆。涂装要尽量使用低毒有机溶剂，用甲苯、二甲苯、醋酸乙酯、醋酸丁酯、甲基乙基酮、甲基异丁基酮等代替高毒的苯。涂装工艺采用上送下排的通风方式，操作人员工作位置处的风速不小于0.8m/s，喷漆间内的涂装操作位置安装水帘(水幕)、防毒排毒装置及冲洗设施。

电焊烟尘危害治理，重在实现生产设备或生产线的密闭化、自动化。对超标的电焊岗位，可设计使用移动式焊烟除尘器，配备除尘手臂。除尘手臂体积小，过滤效率高。针对焊接工艺，可采用分层送风治理方案。在分层送风系统中，是以低速在厂房的下部分层送风，新鲜空气直接送入工作区，同时在作业点采取轻便、高效的通风净化装置。

噪声是机械制造工业中的重要职业性有害因素之一。噪声控制主要包括对铸造、锻造中的气锤、空压机，机械加工中的打磨机、抛光机、冲压机、剪板机、切割机等高强度噪声设备的治理。要优化工艺操作流程，如以焊代铆，以液压代替冲压，抛丸机采用自动化、隔离操作。对高强度噪声源可集中布置，并设置隔声屏蔽。空气动力性噪声源应在进气或排气口进行消声处理。对集控室和岗位操作室应采取隔声和吸声处理。进入噪声强度超过85dB(A)的工作场所应配戴防噪声耳塞或耳罩。

做好防毒及应急救援措施同样十分重要。对产生高浓度一氧化碳、氰化氢、甲醛和苯等剧毒气体的工作场所，如某些特殊的淬火、涂装和使用胶黏剂岗位，应制定急性职业中毒事故应急救援预案，设置警示标识，配备防毒面具或防毒口罩等。

复习思考题

填空题：

1. 煤矿企业主要危险因素包括瓦斯、冒顶片帮、透水和(　　　　　　　　)，主要职业性有害因素包括粉尘、噪声等。

2. 建筑施工企业主要危险因素包括高处坠落、物体打击、机械伤害、起重伤害和(　　　　　　　　)。

简述题：

3. 简述危险化学品企业的预防措施。

4. 纺织行业的主要职业性有害因素仅包括噪声，不涉及粉尘和高温吗？

5. 石油开采行业的主要危险因素包括火灾、爆炸和井喷，需重点防控，这种说法对吗？

第14章

事故预防与控制

避免事故发生的根本方法是消除危险，而消除危险的两个重要方面是事故的预防与控制，即采用技术和管理手段，通过危险预防与控制措施，在现有的技术水平上，以最少的成本达到最优的安全水平。本章将从安全管理、安全技术和安全教育等方面探讨事故预防与控制的主要方法。

14.1　事故预防与控制的基本原则

事故预防是通过采用工程技术、管理和教育等手段使事故发生的可能性降到最低；事故控制是通过采用工程技术、管理和教育等手段使事故发生后不造成严重后果或使损害尽可能减小。例如，火灾的预防与控制，通过规章制度的建立和完善，或者采用不可燃、不易燃的材料可以预防火灾的发生；采用火灾报警装置、喷淋装置、阻燃装置、应急疏散措施等可以控制火灾发生的后果，减小火灾带来的损失。

从安全目标的实现出发，事故预防与控制体现在以下三个方面。

① 消除事故原因，形成“本质安全”系统。即消除危险源、控制危险源、防护和隔离危险源、保留和转移危险源。

② 降低事故发生频率。

③ 减少事故的严重程度和事故的经济损失。

从采用的手段出发，事故预防与控制以危险源为对象，运用系统工程的原理，对危险进行控制。其技术手段主要有工程技术措施和管理措施，按措施等级可以分为六种方法，即消除危险、预防危险、减弱危险、隔离危险、危险连锁和危险警告等。同时，还可以采用法制手段（政策、法令、规章）、经济手段（奖、罚）和教育手段（长期的、短期的、学校的、社会的）等。

从现代安全管理的观点出发，安全管理不仅要预防和控制事故，而且要为劳动者提供安全的工作环境。因此，事故预防与控制可以从安全技术（engineering）、安全教育（education）和安全管理（enforcement）（简称“3E”对策）三方面入手。由于无论是安全教育还是安全管理，人是主要参与者，不可避免地存在着人的失误，因此，安全技术对策应是安全管理工作的首选。

14.2 安全技术对策

安全技术对策是采用工程技术手段解决安全问题，预防事故发生，减小事故造成的伤害和损失，是事故预防和控制的最佳安全措施。安全技术对策涉及系统设计各个阶段，通过设计来消除和控制各种危险，防止所设计的系统在研制、生产、使用、运输和储存等过程中发生可能导致人员伤亡和设备损坏的各种意外事故。安全技术分为预防事故发生的安全技术和防止或减少事故损失的安全技术。

14.2.1 预防事故发生的安全技术

通过对风险管理阶段论、危险能量管控理论、人-机-环系统理论等理论进行研究，发现最好的预防技术是消除危险源，但有些危险源是不能消除的，只能控制，如设备的自身属性、电流、可燃物及人的行为，所以事故预防的安全工程技术分为本质安全设计、机械防护技术、电气防护技术、防火防爆技术、安全标识技术五类。

14.2.1.1 本质安全设计

本质安全设计的思想在于从源头消除风险，而非容忍其存在后再施以补救。这一理念通过重构系统固有属性，使危险在物理层面失去存在的基础。如当化工生产中用水基溶剂替代苯时，易燃易爆与致癌风险便从分子结构中被永久抹除；当机械设备的锐边尖角被流线型曲面取代时，割伤隐患便消弭于几何形态的革新之中。其技术精髓在于对能量的本质化驯服：将设备电压压制在 36V 安全特低电压之下，使电击成为不可能事件；采用转子动能小于 10J 的低惯量电机，让失控的运动部件丧失伤人能力；选择常温、常压下稳定的化合物，彻底消解高温、高压工艺的爆炸潜能。这种设计智慧更展现出超越传统防护的绝对可靠性。防呆结构的异型接口即使遭遇人为误操作，仍以物理屏障守护安全；非介入式的被动特性使其无须维护、永不衰减，这与依赖定期检修的防护罩或可能失效的联锁装置形成鲜明对比。核电站的非能动安全系统正是这一理念的巅峰见证——利用重力自然循环冷却堆芯，使主动冷却系统的故障沦为无关紧要的冗余。

综上所述，本质安全设计可以通过最小化危害、简化操作、容错设计、失效安全等途径预防事故的发生，如表 14-1。

表 14-1 本质安全设计实施途径

实施途径	技术手段	典型案例
最小化危害	降低能量/毒性/速度	限制机械压力<50kPa，避免破裂伤害
简化操作	减少复杂步骤与人为干预	自动化灌装系统替代人工接触化学品
容错设计	允许操作失误，仍保持安全	防呆插座（极性错误无法插入）
失效安全	故障时自动进入安全状态	化学反应釜温度超标自动切断进料

14.2.1.2 机械防护技术

机械防护技术通过在危险源与人员之间建立刚性隔离系统，实现物理性风险阻断。其核心逻辑并非消除危险本身（如运动部件的高速旋转、锋利刃口的切割特性），而是构筑不可逾越的实体屏障。固定式防护罩将齿轮、皮带传动系统完全封闭，仅允许工具通过预设孔洞介入维护；可调式防护板随刀具行程自动适配，保障加工过程零肢体接触；联锁装置则融合机械与电气控制——冲压机防护门开启瞬间，即刻切断动力源并触发制动，使滑块运动在物理法则下成为不可能事件。

该技术的有效性建立在空间分离与时间干预双重机制之上。防护罩的网孔尺寸经 ISO 13857 标准严格计算（如防止手指穿透的≤8mm 孔径），确保观察性与安全性的精密平衡；旋转机械的光电联锁系统响应时间≤150ms，快于人体神经反射时间（300ms），从时间维度扼杀伤害链发展。然而其效能高度依赖防护完整性——若拆卸防护罩进行设备"临时"调试，或对联锁传感器的油污失效视而不见，屏障即退化为装饰性外壳。其具体的实施途径如表 14-2。

表 14-2　机械防护技术实施途径

技术类别	具体方法	核心机制	应用场景
物理隔离屏障	固定式防护罩	永久性封闭危险区域	车床齿轮组、冲压机传动部
	移动式防护门	铰链/滑动门随操作启闭	注塑机合模区、机器工作站
运动干预控制	机械联锁	凸轮/杠杆切断机械动力	化工压缩机、易燃设备
	电气联锁	传感器触发安全继电器	自动化产线、数控机床
距离位置防护	急停拉绳系统	全线分布式拉绳触发制动	传送带、装配线
	安全光幕	红外光束探测入侵	焊接区、包装机械
智能主动防护	AI 视觉监控	摄像头＋算法预判轨迹	加工中心、冲压成型区
	触觉防护层	压敏材料/电容接触响应	协作机器人关节

14.2.1.3　电气防护技术

电气防护技术的本质在于构建多维度能量驯服体系，将不可见的电能转化为可预测、可约束的安全状态。其核心原理始于物理性隔离——用绝缘材料构筑电流不可逾越的屏障，如电缆绝缘层凭借≥1MΩ 的电阻值将电荷囚禁于导体之内；高压设备通过≥1.8m 的空气间距形成天然绝缘壁垒，使电弧击穿在物理法则下成为不可能事件。当隔离屏障遭遇意外突破时，主动截断机制即刻启动：接地系统以≤4Ω 的低阻通路将故障电流引泄大地，避免人体成为导电回路；漏电保护器如同精密神经，在 30mA 电流失衡的 0.1s 内切断电路，这个阈值正是人体心室颤动的临界点。面对特殊风险场景，防护技术展现出针对性进化——防爆外壳通过≤0.2mm 的法兰间隙扼杀爆炸火焰传播，静电阻抗材料在 10^6～10^9Ω 的精准区间导走危险电荷，从源头上瓦解引燃条件。

现代电气防护更向预测性防御跃迁：分布式光纤实时感知电缆接头 0.5℃的微妙温升，局部放电传感器捕获＞5pC 的绝缘缺陷脉冲；数字孪生模型在虚拟世界预演十万次故障，输出寿命预警指导现实维保。这些技术共同践行着电气安全的终极哲学：承认故障的必然性，却通过系统韧性确保"能量失控≠伤害发生"。正如安全工程的黄金律：真正的防护不是杜绝所有电气现象，而是让每一次能量释放都驯服于人类设定的安全边界之内。当绝缘失效时仍有接地保护，当接地异常时必有熔断响应，层层递进的防御逻辑使电气系统成为危险与安全动态平衡的活体。其具体的实施途径如表 14-3。

表 14-3　电气防护技术实施途径

防护层级	技术类型	核心机制	典型应用场景
基础防护（能量隔离）	绝缘防护	介电材料阻断电流路径	电缆绝缘层、手持工具
	间距隔离	空气间隙防止电弧击穿	高压开关柜、变电站
	屏护遮挡	接地金属壳物理遮挡	配电箱、控制柜
主动保护层（故障截断）	接地保护	故障电流导入大地	设备金属外壳
	漏电保护器	零序电流检测失衡	潮湿场所配电回路
	断路器/熔断器	过流热磁脱扣	主配电干线
特殊防护层（风险专控）	电弧防护	紫外传感＋压力波探测	中压开关柜
	静电防护	增湿/抗静电材料导走电荷	芯片车间、危化仓库
	防爆设计	限制能量＜点燃阈值	石油罐区、粉尘环境
智能防护层（预测干预）	在线绝缘诊断	光纤测温＋局部放电监测	关键电缆接头
	数字孪生预警	虚拟模型注入故障场景	智能变电站
	自适应保护	AI 动态调整保护阈值	变频电机系统

14.2.1.4　防火防爆技术

防火防爆技术的本质在于瓦解燃烧与爆炸的致命三角——可燃物、助燃物、点火源的共生关系。其核心策略首先瞄准能量源头驯服：通过氮气惰化将储罐氧浓度压制至＜8%（低于可燃极限），使燃料失去氧化伙伴；静电导电橡胶将＜$10^6\Omega$ 的电荷导入大地，消除毫焦耳级火花引燃可能；抑爆材料如微胶囊阻燃剂在高温下瞬间释放自由基捕获体，中断链式反应。当危险能量仍突破防线时，物理性窒息与泄放机制即刻启动——高压细水雾以 120m/s 速度穿透火焰核心，水滴汽化膨胀 1700 倍吞噬氧气；爆破片在压力＞0.1MPa 时精准破裂，引导爆炸冲击波沿泄压导管安全释放，如同为狂暴能量开辟逃生通道。

现代技术更赋予系统超前预判智慧：红外光谱仪在可燃气体达到 10%LEL（爆炸下限）时发出预警，比传统传感器快 30s；粉尘云浓度监测器通过激光散射识别＞$60g/m^3$ 的危险积聚，联动抑爆系统在 0.02s 内喷射磷酸铵粉末覆盖颗粒表面。这些技术共同构建起动态防御网络：在石油罐区，防爆墙的蜂窝结构将冲击波分解为涡流耗能；在锂电车间，相变材料包裹电芯吸收热失控释放的 300kJ/kg 能量。防火防爆工程的至高哲学由此显现：不妄图消除所有能量（这违背热力学定律），而是通过精密设计的能量转化路径——将燃烧转化为窒息，将爆炸导向可控泄放，使毁灭性力量在人类预设的轨道中归于平静。其具体的实施途径如表 14-4。

表 14-4　防火防爆技术实施途径

技术类别	具体措施	作用原理	典型应用场景
预防层（消除三要素）	工艺替代	用高闪点物质替代易燃物	油墨、胶黏剂生产
	惰化抑爆	降低氧浓度至可燃极限以下	化工储罐氮封系统
	静电消除	导走电荷防火花	油罐车拖地带
抑制层（中断进程）	化学抑爆	超细干粉捕获自由基	粉尘车间抑爆系统
	细水雾灭火	水滴汽化膨胀耗氧	数据中心机房
	爆炸泄压	定向释放超压	锂电池车间泄爆墙

续表

技术类别	具体措施	作用原理	典型应用场景
防护层（减轻后果）	阻火器	狭窄通道淬熄火焰	石化管道
	抗爆结构	钢筋混凝土吸收冲击波	化工厂控制室
	安全间距	物理隔离减弱连锁反应	液化气站罐区
监测层（智能预警）	激光气体探测	光谱吸收识别气体浓度	天然气管道
	粉尘浓度监测	微波共振测量粒子密度	粮食筒仓
	热成像预警	AI 识别异常温升	锂电池工厂
特殊防护（专有风险）	锂电相变包覆	材料吸热抑制热失控	动力电池模组
	金属粉尘湿法除尘	提高含水率抑制燃爆性	镁合金加工车间
	爆轰转向器	多孔结构使冲击波干涉相消	高压反应釜

14.2.1.5 安全标识技术

安全标识技术的本质是将抽象风险转化为人类本能可识别的视觉语言，通过色彩、图形、文字的神经编码重构认知路径。其核心原理始于生物性警示——利用视网膜对红/黄光谱的敏感度（比蓝绿光高 8 倍），使警告色在复杂背景中强制突显；三角形边框以 60°锐角制造视觉紧张感，触发大脑杏仁核的原始警戒反应。当风险需精确传达时，符号学降维技术将专业术语转化为通用象形图：坠落危险用简笔人形与向下箭头组合，比文字警告识别速度快 0.3 秒；腐蚀性标识的液体滴落图案激活观察者皮肤痛觉记忆，形成生理级条件反射。

现代标识更融合动态交互逻辑：带磁条的危险区标牌在设备启动时自动翻转至红色面；智能光致变色材料在有毒气体泄漏时使标识纹路渗出荧光绿。这些设计共同构建起三重防御机制：在化工厂，酸洗池边的黑黄条纹形成视网膜残留效应，即使视线移开仍留存警戒影像。其具体的实施途径如表 14-5。

表 14-5 安全标识技术实施途径

技术维度	实施途径	核心机制	典型应用场景
信息编码层	色彩心理学应用	红/黄光谱优先刺激视网膜	危险区域边界线
	几何符号学设计	三角形锐角触发本能警觉	高压电警告标识
	象形图降维表达	简笔图形激活肌肉记忆	紧急逃生方向标
物理载体层	光致发光材料	磷光体蓄光—释光循环	消防通道指示牌
	逆反射技术	微棱镜结构定向回光	道路施工警示服
	智能响应材料	温敏/气敏变色反应	高温设备表面
动态交互层	RFID 触发显示	近场通信激活电子屏	有限空间作业警示
	AR 增强标识	图像识别叠加虚拟警示层	复杂管线维修区
	声光联动装置	蜂鸣器＋频闪强化视觉信号	叉车行驶警示
空间布设层	视锥覆盖模型	人眼 120°视野密度布点	化工厂走廊
	逃生流线引导	连续标识链形成视觉通道	高层建筑疏散路线
	多感官协同	触觉盲文＋嗅觉警示剂辅助	易燃品仓库

14.2.2 防止或减少事故损失的安全技术

采用了预防事故的安全技术措施，并不等于就完全控制住了事故。在实际工作中，只要有危险存在，尽管其可能性很小，就存在导致事故发生的可能，而且没有任何方法来准确确定事故将在何时发生。事故发生后如果没有相应的措施迅速控制局面，则事故的规模和损失可能会进一步扩大，甚至引起连锁反应，造成更大、更严重的后果。因此，必须研究尽量减少可能的伤害和损伤的方法，采取相应的应急措施，防止或减少事故损失。

14.2.2.1 实物隔离

隔离除了作为一种广泛应用的事故预防方法之外，还常用作减少事故中能量猛烈释放从而造成的损伤的一种方法，可限制始发的不希望事件的后果对邻近人员的伤害和对设备、设施的损伤。常用的方法有以下三种。

① 距离　涉及爆炸性物质的物理隔离方法，将可能发生事故、释放出大量能量或危险物质的工艺、设备或设施布置在远离人员、建筑物和其他被保护物的地方。如将炸药隔离，即使炸药意外爆炸，也不会导致邻近储存区和加工制造区炸药的循爆。

② 偏向装置　采用偏向装置作为危险物与被保护物之间的隔离墙，其作用是把大部分剧烈释放的能量导引到损失最小的方向。如在爆炸物质生产和装配工房，设置坚实的防护墙并用轻质材料构筑顶部，当爆炸发生时，防护墙承受一部分能量，而其余能量则偏转向上，减小了对周围环境的损伤。

③ 遏制　遏制技术是控制损伤常用的隔离方法，主要功能是遏制事故造成更多的危险；为人员提供防护；对材料、物资和设备予以保护。

14.2.2.2 人员防护装备

人员防护装备由人们身上的外套或戴在身上的器械组成，以防止事故或不利的环境对人的伤害。其应用范围和使用方式很广，可以从一副简单的防噪声耳塞到一套完整带有生命保障设备的宇航员太空服。

人员防护装备的应用方式主要有以下三种。

① 用于计划的危险性操作。某些操作所涉及的环境中，危险因素不能根除，但又必须进行相关作业，采用人员防护装备可以防止特定的危险对人员造成伤害，如在危险的区域进行检查、计划和预防性维修等工作。必须指出的是，在条件可行的情况下，不应以人员防护装备代替根除或控制危险因素的设计或安全规程。如在含有毒气体的封闭空间中工作的人员，在采取了通风措施，排除有毒、有害气体或降低其浓度于危险水平以下的条件下，操作人员仍有必要使用防毒面具。

② 用于调查和纠正。为调查研究、探明危险源、采取纠正措施或因其他原因进入极有可能存在危险的区域或环境时，应佩戴相应的人员防护装备。例如，有毒的、有腐蚀性的或易燃液体泄漏或溢出的中和或净化过程。

③ 用于应急情况。应急情况对防护装备的要求最严格。由于意外事故或事件即将发生或已经发生，开始的几分钟可能是事故态势被控制或导致灾难发生的关键时刻，排除或控制危险以及尽量减少危险伤害和损伤的反应时间是极为重要的。因此，为了快速有效地实施应急计划，人员的防护装置起着重要的作用。

14.2.2.3 能量缓冲装置

能量缓冲装置在事故发生后能够吸收部分能量，保护有关人员和设备的安全。例如，座椅安全带、缓冲器和车内衬垫、安全气囊等可缓解人员在事故发生时所受到的冲击，事故中降低车内人员受到的伤害。

14.2.2.4 薄弱环节

薄弱环节是指系统中人为设置的容易出故障的部分。其作用是使系统中积蓄的部分能量通过薄弱环节得到释放，以小的代价避免严重事故的发生，达到保护人员和设备安全的目的。主要有电薄弱环节，如电路中的保险丝；热薄弱环节，如压力锅上的易熔塞；机械薄弱环节，如压力灭火器中的安全隔膜；结构薄弱环节，如主动联轴器上的剪切销。

14.2.2.5 逃逸、求生和营救

当事故发生到不可控制的程度时，应采取措施逃离事故影响区域，采取自我保护措施并为救援创造一个可行的条件。

逃逸和求生是指人们使用本身携带的资源进行自身救护。营救是指其他人员在紧急情况下救护受到危险的人员。

逃逸、求生和营救设备对于保障人的生命安全极为重要，但只能作为最后依靠的手段来考虑和应用。当采用安全装置、建立安全规程等方法都不能完全消除某种危险或系统存在发生重大事故的可能性时，应考虑应用逃逸、求生和营救等设备。

14.3 安全教育对策

在生产领域，安全是保障人员生命、设备稳定及企业可持续发展的核心要素，其重要性体现为法律刚性约束、经济效益平衡与社会责任担当的多维统一。为此中国法律法规构建了以《安全生产法》为核心的安全培训教育体系，强制要求生产经营单位履行全员、全流程培训责任，防范生产安全事故。2021 年修订的《安全生产法》明确规定，从业人员上岗前须接受系统培训，高危行业新员工培训不少于 72 学时，一般行业不少于 24 学时，考核不合格者禁止作业，企业负责人对培训实效承担法律责任，违规最高可处 20 万元罚款。配套的《生产经营单位安全培训规定》细化三级安全培训制度，岗前教育涵盖厂、车间、班组三级，在岗人员每年复训不少于 8 学时，高危行业每半年强化培训，内容包含法规、风险、操作及应急技能。特种作业人员须经专业机构考核并持证上岗，每 3 年复审，危险化学品、矿山等行业还需执行专项培训标准。法规同步明确劳务派遣、实习生等非典型用工须与企业员工同标准受训，承包商业主需履行入场安全交底。政策层面推动培训数字化，允许电子存档，但高危行业实操训练不得线上替代，档案保存期 3 年以上且需防篡改，事故倒查机制将追溯培训合规性。该体系通过分类分级管控、责任链条延伸和动态监管强化，将安全培训从自主行为升级为法定强制义务，筑牢事故预防基础。

安全教育可以分为安全教育和安全培训两大部分。安全教育是一种意识的培养，是长时期的甚至贯穿于人的一生，并在人的所有行为中体现出来，与人们所从事的职业没有直接关系。安全培训虽然也包含有关教育的内容，但其内容相对于安全教育要具体得多，范围要小得多，主要是一种技能的培训。安全培训的主要目的是使人掌握在某种特定的作业

或环境下准确并安全地完成其应完成的任务，故也称生产领域的安全培训为安全生产教育。在这个层面上，安全培训主要是指企业为提高职工的安全技术水平和防范事故能力而进行的教育培训工作，也是企业安全管理的主要内容，在消除和控制事故措施中有重要的作用。

14.3.1 安全教育的内容

安全教育包括以下四个方面的内容。

14.3.1.1 安全思想教育

安全思想教育是对人们的思想意识方面进行培养和教育，包括安全意识教育、安全生产方针教育和法纪教育。

安全意识是人们在长期生产、生活等各项活动中逐渐形成的对安全问题的认识程度，安全意识的高低直接影响着安全效果。因此，在生产和社会活动中，要通过实践活动加强对安全问题的认识并使其逐步深化，形成科学的安全观，这也是安全意识教育的根本目的。

安全生产方针教育是对企业的各级领导和广大职工进行有关安全生产的方针、政策和制度的宣传教育。我国的安全生产方针是“安全第一，预防为主”。只有充分认识和理解其深刻含义，才能在实践中处理好安全与生产的关系。特别是当安全与生产发生矛盾时，应首先解决好安全问题，切实把安全工作提高到关系全局稳定的高度来认识，把安全视作企业的头等大事，从而提高安全生产的责任感与自觉性。

法纪教育是安全法规、规章制度、劳动纪律等方面的教育。安全生产法律、法规是方针、政策的具体化和法律化。通过法纪教育，使人们懂得安全法规和安全规章制度是实践经验的总结，它们反映出安全生产的客观规律。人们自觉地遵守法律、法规，安全生产就有了基本保证。同时，通过法纪教育还要使人们懂得法律带有强制的性质，如果违章违法，造成了严重的事故后果，就要受到法律的制裁。

14.3.1.2 安全技术知识教育

安全技术知识教育包括一般生产技术知识教育、一般安全技术知识教育和专业安全技术知识教育。

一般生产技术知识主要包括：企业的基本生产概况、生产技术过程、作业方式或工艺流程，与生产技术过程和作业方法相适应的各种机器设备的性能和有关知识，工人在生产中积累的生产操作技能和经验，以及产品的构造、性能、质量和规格等。

一般安全技术知识是企业所有职工都必须具备的安全技术知识。它主要包括：企业内的危险设备的区域及其安全防护的基本知识和注意事项，有关电器设备（动力及照明）的基本安全知识，生产中使用的有毒有害原材料或可能散发的有毒有害物质的安全防护基本知识，企业中一般消防制度和规划，个人防护装备的正确使用，事故应急方法以及伤亡事故报告等。

专业安全技术知识是指某一作业的职工必须具备的专业的安全技术知识。它主要包括：安全技术知识，工业卫生技术知识，以及根据这些技术知识和经验制定的各种安全操作技术规程等。

14.3.1.3 典型经验和事故教训教育

先进的典型经验具有现实的指导意义，通过学习使职工受到启发，对照先进找出差距；将有关的事故作为案例和反面教材，通过分析事故的性质，认清事故责任，得出事故的教训和整改措施，从而对职工开展教育培训，促进安全生产工作的进一步发展。

14.3.1.4 现代安全管理知识教育

“安全系统工程”“安全人机工程”“安全心理学”及“劳动生理学”等知识随着安全管理的深入开展而被广泛应用。这些理论为辨识危险、预防事故发生、提出有效的对策措施提供了系统的理论和方法，并能够设计系统使其达到最优。

14.3.2 安全培训的实质

安全培训的实质是安全技能的教育。在现代化企业生产中，仅有安全技术知识，并不等于能够安全地从事生产操作，还必须把安全技术知识变成进行安全操作的本领，才能取得预期的安全效果。要实现从“知道”到“会做”的过程，就要借助于安全技能培训。安全技能培训包括正常作业的安全技能培训和异常情况的处理技能培训。安全技能培训应按照标准化作业要求来进行，有计划、有步骤地进行培训。安全技能的形成分为三个阶段，即掌握局部动作的阶段、初步掌握完整动作的阶段、动作的协调和完善阶段。这三个阶段的变化表现在行为结构的改变、行为速度和品质的提高以及行为调节能力的增强三个方面。三个阶段的表现如表 14-6 所示。

表 14-6 安全技能培训三个阶段的表现

阶段	动作技能表现	智力技能表现
行为结构的改变	许多局部动作联系为完整的动作系统，动作之间的互相干扰和多余动作逐渐减少	智力活动由多个环节联系成一个整体，概念之间的混淆现象逐渐减少甚至消失，解决问题时由开展性的推理转化为“简缩推理”
行为速度和品质的提高	动作速度加快，动作的准确性、协调性、稳定性、灵活性提高	思维敏捷性与灵活性、思维广度与深度、思维独立性等品质提高
行为调节能力的增强	视觉控制减弱，动觉控制增强，动作的紧张性消失	智力活动熟练化，大脑劳动的消耗减少

14.3.3 安全教育的类型

按照教育对象的不同，安全教育的类型不同，可以分为各级管理人员的安全教育和生产岗位职工的安全教育两种类型。

14.3.3.1 各级管理人员的安全教育

（1）生产管理人员的安全教育

依据国家安监总局 3 号令，生产经营单位的安全生产管理人员应当接受安全培训，具备与所从事的生产经营活动相适应的安全生产知识和管理能力。煤矿、非煤矿山、危险化学品、烟花爆竹等生产经营单位的安全生产管理人员，必须接受专门的安全培训，经安全生产监管国家监察委员会对其安全生产知识和管理能力考核合格，取得安全资格证书后，才可任职。

生产经营单位的安全生产管理人员的安全培训应当包括下列内容：

① 国家安全生产方针、政策以及有关安全生产的法律、法规、规章和标准；

② 安全生产管理、安全生产技术、职业健康等知识；

③ 伤亡事故统计、报告以及职业危害的调查处理方法；

④ 应急管理、应急预案编制以及应急处置的内容和要求；

⑤ 国内外先进的安全生产管理经验；

⑥ 典型事故和应急救援案例分析；

⑦ 其他需要培训的内容。

生产经营单位的安全生产管理人员初次安全培训时间不得少于 32 学时。每年再培训时间不得少于 12 学时。煤矿、非煤矿山、危险化学品、烟花爆竹等生产经营单位主要安全生产管理人员的安全资格培训时间不得少于 48 学时；每年再培训时间不得少于 16 学时。

生产经营单位安全生产管理人员的安全培训必须依照安全生产监管监察部门制定的安全培训大纲实施。非煤矿山、危险化学品、烟花爆竹等生产经营单位安全生产管理人员的安全培训大纲及考核标准由应急管理部统一制定。煤矿主要安全生产管理人员的安全培训大纲及考核标准由国家矿山安全监察局制定。除煤矿、非煤矿山、危险化学品、烟花爆竹以外的其他生产经营单位安全管理人员的安全培训大纲及考核标准，由省、自治区、直辖市安全生产监督管理部门制定。

煤矿、非煤矿山、危险化学品、烟花爆竹等生产经营单位安全生产管理人员的安全资格培训，必须由安全生产监管监察部门认定的具备相应资质的安全培训机构实施。

煤矿、非煤矿山、危险化学品、烟花爆竹等生产经营单位安全生产管理人员，经安全资格培训考核合格，由安全生产监管监察部门下发安全资格证书。其他生产经营单位主要负责人和安全生产管理人员经安全生产监管监察部门认定的具备相应资质的培训机构培训合格后，由培训机构下发相应的培训合格证书。

培训教材应采用由安全生产监督管理部门制定的统编教材，授课时间不少于 42 学时，应聘请经劳动部门培训考核具有授课资格的人员作为培训教师。

(2) 安全卫生管理人员的安全教育

企业安全卫生管理人员必须经过安全教育，并经考核合格后才能任职，安全教育时间不得少于 120 学时。安全教育由地市级以上安全生产监督管理部门认可的单位或组织进行，安全教育考核合格者由安全生产监督管理部门下发任职资格证书。

安全教育内容包括国家有关的劳动安全卫生方针政策、法律法规和标准，企业安全生产管理、安全技术、劳动卫生、安全文化、工伤保险等方面的知识，职工伤亡事故和职业病统计报告以及事故调查处理程序，有关事故案例及事故应急处理措施等。

(3) 企业职能部门、车间负责人、专业工程技术人员的安全教育

企业职能部门、车间负责人、专业工程技术人员的安全教育由企业安全管理部门负责实施，安全教育时间不少于 24 学时。安全教育内容包括劳动安全卫生法律法规及本部门、本岗位安全生产职责，安全技术、劳动卫生和安全文化的知识，有关事故案例及事故应急处理措施等内容。

14.3.3.2 生产岗位职工的安全教育

（1）三级安全教育

三级安全教育是指企业新职工上岗前必须进行的厂级、车间级、班组级安全教育。

① 厂级安全教育　由企业安全管理部门实施，学时不低于 8 小时（高危行业 12 小时），内容新增“双重预防机制”解读（风险分级管控与隐患排查标准）、典型事故案例 VR 实景体验。

② 车间级安全教育　是新工人或调动工作的工人被分配到车间后所进行的车间一级安全教育，由车间负责人组织实施。车间级安全教育包括车间劳动安全卫生状况和规章制度、主要危险和危害因素及其注意事项、预防工伤和职业病的主要措施、典型事故案例、事故应急处理措施等。

③ 班组级安全教育　是新工作或调动工作的人员到达生产班组之前的安全教育。由班组长组织实施。班组级安全教育内容包括遵章守纪、岗位安全操作规程、岗位间工作衔接配合的安全卫生注意事项、典型事故案例、劳动防护用品的性能及正确使用方法等。

（2）特种作业人员安全教育

特种作业是指在劳动过程中容易发生伤亡事故，对操作者本人、他人和周围设施的安全有重大危害的作业。直接从事特种作业的人员就是特种作业人员。

特种作业人员在独立作业前，必须进行安全技术培训。培训的内容和要求按原劳动部颁布的《特种作业人员安全技术培训大纲》执行，培训教材由省级安全生产监督管理部门统一制定。特种作业人员的考核与发证工作，由特种作业所在单位负责遵章申报，安全生产监督管理部门负责组织实施，安全生产监督管理部门对特种作业人员的安全技术考核与发证实施国家监察。取得《特种作业人员操作证》者，每两年进行一次复审，未按期复审或复审不合格者，其操作证自行失效。离开特种作业岗位一年以上的特种作业人员，须重新进行技术考核，合格者才可从事原工作。

（3）经常性安全教育

由于人们生产的条件、环境、机械设备的使用状态以及人的心理状态都是处于变化之中的，因此一次性安全教育不能达到一劳永逸的效果，必须开展经常性的安全教育，不断强化人的安全意识和知识技能。经常性安全教育的形式多种多样，如班前班后会、安全活动月、安全会议、安全技术交流、安全考试、安全知识竞赛、安全演讲等。不论采取什么形式都应该紧密结合企业安全、生产状况，有的放矢，内容丰富，真正收到教育效果。

（4）“五新”作业安全教育

“五新”作业安全教育指凡是采用新技术、新工艺、新材料，使用新设备以及试制新产品的单位，必须事先提出具体的安全要求，由使用单位对从事该作业的工人进行安全技术知识教育，在未掌握基本技能、安全知识前不准单独操作。“五新”作业安全教育包括安全操作知识和技能培训、应急措施的应用等。

（5）离岗调岗安全教育

① 离岗安全教育　复工安全教育是针对离开操作岗位较长时间的工人进行的安全教育。

a. 离岗<3 个月：复工前需进行班组级复训，内容侧重作业环境变化点（如新增设备布局）。

b. 离岗≥3 个月（高危行业≥1 个月），但<1 年：需重新完成三级安全教育，但可压缩学时至原标准的 70%。

c. 离岗≥1 年：视同新员工，按全额学时重新培训。

② 调岗安全教育　员工调至新岗位（即使同车间）须重新接受车间级和班组级培训，重点针对新岗位的差异化风险（如从普通焊接换至氩弧焊需增补有害气体防护内容），培训时间≥4 小时。

14.4　安全管理对策

从表面上看，工业生产中事故的发生是由生产空间、设备、设施和人为差错等不安全条件所造成的。但是如果从事故原因和深层分析中进行研究，其根源还是管理上的缺陷，只不过表现的形式不同。

安全强制管理对策是用各项规章制度、奖惩条例约束人的行为和自由，达到控制人的不安全行为、减少事故的目的。除了建立健全我国的安全生产法律法规体系之外，安全管理工作中控制事故的安全管理措施主要表现在以下四个方面。

① 建立国家相关职能部门的“管理和监督协调制度”。即安全生产综合监管部门与专项监管部门定期的工作联席会议制度、企业安全监察情报通报制度、事故处罚协商制度、生产事故案件协查制度等。部门间的监管协调制度有效实施，能够大大减少职能部门的“错位”“缺位”与“越位”现象，避免由制度上的不严密、管理松懈、约束力不强等引起的公职人员互相推诿、钻政策空子、寻租设租行为，为各部门职能的发挥创造良好的行政环境。

② 推行负责企业安全的有关领导进行安全生产述职制度。对企业生产事故超标的地区各级政府，政府分管领导年底进行专项安全生产述职，同时，该制度要与年终考核、晋级以及职位升迁挂钩。作为理性经济人的政府官员同样具有获得经济利益最大化的愿望，如果能将国家利益与自身利益有机结合起来，不仅可以有效抑制官企勾结现象，还可以有效重视企业安全问题，使安全工作落到实处，达到事半功倍的效果。

③ 公布省市企业安全生产状况并进行评比与惩处。国家政府运用“企业安全生产指数”或“企业重大典型事故案例”，对各省市进行安全生产状况水平排行。并且配合运用“企业事故罚投机制”和“企业安全生产先进奖励机制”，在公平、公正、公开的基础上，及时总结煤矿产业中的缺失和不足，促进各级政府对煤矿安全管理的积极作用。

④ 对政府施行“企业安全生产管理评估标准”。这一评估标准主要是指国家对企业颁布“企业安全生产管理评估标准”，该标准应采用评分制度对煤矿企业安全生产管理每年进行切实调查，根据企业规模、种类、操作规程、管理方式等进行分类评估，以促使企业改善安全生产管理。此外，安全检查、安全审查、安全评价等也是安全管理工作中控制事故的重要安全管理措施，对保证安全管理的效果，落实危险源的排查、监控，减少人的不安全行为等起到积极作用。

14.4.1 安全检查

安全检查是我国最早建立的基本安全生产制度之一，新中国成立初期国家就根据我国的安全生产状况提出了开展安全检查的要求和规定。1963 年，国务院发布的《关于加强企业生产中安全工作的几项规定》，将安全检查列入企业的主要任务，并对安全检查的内容加以规定。

安全检查是根据企业生产特点，对生产过程中的危险因素进行经常性的、突击性的或者专业性的检查。安全检查分为以下几种形式。

① 经常性安全检查　经常性安全检查是企业内部进行的自我安全检查，是一种经常性的、普遍性的检查，其目的是对安全管理、安全技术和工业卫生情况作一般性的了解。经常性安全检查主要包括企业安全管理人员进行的日常检查、生产领导人员进行的巡视检查、操作人员对本岗位设备和设施以及工具的检查。检查人员是本企业的管理人员或生产操作工人，对生产过程和设备情况熟悉，了解情况全面、深入细致，能及时发现问题、解决问题。经常性安全检查，企业每年进行 2～4 次，车间、科室每月进行一次，班组每周进行一次，每班次每日均应进行。

② 安全生产大检查　安全生产大检查是由上级主管部门或安全生产监督管理部门对企业的各种安全生产进行的检查。检查人员主要来自有经验的上级领导或本行业、相关行业高级技术人员和管理人员。他们具有丰富的经验，使检查具有调查性、针对性、综合性和权威性。这种检查一般集中在一段时间，有目的、有计划、有组织地进行，规模较大，揭露问题深刻、判断准确，能发现一般管理人员和技术人员不易发现的问题，有利于推动企业的安全生产工作，促进安全生产中老、大、难问题的解决。

③ 专业性检查　专业性检查是针对特种作业、特种设备、特殊作业场所开展的安全检查，调查了解某个专业性安全问题的技术状况。专业性检查除了由企业有关部门进行外，上级有关部门也指定专业安全技术人员进行定期检查，国家对这类检查也有专门的规定。不经有关部门检查许可，设备不得使用。

④ 季节性检查　季节性检查是根据季节变化的特点，为保障安全生产的特殊要求所进行的检查。自然环境的季节性变化，对某些建筑、设备、材料或生产过程及运输、储存等环节会产生某些影响。因此，为了消除因季节变化而产生的事故隐患，必须进行季节性检查。如春季风大，应着重防火、防爆检查；夏季高温、多雨、多雷电，应抓好防暑、降温、防汛、检查防雷电设备；冬季注意防寒、防冻、防滑等。

⑤ 特种检查　这是一种对采用的新设备、新工艺、新建或改建的工程项目以及出现的新危险因素进行的安全检查。这种检查包括工业卫生调查、防止物体坠落的检查、事故调查和其他特种检查等。

⑥ 定期检查　定期检查是指列入计划，每隔一定时间进行的检查。这种检查可以是全厂性的，也可以是针对某种操作、某类设备的检查。检查间隔时间可以是一个月、半年、一年或者任何适当的间隔期。

⑦ 不定期检查　这是一种无一定间隔时间的检查。它是针对某个特殊部门、特殊设备或某一工作区域进行的，而且事先未曾宣布的一种检查。这种检查比较灵活，其检查对象和时间的选择往往通过事故统计分析方法确定。

无论采取哪种方式的安全检查，其目的都是通过安全检查及时了解和掌握安全工作情况，发现问题并采取措施加以整顿和改进，同时又可总结经验，吸取教训，进行宣传和推广。

14.4.2 安全审查

对工程项目的安全审查是依据安全法规和标准，对工程项目的初步设计、施工方案以及竣工投产进行综合的安全审查、评价和检验。其目的是查明系统在安全方面存在的缺陷，按照系统安全的要求，优先采取消除或控制危险的有效措施，切实保障系统的安全。安全审查包括以下三个方面的内容。

① 可行性研究审查　可行性研究审查是对可行性研究报告中的劳动安全卫生部分的内容，运用科学的评价方法，分析、预测建设项目存在的危险有害因素的种类和危险危害程度，提出科学、合理、可行的劳动安全卫生技术措施和管理对策，作为该建设项目初步设计《安全专篇》的主要依据，供国家安全卫生管理部门进行监察时参考。必须进行可行性研究审查的建设项目如表 14-7 所示。

表 14-7　必须进行可行性研究审查的建设项目

序号	建设项目
1	火灾危险性生产类别为甲类的建设项目
2	投资规模为大中型和限额以上的建设项目
3	爆炸危险场所等级为特别危险场所和高度危险场所的建设项目
4	大量生产或使用Ⅰ级、Ο级危害程度的职业性接触毒物的建设项目
5	大量生产或使用石棉粉料或含有 10%以上的游离二氧化硅粉料的建设项目
6	安全监察部门确认的其他危险、危害因素大的建设项目

审查的内容包括生产过程中可能产生的主要职业危害，预计的危害程度，造成危害的因素及其所在部位或区域，可能接触职业危害的职工人数，使用和生产的主要有毒有害物质、易燃易爆物质的名称、数量，职业危害治理的方案及其可行性论证，职业安全卫生措施专项投资估算，实现治理措施的预期效果，技术投资方面存在的问题和解决方案等。

② 初步设计审查　初步设计审查是在可行性研究报告的基础上，按照国家安全生产监督管理总局关于生产性建设工程项目的《安全专篇》的内容和要求，根据有关标准、规范对建设项目进行全面深入的分析，提出建设项目中职业安全卫生方面的结论性意见。初步设计审查涉及九个方面的内容，即：设计依据；工程概述；建筑及场地布置；生产过程中职业危害因素的分析；职业安全卫生设计中采用的主要防范措施；预期效果评价；安全卫生机构设置及人员配备；专用投资概算；存在的问题和建议等。

③ 竣工验收审查　竣工验收审查是按照《安全专篇》规定的内容和要求对职业安全卫生工程质量及其方案的实施进行全面系统的分析和审查，并对建设项目作出职业安全卫生措施的效果评价。竣工验收审查是强制性的。

14.4.3 安全评价

安全评价是对系统存在的不安全因素进行定性和定量分析，通过与评价标准的比较，得出系统的危险程度，提出改进措施，达到系统安全的目的。安全评价从明确的目标值开始，对工程、产品、工艺的功能特性和效果进行科学测定。对测定结果用一定的方法进行综合、分析、判断，并作为决策的参考。

安全评价是对系统危险程度的客观评价。它通过对系统中存在的危险源和控制措施的评价，客观描述系统的危险程度，指导人们预先采取措施降低系统的危险性。包括确认危险性（辨别危险源，定量来自危险源的危险性）和评价危险性（控制危险源，评价采取措施后危险源存在的危险性是否能被接受）两部分，如图 14-1 所示。

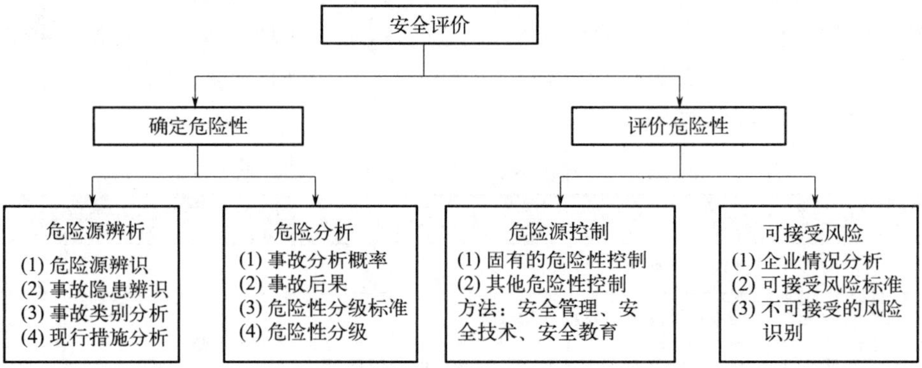

图 14-1 安全评价内容

安全评价方法的分类方式很多，常用的主要有以下几种。

(1) 按照工程、系统生命周期和安全评价目的分类

根据工程、系统生命周期和评价的目的进行安全评价，方法有四种。

① 安全预评价　安全预评价是根据建设项目可行性研究报告的内容，分析和预测该建设项目可能存在的危险有害因素的种类和程度，提出合理可行的安全对策措施及建议。其核心是对系统存在的危险有害因素进行定性、定量分析，针对特定的系统范围，对发生事故、危害的可能性及其危险、危害的严重程度进行评价。最终的目的是确定采取哪些安全技术、管理措施，使各子系统及建设项目整体达到可接受风险的要求。最终成果是安全预评价报告。

② 安全验收评价　安全验收评价是在建设项目竣工验收前、试生产运行正常之后，通过对建设项目的设施、设备、装置实际运行状况及管理状况的安全评价，查找该建设项目投产后存在的危险有害因素以及导致事故发生的可能性和严重程度，提出确保建设项目正式运行后安全生产的安全对策措施。

③ 安全现状评价　安全现状评价是针对一个生产经营单位总体或局部的生产经营活动的安全现状进行的安全评价，识别和分析其生产经营过程中存在的危险有害因素，评价危险有害因素导致事故的可能性和严重程度，提出合理可行的安全对策措施。这种安全评价不仅包括生产过程的安全设施，而且包括生产经营单位整体的安全管理模式、制度和方法等安全管理体系的内容。

④ 专项安全评价　专项安全评价是根据政府有关管理部门、生产经营单位、建设单位或设施单位的某项（个）专门要求进行的安全评价。专项安全评价需要解决专门的安全问题，评价时往往需要专门的仪器和设备。专项安全评价针对的可以是一项活动或一个场所，也可以是一个生产工艺、一件产品、一种生产方式或一套生产装置等。

(2) 按照评价结果的量化程度分类

按照安全评价结果的量化程度，安全评价方法可以分为定性安全评价法和定量安全评价法。

① 定性安全评价法　是根据经验和直观判断能力对生产系统的工艺、设备、设施、环境、人员和管理等方面的状况进行定性分析，安全评价的结果是一些定性的指标，例如，是否达到了某项安全指标，事故类别和导致事故发生的因素等。

② 定量安全评价法　是运用基于大量的实验结果和广泛的事故资料统计分析获得的指标或规律（数学模型），对生产系统的工艺、设备、设施、环境、人员和管理等方面的状况进行定量的分析，安全评价的结果是一些定量的指标，例如，事故发生的概率、事故的伤害（或破坏）范围、定量的危险性、事故致因因素的事故关联度或重要度。

复习思考题

1. 举例说明如何通过技术手段实现设备本质安全。
2. 事故预防与控制的基本原则是什么?
3. 安全技术对策分为哪两类?
4. 简述安全教育对策的核心内容。

参考文献

[1] 安宇，翟存利，方莹倩，等．大学生不安全行为发生机制期望模型 [J]．中国安全科学学报，2018，28（12）：27-32.

[2] 陈沅江，等．职业卫生与防护 [M]．北京：机械工业出版社，2018.

[3] 吴超．安全信息认知通用模型构建及其启示 [J]．中国安全生产科学技术，2017，13（3）：5-11.

[4] 王秉，吴超．安全标语的文化作用机理研究 [J]．中国安全生产科学技术，2016，12（1）：50-55.

[5] 田硕．基于瑟利模型的建筑工地火灾分析与预防 [J]．建筑安全，2017，32（7）：55-58.

[6] 刘贝贝，张丹丹．事故致因理论在建筑施工安全管理中的应用 [J]．建筑安全，2017，32（7）：13-16.

[7] 陈万金，刘素霞，杨涛．安全投入统计指标体系探讨 [J]．中国安全科学学报，2004，14（7）：5-8.

[8] 张立权，李翕然．关于安全投入界定方法的研究 [J]．煤炭经济研究，2006（9）：72-74.

[9] 陈全君．企业安全投入及其指标体系的构建研究 [J]．中国煤炭，2005，31（9）：4-7.

[10] 梅强，杨宗康，刘素霞．基于工资风险法的生命价值评估 [J]．中国安全科学学报，2012，22（8）：15-21.

[11] 景国勋，田国良，蒋方．2016～2022 年我国煤矿顶板事故统计分析及防治对策 [J]．煤炭工程，2023，55（10）：74-79.

[12] 徐志胜，姜学鹏．安全系统工程 [M]．3 版．北京：煤炭工业出版社，2019.

[13] 田水承，景国勋．安全管理学 [M]．北京：机械工业出版社，2009.

[14] 张景林，崔国璋．安全系统工程 [M]．北京：煤炭工业出版社，2002.

[15] 吴穹，许开立．安全管理学 [M]．北京：煤炭工业出版社，2002.

[16] 罗云．现代安全管理 [M]．北京：化学工业出版社，2009.

[17] 伍爱友，等．安全工程学 [M]．徐州：中国矿业大学出版社，2016.

[18] 何学秋．安全工程学 [M]．徐州：中国矿业大学出版社，2000.

[19] 王保国．安全人机工程学 [M]．北京：机械工业出版社，2016.

[20] 罗云．安全经济学 [M]．北京：化学工业出版社，2010.

[21] 罗云．风险分析与安全评价 [M]．北京：化学工业出版社，2010.

[22] 宋大成．企业安全经济学（损失篇）[M]．北京：气象出版社，2000.

[23] 陈雄．矿山安全与职业健康法规 [M]．北京：煤炭工业出版社，2018.

[24] 刘铁民．地方政府安全生产监督管理规章制度精选 [M]．北京：中国劳动社会保障出版社，2003.

[25] 广东省安全生产监督管理局，广东省安全生产技术中心．安全生产应急管理工作指南 [M]．广州：华南理工大学出版社，2016.

[26] 孙殿阁．安全管理七讲 [M]．北京：冶金工业出版社，2021.

[27] 魏春荣，刘赫男．机械安全与电气安全 [M]．徐州：中国矿业大学出版社，2018.

[28] 李勇军，朱锴．矿山安全生产管理 [M]．徐州：中国矿业大学出版社，2019.

[29] 周琳．我国危险化学品事故的安全管理体系原因研究 [D]．北京：中国矿业大学（北京），2018.

[30] 张毓龙．我国职业安全健康合作治理体系研究 [D]．徐州：中国矿业大学，2022.

[31] 万昭迎．改革开放以来中国共产党保障安全生产工作研究 [D]．长春：吉林大学，2023.

[32] 李慧领．锅炉水处理系统安全分析与风险评估研究 [D]．广州：华南理工大学，2015.

[33] 吴鹏．安全目标管理在煤矿安全质量管理中的应用标准 [J]．中国石油和化工标准与质量，2021，41（19）：101-102.

[34] 时小军．安全目标管理在煤矿安全管理中的应用探究 [J]．当代化工研究，2021（21）：68-70.

[35] 王海宁，吴超．系统安全分析方法在矿业中的应用 [J]．江西有色金属，1994（3）：16-18.

[36] 许绛垣，罗云，樊运晓．系统安全分析评价技术方法对比研究 [J]．劳动保护科学技术，1998（4）：25-29.

[37] 庄绪春，刘建民，王雪俊，等．不安全心理与行为管控 [M]．中国矿业大学出版社，2016.

[38] 郭伏．人因工程学 [M]．沈阳：东北大学出版社，2001.

[39] 李维立，曹祥哲．人机工程学 [M]．北京：人民邮电出版社，2017.

[40] 邹碧海，刘春，刘晋，等．安全学原理 [M]．成都：西南交通大学出版社，2019.